오답이라는 해답

오답이라는 해답

김태호 지음

과학사는 어떻게 만들어지나

창비

과학의 역사, 그리고 사람의 역사

인간은 똑똑하다. 어쩌면 지나치게 똑똑한지도 모르겠다. 살아남기 위해 열심히 정보를 모으는 것을 넘어서 자신이 몸담고 살아가는 세상에 대해 질문을 던지고, 상상력을 동원하여 세계의 모습을 그려내기 시작했다. 삼라만상의 바탕에는 몇가지 단순한 물질들이 있는 것은 아닐지, 해와 달과 별들은 어떻게 매일 비슷하지만 저마다 다른 꼴로 나타나는지, 왜 이 풀을 먹으면 배 아픈 것이 낫고 저 열매를 먹으면 머리 아픈 것이 낫는지, 왜 철은 녹이 슬지만 금은 녹슬지 않는지 등. 질문에 질문이 꼬리를 물었고, 여러가지 설명이 쏟아져 나왔다.

세상에 대한 설명은 모닥불 가에서 어른이 들려주는 이야기 정도로 시작되었으리라. 하지만 문자라는 발명품 덕에 어떤 질문과 설명들은 글로 남아 다음 세대에게 전해질 수 있었고, 다음 세대는 앞 세대의 설명들을 다듬어 더 나은 설명을 내놓기 위해 궁리에 궁리를 거듭했다. 시간이라는 불길을 건너며 정련된 설명들은 '이론'이 되었고 '학문'이 되었다. 비록 사람들이 '과학'이라는 이름을 붙여준 것은 한참 뒤의 일이었지만, 그 이름이 무엇이었든 상관없이 인간은 체계적으로 자연을 설명하고 나아가 예측하기 시작했다.

합리적인 설명을 추구하다보니, 인간은 때로 익숙한 경험이나 직관과 반대되는 결론에 다다르게 되었고, 놀랍게도 그 설명을 받아들이는 용기를 내었다. 평범한 인간이 하늘을 바라보면 태양과 별들이 매일 지구의 둘레를 돈다는 것이 의심할 수 없는 일 같지만, 이런저런 이치를 따지다보면 결국에는 지구가 하루에 한바퀴씩 자전하고 1년에 한바퀴씩 태양을 중심으로 공전하고 있다는 설명이 더 합리적이라는 것을 반박하기 어렵게 된다. 어떤 이들은 낯설고 불편한 설명을 끝까지 거부하지만, 또 어떤 이들은 용기를 내어 "과연 그렇다면 어떻게 될까?"라고 한발 더 나아가본다.

과학의 힘은, 그리고 과학이라는 체계를 일구어낸 인간의 위대함은, 바로 이렇게 직관을 배반하는 결론이라도 과감히 받아들이는 데에 있다. 인간은 자연에 대한 합리적인 설명을 추구한 결과, 과학이라는 거대한 체계를 만들어냈다. 과학 덕분에 근대 인간은 편안한 경험과 직관의 세계를 벗어나 불확실하고 앞이 보이지 않는 세계 속으로 스스로 걸어 들어갔다. 그리고 그 용기를 낸 덕에 그전 세계에 살던 인간들이 상상도 하지 못했던 힘을 갖게 되었다.

인간은 지구가 우주의 중심이라는 생각을 버린 덕에 달이며 화성이며 까마득히 먼 천체들에 인간의 흔적을 남길 수 있게 되었고, 빛과 어둠으로부터 색깔들이 생겨난다는 생각을 버린 덕에 레이저와 발광다이오드(LED) 등을 만들어 빛을 자유자재로 다룰 수 있게 되었으며, 제자리에 머물러 있건 운동하고 있건 빛의 속도는 일정하다는 기이한 생각을 받아들인 덕에 인공위성과 한치의 오차도 없이 교신할 수 있게 되었다.

오늘날 우리가 익히고 누리는 과학은 이렇듯 오랜 세월에 걸쳐 수많은 시행착오를 거듭해가며 이론과 실천을 쌓아올린 결과다. 대단히 복잡하고 정교하게 발전한 현대과학 속에서 살아가는 요즘 사람의 눈에는, 옛사람들이 던졌던 질문이나 그에 대해 내놓았던 설명들이 우스워 보일 수도 있다. 하지만 과학의 본질은 어떤 면에서 보면 예나 지금이나 크게 변하지 않았다. 여전히 인간은 세상에 대해 질문을 던지고 답을 구한다. 오랜 시간에 걸쳐 수많은 인재들이 머리를 맞대고 궁리한 결과 질문이 더 날카롭게 다듬어졌을 뿐이다. 쿼크의 존재를 실험으로 어떻게 검증할 수 있을지, 화성에 보내는 다음 탐사선은 무엇을 어떻게 보완해야 할지, 바이러스 감염을 막기 위해 mRNA로 백신을 만들려면 어떤 기술이 필요한지, 수소연료전지의 효율을 더 높일 수 있는 촉매는 어떤 것이 있을지 등의 질문은, 사실 앞에서 예로 든 옛사람들의 질문들과 깊이는 다르지만 방향은 크게 다르지 않다.

우리는 과학의 본질이 예나 지금이나 비슷하다는 것을 쉽게 실감하지 못한다. 현대과학의 성채는 너무나 높고 탄탄하게 우뚝 서 있어서, 그곳에 들어가려는 이들은 성문 앞에서 기가 죽어버린다. 전공하지 않는 이들의 눈에 과학은 곧 의미를 알 수 없는 복잡한 기호와 숫자 뭉치이고, 눈 딱 감고 외우고 지나가야 하는 삭막하고 냉정한 과목일 뿐이다.

하지만 과학은 인간이 일구어낸 다른 학문 분야들보다 더도 덜도 없이 인간적이다. 교과서에 실린 무미건조해 보이는 수식의 이면을 들여다보면, 인간이 무엇을 궁금히 여겼고, 그 궁금증을 풀기 위해 어떤 시도들을 했고 얼마나 많은 시행착오를 했으며, 그 모든 시행착오에도 좌절하지 않고 어떻게 조금 더 나은 설명을 만들어냈고, 그 결과 어떤 답을 얻었고, 또 어떤 더 많은 문제를 새로 발견했는지, 그 기나긴 이야기를 찾을 수 있다. 그래서 역사로 과학에 접근하는 것은 재미있다. 숫자에 가려진 인간의 모습을 다시 드러내 보여주기 때문이다. 과학의 역사는 어렵고 딱딱하게만 보이는 과학이 결국은 인간이 땀과 눈물(그리고 때로는 피까지!)을 쏟아가며 만들어낸, 인간의 것이라는 사실을 알려준다.

다만 학교의 한정된 수업 시간에 이런 기나긴 이야기를 다 풀어놓기는 어렵다. 또한 현대과학은 너무나 많은 갈래로 나뉘었고 각 분야가 또 너무나 많은 내용을 담고 있어서, 과학의 역사를 다룬 책을 찾아 읽더라도 한권을 다 읽어내기가 쉽지 않다. 과학의 역사 전체는 결국 인류의 역사 전체가 되기 때문이다. 그러니 이렇게 부담 없이 집어 들어 아무 면이나 펼쳐 읽을 수 있고, 또 한동안 잊고 있다가도 다시 꺼내어 읽을 수 있는 책도 하나쯤 있으면 좋을 것이다. 낯설고 딱딱해 보이는 과학에 쉽게 다가서기 위해 과학의 역사를 보는 것인데, 과학의 역사도 읽기 어렵다면 곤란하지 않겠는가?

사실 이 책은 나의 경험에서 비롯된 것이기도 하다. 나는 과학자가 되겠다는 꿈을 안고 이공계 학과로 대학을 들어갔지만, 이내 학과 공부에 흥미를 잃고 방황하고 말았다. 지금 돌이켜 생각해보면, 엄청난 양의 문제 풀이에 기가 질리고 그 뒤에 가려져 있던 사람의 냄새를 맡지 못해서였던 것이 아닐까 싶다. 그런데 방황하던 중 '과학사'나 '과학철학' 같은 과목을 들으면서 잃어버렸던 흥미가 되살아나는 것을 느꼈다. 내가 과학'을' 연구하지는 않더라도 과학'에 대해' 학문적으로 접근할 수도 있겠다는 생각을 했고, 운 좋게도 다니던 학교에 과학사를 전공하는 대학원 과정이 있어서 본격적으로 과학사를 배우게 되었다.

과학의 역사를 다시 배우니 숫자 뒤에 숨어 있던 사람이 다시 눈에 들어오기 시작했다. 그리고 사람을 보면서 수식과 이론들을 다시 읽으니, 마냥 지겨웠던 문제 풀이들도 달리 보였다. 누가 왜 이 질문을 했는지, 그리고 이에 대한 답을 찾아냄으로써 무엇이 어떻게 달라졌는지를 생각하니 수식과 이론들의 이유와 의미도 생생히 느낄 수 있었다. 이 책은 내가 과학을 '재발견'하는 과정에서 얻었던 소소한 기쁨을 더 많은 이들과 함께 나누기 위해 쓴 것이다.

다만 이 책에서 주목하는 과학의 모습은 교과서에 실린 과학의 모습과 조금 다를 수도 있다. 내가 역사를 통해 새롭게 발견한 과학의 모습이기 때문이다. 과학의 역사를 다룬 다른 책들과 굳이 비교하면, 이 책에는 위대한 과학자의 개인사라든가 일화 같은 것이 많이 보이지 않는다. 역사를 알고 과학을 보면 사람이 보인다고 했는데, 과학사를 배우고 나자 내 눈에 새롭게 들어온 것은 과학이라는 인류 공통의 자산을 쌓아 올린 수많은 평범한 사람의 존재였다. 교과서에 이름이 나오는 천재들의 역할도 중요하지만, 역사에 이름조차 남아 있지 않은 평범한 사람들이 수천년에 걸쳐 한줌씩 보탠 흙이 없었다면 과학이라는 산이 지금처럼 우뚝 설 수 없었을 것이다. 나는 그 평범한 위대함, 위대한 평범함도 이 책에 담아내고 싶었다. 그래서 때로 잘 알려진 굵직한 사건이 아닌 구석구석에서 끄집어낸 이야깃거리로 글을 풀어내기도 했다. 소소하지만 우리 생활과 관계를 찾을 수 있는 소재들이야말로 과학이 결국 인간이 만드는 것이라는 점을 잘 보여줄 수 있으리라 생각해서였다. 이 책을 읽는 분들이 소소한 재미를 즐기는 동시에 그 이면의 도도한 역사의 흐름까지 느낄 수 있다면 좋겠다.

1장

과학의 관념은 필연인가

2장

한국 과학의 인물들

3장

한국 과학의 과거, 현재, 그리고 미래

4장

과학도 사람이 하는 일이라

1

과학의 관념은 필연인가

1

자연이라는 책을 숫자로 쓰다

수를 세는 것은 세계를 이해하기 위한 기본적인 활동이다. 동물도 수라는 개념을 이해하고, 많고 적음을 비교할 수 있다. 침팬지를 비롯한 영장류들이 덧셈과 뺄셈을 이해한다는 연구 결과도 있다. 그러나 단순히 눈앞에 있는 사물의 개수를 세는 것을 넘어서 곱셈과 나눗셈 같은 추상적 조작을 하고, 이를 바탕으로 수학이라는 인간의 감각을 뛰어넘은 거대한 추상의 세계를 쌓아올리는 것은 인간만 할 수 있는 일이다.

수학을 일종의 인공 언어라고 한다면 숫자는 그 언어의 기초가 되는 문자라고 할 수 있다. 숫자를 발명한 덕에 인간은 손가락 발가락으로 셀 수 없는 큰 수를 헤아릴 수 있게 되었고, 정수로 똑 떨어지지 않는 값도 표기하고 계산할 수 있게 되었으며, 나아가 복

소수 같은 추상적인 개념까지 창안했다. 인간은 숫자를 통해 자연을 더 잘 이해할 수 있게 되었고 감각의 세계 뒤에 숨어 있는 질서를 수학이라는 언어로 표현하여 과학의 시대를 열었다.

효율적인 숫자는 문명을 바꾼다

모든 문명이 숫자를 만들었지만 오늘날 전세계 대부분의 사람들은 인도-아라비아 숫자를 쓰고 있다. 이 숫자 체계의 가장 큰 장점은 인도에서 발명한 '0'(영)이라는 기호의 존재다.

0은 단지 아무것도 없다는 뜻의 기호가 아니라 위치기수법의 핵심 요소다. 위치기수법이란 숫자 기호가 놓인 자리에 따라 그 값이 결정되는 숫자 쓰기 방식이다. 예를 들어, 2라는 기호를 그냥 쓰면 이(二)지만, 20이라고 쓰면 십(十)의 자리가 둘이므로 이십(二十)이 되고, 200이라고 쓰면 백(百)의 자리가 둘이므로 이백(二百)이 된다. 이때 0은 해당 자리에 1부터 9 사이의 값이 없음을 나타내는 동시에 그 자리를 지켜주는 역할을 한다. 다시 말해 2021이라고 쓰면 백의 자리에는 아무 값이 없지만 0이 그 자리를 지키고 있으므로 우리는 221과 2021을 구별할 수 있다.

위치기수법의 장점은 십진법일 때 열개의 기호만 있으면 아무리 큰 수나 작은 수도 자릿수를 맞춰 쓸 수 있다는 것이다. 위치기수법이 아닌 로마숫자를 예로 들어 비교해보자. 로마숫자 체계에서

1은 I이지만 10은 X, 100은 C, 1000은 M 등으로 자릿수가 바뀔 때마다 새로운 기호를 만들어내야 한다. 기호도 점점 많아질 뿐 아니라 이런 식의 기수법으로는 필산이 불가능하다. 오늘날에는 초등학교 고학년 학생도 연필과 종이만 있으면 서너자리의 큰 수를 자유자재로 곱하고 나눌 수 있지만, 중세 유럽에서는 가장 뛰어난 학자들도 큰 수를 곱하거나 나누려면 곱셈표를 뒤적거려야 했다. 그들의 학문이 얕아서가 아니라 그들이 쓰던 숫자가 효율적이지 않았기 때문이다. 286×47을 계산하려면 일의 자리, 십의 자리, 백의 자리를 각각 곱하고 그 값을 더하면 되지만, 같은 계산을 로마숫자 CCLXXXVI와 XLVII로 하려면 자릿수를 맞출 재간이 없다. 위치기수법으로는 100이 47보다 크다는 사실을 직관적으로 알 수 있지만 로마숫자로 써놓으면 C가 XLVII보다 크다는 것을 형태만으로는 알 수가 없다.

로마와 그 문명을 계승한 중세 유럽도 십진법을 썼지만 0이라는 기호를 생각해내지 못했기 때문에 위치기수법을 쓰지 못했고 그 결과 수학의 발달이 더뎠다. 특히 기하학에 비해 대수학의 발달이 뒤쳐졌다. 반면 0을 발명한 인도 문명, 그리고 그것을 받아들인 아랍의 이슬람 문명에서는 대수학이 눈부시게 발달했다. 9세기경에 활동한 페르시아 출신의 수학자 무함마드 이븐무사 알-콰리즈미(780?~850?)는 『인도숫자를 이용한 계산』이라는 책에서 0을 포함한 인도숫자를 이용한 계산법을 정리했고, 『복원과 대비의 계산에 대한 책』에서는 이항과 제곱근 등을 이용해 이차방정식을 푸는 법을 정리하여 근대 대수학의 기초를 다졌다. 10세기 무렵에는 이슬람 세계 전역에 위치기수법과 분수표기법 등이 전파되었다.

이슬람 수학은 이슬람 왕국이 지배하던 오늘날의 스페인과 포르투갈 지역, 그리고 지중해에서 이슬람 상인들과 교역하던 이탈리아 도시국가들을 통해 유럽 기독교 세계에 전해졌다. 알-콰리즈미와 그의 책은 영향력이 대단했다. 알-콰리즈미(Al-Khwārizmī)라는 이름은 문제해결의 절차를 뜻하는 '알고리듬'(algorithm)의 어원이 되었고, 『복원과 대비의 계산에 대한 책』(*Al-Kitāb al-mukhtaṣar fi ḥisāb al-jabr wa'l-muqābala*)은 제목이 길다보니 '복원'을 뜻하는 '알자브르'(al-jabr)라고 간략히 불렀는데 이는 뒷날 대수학을 뜻하는 '앨지브러'(algebra)의 어원이 되었다.

유럽인들은 시계 문자판과 같은 일상생활에서는 계속 로마숫자를 썼지만, 복잡한 계산을 할 때는 인도-아라비아 숫자가 훨씬 편하다는 것을 깨닫고 이를 적극적으로 받아들였다. 12~13세기 무렵부터 수학자들의 책에 인도-아라비아 숫자가 소개되기 시작했고, 15세기에 인쇄술이 발달하면서 책의 종류와 수가 크게 늘어나자 인도-아라비아 숫자가 대중에게도 친숙해졌다.

과학은 인류의 공동 자산

유럽인들이 보기에 인도-아라비아 숫자는 동쪽에서 온 것이었고, 아랍인들 역시 동쪽 인도에서 온 숫자로 여겼다. 한편 그보다 더 동쪽에 살던 한국인들에게 인도-아라비아 숫자는 서쪽에서 온 것이었고, 이를 접한 것은 한참 뒤의 일이었다. 중국은 원(元) 제국 이후 이슬람 세계와 교류하여 인도-아라비아 숫자를 이미 알고 있었다. 하지만 0만 받아들여 천문학 계산 등에 이용하고 나머지 숫자는 그대로 한자로 표기했다. 우리나라는 대한제국 때 서양식 교육을 받아들이면서 비로소 아라비아 숫자를 도입했다.

오늘날 인도-아라비아 숫자는 전세계의 모든 이들이 자연과 사회를 이해하는 데 쓰는 기본 도구가 되었다. 특히 서구 근대의 수학과 과학은 인도-아라비아 숫자로 쌓아올렸다고 해도 과언이 아니다. 근대과학과 수학은 서구를 벗어나 세계의 것이 되었으니, 인도-아라비아 숫자도 인류의 공동 자산이 되었다고 할 수 있다.

그런데 쓴웃음을 짓게 하는 소식이 있었다. 2019년 5월 미국의 시빅 사이언스(Civic Science)라는 인터넷 사이트에서 '아라비아 숫자를 미국 교육 과정에 포함시키는 것에 찬성합니까?'라는 설문조사를 했더니, 응답자의 56퍼센트가 반대한다는 결과가 나왔다. 사실 이 조사는 편견이 사람들의 의사결정에 어떤 영향을 미치는지 보여주기 위해 기획되었다. 매일 쓰고 있는 숫자도 '아라비아 숫자'라는 이름을 붙이자 경계해야 할 낯선 것이 되어버리는 현실을 꼬집으려는 시도였다. 인류의 공동 자산인 과학마저도 다른 문화에 대한 편견 앞에서는 제대로 이해받지 못하게 된 것이 트럼프 시대 미국의 한 단면이었다.

무지는 편견을 낳고, 편견은 두려움을 낳는다. 두려움에 사로잡힌 이들은 그 두려움을 가리기 위해 남을 혐오하고 공격한다. 만일 다른 문화, 인종, 젠더, 계층에 대해 공연한 거리감과 미움이 생겼다면 그 이유는 스스로에게서 찾아야 한다. 나는 무엇을 모르고, 무엇에 편견을 가지게 되었는가.

2

시곗바늘은 왜 시계 방향으로 도는가

해는 동쪽에서 떠서 남쪽 하늘을 지나 서쪽으로 진다. 매일 조금씩 위치가 바뀌기는 하지만 별들의 움직임도 마찬가지다. 남쪽 상공을 보고 앉으면 왼쪽에서 나온 별들이 눈앞을 지나 오른쪽으로 사라진다. 시곗바늘이 돌아가는 방향과 같다.

시곗바늘이 도는 방향과 천체가 움직이는 방향이 같다니 일관성이 있어서 이해하기도 쉽고 기억하기도 쉬워 보인다. 하지만 이는 당연한 일이다. 애초에 '시계 방향'이란 말이 해시계의 그림자가 움직이는 방향, 즉 해가 움직이는 방향에서 비롯되었기 때문이다.

시계 방향은 천체의 운행 방향

해시계는 인간이 하루라는 단위로 시간을 인식하고 만든 최초의 시계다. 물시계나 기계식 시계처럼 복잡한 부속을 갖춘 시계보다 간단해 보이기 때문에 흔히 원시적일 거라고 오해하기도 하지만, 천체의 움직임을 그대로 반영할 수 있도록 잘 만든 해시계는 가장 정확한 시계이기도 하다.

정확한 해시계를 만들기 위해서는 매우 높은 수준의 천문학 지식이 필요하다. 언제가 정오인지 알려면 동서남북의 방위를 정확하게 알 수 있어야 한다. 둥근 호를 그리며 이동하는 해가 평면에 남기는 그림자는 한낮에는 짧고 아침과 저녁에는 길어지므로 해시계의 눈금도 그 차이를 반영하여 다르게 매겨야 한다. 또한 앙부일구(仰釜日晷)처럼 하루의 시각뿐 아니라 계절까지 알려주는 해시계를 만들려면, 여러해에 걸쳐 각 절기에 따른 해의 움직임을 꼼꼼하고 정밀하게 기록한 데이터가 필요하다.

이렇게 정밀한 천문학을 발전시켜온 문명들은 대부분 북반구에 자리잡고 있었다. 북반구에서는 태양이 동쪽에서 떠올라 남쪽 하늘을 지난 뒤 서쪽으로 지므로, 해시계의 그림자는 서쪽에서 북쪽을 거쳐 동쪽으로 옮겨간다. 대대로 이런 모습의 해시계를 보고 살아온 사람들이 기계 장치로 움직이는 시계를 만들었을 때 시곗바늘이 움직이는 방향을 해시계의 그림자가 움직이는 방향과 맞춘건 당연한 일이었을 것이다. 그리하여 북반구에서 만든 기계식 시계는 오른쪽으로 돌아가는 바늘을 달게 되었고, 사람들은 바늘이 도는 방향을 '시계 방향'(clockwise)이라고 불렀다.

남반구에 가면 반대가 되는 것들

시계가 시계 방향으로 움직이는 것에는 사실 아무 문제가 없다. 북반구 사람들이 북반구에서 살고 있을 때에는. 그러나 인류의 이동 범위가 넓어져서 북반구와 남반구의 문명이 교류(이런 중립적 표현은 수많은 참혹한 역사를 가려버리는 것이기는 하지만)하기 시작하면서, 북반구 사람들은 놀라운 일들을 겪기 시작했다.

적도를 넘으면 북쪽으로 갈수록 따뜻해지고 남쪽으로 갈수록 추워진다. 물이 소용돌이칠 때에는 오른쪽이 아니라 왼쪽으로 맴돈다. 천체는 동쪽에서 떠올라 서쪽으로 지기는 하지만 남쪽이 아니라 북쪽 상공을 지난다. 따라서 해시계의 그림자가 도는 방향도 왼쪽, 즉 '반시계 방향'(counter-clockwise)이다.

남반구 사람들의 시계는 시계 방향으로 돌지만 천체는 반시계 방향으로 돈다. 물론 오늘날 천체를 보고 시각을 재는 사람이 대단히 드물기에 이것이 큰 문제는 아닐 것이다. 하지만 북반구, 특히 유럽과 북아메리카의 국가들이 근대의 정치와 경제를 좌지우지하면서 세계의 남쪽 절반과 그곳 사람들의 시선은 사실상 가볍게 다뤄지거나 무시당하기도 했다.

세계지도의 이른바 '그린란드 문제'(Greenland Problem)는 의도적이건 아니건 이를 보여주는 하나의 상징적인 사례다. 둥근 지구의 표면을 펼쳐 평면에 투영하면 어느 정도의 왜곡을 피할 수 없다. 특히 세계지도를 네모꼴로 만들면 양쪽 극지방이 실제보다 훨씬 넓어진다. 메르카토르 도법(Mercator Projection)을 개발한 16세기 플랑드르(오늘날의 벨기에 지역) 사람 헤라르뒤스 메르카토르는 이런 문제를 간과했다. 따라서 메르카토르 도법으로 만든 고전적인 세계지도에서는 북극의 그린란드가 대단히 넓게 표시된다. 실제로는 열네배나 넓은 아프리카 대륙의 크기와 거의 비슷해 보일 지경이다.

이 문제는 남반구의 자의식이 성장하면서 열띤 토론의 주제가 되었다. 자신이 살던 북부 유럽을 세계의 중심으로 간주한 메르카토르의 시대적 한계는 어쩔 수 없지만 20세기에도 그의 도법을 따른 지도를 쓰는 것이 옳으냐는 비판의 목소리가 특히 아프리카와 남아메리카에서 커졌다. 이에 따라 요즘에는 극지방의 왜곡을 줄이고 적도 지역을 실제 크기에 가깝게 표현하는 빈켈 트리펠 도법(Winkel Tripel Projection) 등이 널리 쓰이고 있다.

우리는 세상을 너무 당연하게 받아들이고 있지 않은가

사실 지도는 삼차원 공간을 이차원 평면에 투영한 결과물이기에 완벽한 도법은 없다. 빈켈 트리펠 도법은 남북 방향의 왜곡을 상대적으로 줄였지만, 여전히 지도 양 끝에 놓인 국가들의 형태가 중심에 위치한 국가들에 비해 많이 왜곡되는 한계가 있다. 대서양을 중심으로 삼으면 북미 동해안과 서유럽, 아프리카의 형태는 비교적 온전하지만 동아시아와 오세아니아의 형태는 상당히 왜곡될 수밖에 없다(넓이는 실제와 거의 비슷하다). 반대로 태평양을 중심으로 그리면 동아시아와 북미 서해안의 형태는 왜곡을 피할 수 있지만 다른 지역의 모습이 일그러질 것이다.

익숙한 방식으로 세계를 이해하려는 시도는 벗어날 수 없는 인간의 숙명이다. 사실 과학도 세계를 합리적으로 이해하기 위한 인간의 끊임없는 노력이 쌓여 이루어진 지식과 실천의 체계라고 할 수 있다. 그 중심에는 인식하고 이해하는 주체, 인간이 있다.

모두가 만족할 수 있는, 세계를 인식하는 방법이란 존재하지 않을지도 모른다. 하지만 그렇다고 해서 세계를 더 정확하게 이해하기 위해 그간 인간이 기울인 노력의 가치가 줄어드는 것은 아니다. 인간이 생물학적·사회적·역사적 한계에서 자유로울 수 없다는 사실을 받아들이고, 그 한계를 넘어 다른 인간과 소통할 수 있는 지식을 남기고자 노력하는 과정이야말로 인류의 지적 여정을 위대하게 만든다.

3

우주의 척도를 위해
인간의 척도와 결별하다

프랑스 파리 교외의 국제도량형국(BIPM) 지하에는 저울추 하나가 세겹의 유리 용기 안에 소중히 보관되어 있다. 백금과 이리듐을 섞어 대략 골프공 크기의 원통 모양으로 만든 이 저울추의 질량은 1.000000킬로그램(kg)이다. 바로 세계 모든 저울의 기준이 되는 '국제 킬로그램 원기(原器)'다.

그런데 이 저울추는 2018년 현역에서 물러나 역사의 유물이 되었다. 세월을 이겨내지 못하고 0.000001킬로그램 또는 100마이크로그램(μg) 정도의 오차가 생겨나면서 정확히 1.000000킬로그램을 유지할 수 없게 되었기 때문이다. 국제도량형국은 공기와 접촉을 막고자 밀폐용기 안에 저울추를 모셔두고, 다른 저울추를 조정할 때에도 공인된 복사본을 이용하는 등 갖은 노력을 기울였다. 하지만 원자 수준에서 일어나는 미세한 변화를 모두 막는 것은 불가능했고, 이 작은 변화들이 100마이크로그램, 즉 1만분의 1그램(g) 수준으로 누적되자 원기의 신뢰성에 금이 간 것이다. 1만분의 1그램, 즉 1000만분의 1킬로그램이라면 일상생활에서는 쉽게 감이 잡히지 않는 질량이다. 하지만 약학이나 전자공학 등 대단히 작은 세계를 다루는 분야에서는 적지 않은 오차다.

이 변화에 대응하기 위해 2018년 열린 제26차 국제도량형총회(CGPM)에서는 '킬로그램 재정의 안건'을 의결하여, 킬로그램 단위에 대한 기존 정의를 폐기하고 새로운 정의를 채택하기로 했다. 새로운 정의는 인간이 만든 원기에 의존하는 것이 아니라 자연계의 기본 상수 중 하나인 플랑크 상수(h)를 바탕으로 삼는다. 간단하게 설명하자면, 추를 올려놓은 저울의 반대편에 전기장을 걸어서 수평을 맞추는 데 필요한 에너지를 계산하고, 이것을 단위 변환하면 질량을 구할 수 있다는 것이다.

인간이 만든 원기에 의존하지 않고 자연의 근본 상수를 바탕으로 삼겠다는 취지는 반박할 수 없이 자명한 것처럼 보인다. 하지만 이런 생각 자체가 어찌 보면 근대의 산물이다. 킬로그램이라는 단위가 탄생한 배경에도 그와 같은 근대적 열망이 녹아들어 있다.

나라를 새로 열면 자와 됫박도 새로이

고대 그리스의 철학자 프로타고라스는 "인간은 만물의 척도"라는 말을 남겼다. 인간이 스스로를 기준으로 세계를 이해하려는 것은 어쩔 수 없는 일이기도 하고, 자연스러운 일이기도 하다. 따라서 인간이 세상을 측정하는 잣대, 즉 도량형도 대체로 인간에게서 비롯된 기준들을 바탕으로 정립되었다. 동북아시아의 촌(寸, 치)이나 유럽의 인치(inch)는 손가락 마디의 길이에서, 척(尺, 자)이나 피트(feet) 또는 고대 이집트의 큐빗(cubit) 등은 발 또는 하박부의 길이에서 비롯되었다.

하지만 사람마다 몸이 제각각이므로 신체를 기준으로 한 도량형은 항상 모호함을 안고 있었다. 누구나 손가락 마디가 얼추 한치는 되지만, 아무도 손가락 마디가 한치로 딱 떨어지지는 않았던 것이다. 사람마다 도량형이 제각각이라면 장사에는 다툼이 끊이지 않을 것이고, 기술은 발전하기 어려울 것이며, 나라에서 세금을 걷는 데도 일관된 기준이 없을 것이다. 따라서 문명이 발달하면서 도량형을 표준화하여 보급하는 것은 국가의 중요한 과업이 되었다.

동북아시아에서는 유교 문명이 정립되면서 여러 다른 차원을 아우르는 일관성 있는 도량형 체계를 만들려는 복잡한 시도가 이어졌다. 도량형(度量衡)이라는 말을 풀어보면 도(度)는 길이를 재는 자, 양(量)은 부피를 재는 됫박, 형(衡)은 무게를 다는 저울을 뜻한다. 그런데 도량형의 출발점은 뜻밖에도 소리, 즉 음악이다. 아악

영국 그리니치 천문대의 도량형 기준판(19세기). 자기 자를 가져와서 길이가 맞는지 검사할 수 있도록 만들었다. 도량형의 표준화는 동서고금을 막론하고 국가의 중요한 과업 중 하나였다.

(雅樂)에서 기준음이 되는 황종(黃鐘)이라는 이름의 음은 '기장 1200알이 들어가는 부피의 피리로 내는 소리'로 정의된다. 이 피리의 이름이 황종관이다. 황종관의 지름이 정해져 있으므로 길이를 구할 수 있는데, 계산해보니 길이가 기장 90알을 늘어놓은 것과 같았다고 한다. 이 황종관의 길이에 기장 10알을 더해 기장 100알의 길이(즉 황종관 길이의 9분의 10)를 1황종척(黃鍾尺)이라고 정했다. 1황종척이 바로 1척, 즉 한자다. 이를 변환하여 부피와 무게의 기본 단위도 정할 수 있다. 세종대왕이 각종 문물제도를 정비하면서 박

연에게 황종관을 새로 만들고 아악을 정비하도록 명한 것은 단순한 여흥이 아니라 과학기술의 기본 체계를 확립하는 일이었다고도 할 수 있다.

불변의 척도를 찾아 나선 계몽주의자들

하지만 일견 고도로 세련되어 보이는 이러한 도량형 체계도 현실에서는 그다지 잘 적용되지 않았다. '기장 1200알'과 같은 기준이 시간과 장소를 넘어서는 보편성을 갖기란 어렵기 때문이다. 세종의 명을 받은 박연은 바로 이 때문에 큰 고민에 빠졌다. 세종 시대 조선의 기장과 고대 중국의 기장이 크기가 달라서인지, 고대의 법도를 충실히 따져 만든 황종관이 악사들이 알던 황종음을 내지 않았던 것이다. 고심 끝에 박연은 이런 사정을 왕에게 구구절절 설명하고 황종관에 1200알이 들어가는 크기의 인조 기장을 밀랍으로 만들 수밖에 없었다.

이처럼 사람의 몸이나 동식물의 크기에 바탕을 두는 도량형은 여러가지 문제를 낳았다. 비록 옛 성현의 법도를 충실히 따른다고 해도, 시공간의 차이에 따라 옛 성현도 미처 예상하지 못한 변수가 많이 개입했기 때문이다. 인류의 이성이 팽창하면서 인간의 신체나 동식물의 치수를 기초로 한 도량형이 자연의 진리를 탐구하는 데 적절치 않다는 인식도 자라났다. 자연스러워 보이는 현상들에 구태여 의문을 던지고, 종내 그것들을 직관에 위배될지라도 철두철미하게 합리적으로 설명해놓은 것이 바로 근대과학이다. 인류 이성의 영원한 진보를 믿었던 근대 계몽주의자들은 인간을 초월한 영원불변의 잣대를 찾고자 했다.

계몽사상의 세례를 받은 프랑스 혁명기에 미터법이 제정된 것은 그런 면에서 당연한 결과였을지도 모른다. 혁명이 시작된 바로 이듬해인 1790년, 프랑스 정부는 불변의 우주에 기초한 새로운 도량형을 만들기로 결정했다. 왕정을 폐지하고 유럽의 모든 나라와 전쟁을 벌이는 등 국내외의 연이은 혼란 속에서도 프랑스의 과학자들은 북극점에서 적도까지의 거리를 재는 탐사 여행에 나섰고, 그 결과를 바탕으로 지구 세로 둘레(자오선의 길이)의 4000만분의 1을 1미터(m)라고 부르는 새로운 도량형을 만들어냈다. 질량 또는 무게의 단위도 미터를 기반으로 만들었다. 밀도가 최대에 이르는 섭씨 4도의 물을 가로, 세로, 높이가 각각 1센티미터(cm), 즉 100분의 1미터인 용기에 담았을 때의 질량을 1그램(g)이라고 정의한 것이다. 다만 매번 지구 둘레의 4000만분의 1이나 1세제곱미터(m^3)의 물을 측정하여 쓸 수는 없는 노릇이므로, 이에 바탕을 둔 표준 자(미터 원기)와 표준 저울추(킬로그램 원기)를 만들어 실질적인 표준으로 삼았다. 미터와 그램에 바탕을 둔 미터법은 1795년 프랑스 의회에서 정식으로 법제화되었다.

프랑스가 만든 미터법은 그 합리성과 일관성 덕에 금세 전세계로 퍼져나갔다. 영국이나 미국 등 아직도 일상생활에서 고유의 단위를 고집하는 나라들도 남아 있지만, 과학기술 분야에서는 미터법과 그에 바탕을 둔 국제단위계(SI)가 표준이 되었다.

미터법은 더욱 정교하게 다듬어져서, 부득이하게 미터 원기나 킬로그램 원기 같은 인공물에 의지할 필요도 점점 줄어들었다. 20세기에 성립한 양자역학과 상대성이론이 플랑크 상수나 광속 등 우주 어디에서도 변하지 않는 값들을 찾아냈기 때문이다. 오늘날 1미터는 더이상 미터 원기의 길이도, 지구 자오선의 4000만분의 1도 아니라, '빛이 진공에서 2억 9979만 2458분의 1초 동안 진행한 거리'로 정의된다. 계몽주의자의 후예들은 이렇게 선조들이 시작한 여정에서 한발짝씩 앞으로 나아가고 있다.

4

뉴턴의 색, 괴테의 색

기후변화 때문일까? 한국의 가을이 점점 짧아지고 있다. 가을 옷을 미처 옷장에서 꺼낼 새도 없이 사방을 물들였던 색색의 잎사귀들이 떨어지고 겨울이 온다. 가을 단풍의 화려한 색과는 달리, 겨울을 지배하는 것은 흰 눈과 검은 어둠이라는 무채색, 또는 빛과 어둠이다. 가을의 색은 다 어디로 갔을까? 색이란 어디서 어떻게 '생겨나는' 걸까?

현대인들은 누구나 이 싱거운 질문의 답을 알고 있다. 어릴 때부터 흰빛이 프리즘을 통과하면 무지갯빛 스펙트럼으로 갈라지는 그림을 보아왔고, 색깔 있는 빛살 하나하나가 모이면 우리 눈에 흰빛으로 보인다는 설명을 들어왔기 때문이다. 과학을 좋아하는 사람이라면 프리즘의 모습뿐 아니라 그것을 들고 있는 뉴턴의 모습을

뉴턴이 『광학』에서 소개한 '결정적 실험'의 상상화.

함께 떠올릴 수도 있을 것이다.

그러나 교육을 통해 거듭 배워오지 않았다면, 이런 설명을 선뜻 받아들일 수 있었을까? 옛날 사람들은 빛과 색에 대해 어떻게 생각했을까?

빛과 어둠과 색

근대과학이 들춰낸 세상의 속살은 자주 인간이 감각으로 쌓아올린 직관을 배반하곤 한다. 대표적인 예로, 간결한 천문학 계산을 위해 '지구가 태양의 주위를 돈다'고 발상을 전환해본 것이 천문학의 혁명으로 이어진 일을 꼽을 수 있겠다.

빛과 색에 대해서도 직관적인 설명이 직관에 어긋나는 설명에 자리를 내주었다. 한편에는 하얀빛과 검은 어둠을, 다른 한편에는 빨주노초파남보의 여러 색깔을 놓고, 둘 중 무엇이 더 근원적인 존재일까 질문을 던져보자. 어렸을 때부터 근대과학을 배워서 정답을 알고 있는 이들도 한번쯤은 주춤하게 될 것이다. 아무래도 우리의 직관은 빛과 어둠이 근원적인 존재이고 색깔은 빛과 어둠으로부터 생겨나는 것처럼 느끼기 마련이다.

아리스토텔레스는 '빛과 어둠의 경계에서 색깔이 생겨난다'는 가설로 색채 현상을 설명했다. 다른 수많은 자연 현상들을 설명할 때와 마찬가지로, 아리스토텔레스는 언제나 경험에서 우러나온 직관에 충실했다. 눈밭과 같은 하얀 배경에서 그림자를 자세히 관찰하면 그림자의 경계 부분에 언뜻 색이 비친다. 오늘날에는 물체의 가장자리에서 빛이 회절하면서 스펙트럼이 분리되기 때문이라고 설명할 수 있지만, 이것을 보고 '색깔이 생겨난다'고 생각하는 것도 자연스러운 일이었으리라.

뉴턴의 '결정적 실험'

무지개가 신이 보여주는 기적이 아니라 물방울이 만들어내는 자연 현상이라는 사실이 알려진 뒤에도, 프리즘을 통해 흰빛을 무지갯빛으로 분리할 수 있다는 것이 알려진 뒤에도, 이 생각은 크게 바뀌지 않았다. 빛이 어둠과 맞닿으면서 색깔이 생겨나듯, 흰빛이 물방울이나 유리와 같은 매질을 통과하면서 색깔이 생겨난다고 설명해도 충분했기 때문이다.

자연을 수많은 작은 입자들이 톱니바퀴처럼 맞물려 돌아가는 거대한 기계라고 생각했던 르네 데카르트(1596~1650) 역시 빛의 본질은 흰빛이라는 생각을 버리지 않았다. 그는 프리즘을 통해 스펙트럼을 분리하는 실험에 대해 알고 있었지만 오늘날 우리가 알고 있는 것과는 다른 방식으로 그 현상을 설명했다. 빛의 입자들은 회전하면서 공간을 가로질러 나아가는데, 흰빛이 유리를 통과하면서 입자의 회전이 바뀌고, 여러가지 속도와 방향으로 회전하는 빛 입자가 우리 눈에는 각기 다른 색깔의 빛살로 보인다는 것이다. 지극히 데카르트다운 이 이론은 프리즘을 통해 스펙트럼이 분리되는 현상을 나름대로 잘 설명할 수 있었다. 똑같이 프리즘으로 들어간 빛이 왜 빨간빛과 노란빛, 파란빛으로 갈라져 나오는지를 빛 입자의 회전 차이로 풀어낼 수 있기 때문이다.

그러나 모든 사람이 이 그럴듯한 설명을 받아들이지는 않았다. 아이작 뉴턴(1642~1727)은 데카르트가 '회전하는 빛의 입자'처럼 확인할 수 없는 가설적 존재를 필요할 때마다 만들어내는 것이 마음에 들지 않았다. 데카르트와 달리 뉴턴은 가설을 세우지 않는 것을 자신의 원칙으로 내세웠고, 현상의 원인을 설명할 수 없다면 일단 그 현상을 수학적으로 엄밀하게 기술하는 데 주력하고자 했다.

그 원칙 아래 뉴턴은 프리즘을 이용한 새로운 실험을 고안했다. 프리즘으로 흰빛을 분리해 만들어진 스펙트럼에서 붉은 빛살만 골라낸 뒤, 그것을 또 하나의 프리즘으로 굴절시켜봤다. 데카르트의 이론이 맞는다면 붉은 빛살을 이루는 입자들이 프리즘을 지날 때 역시 회전의 속도와 방향이 달라지므로, 흰빛을 프리즘에 통과시킬 때와 비슷한 양상으로 색이 분리되어야 한다. 그러나 그런 일은 일어나지 않았다. 붉은빛도, 파란빛도, 노란빛도 더 이상 분리되지 않았다. 뉴턴이 1704년 펴낸 『광학』에서 "결정적 실험"(Experimentum crucis)이라고 부른 이 실험을 통해 직관적으로 믿어왔던 빛과 색의 존재론적 위계가 뒤집혔다. 색깔 있는 빛이 근원의 빛이었고, 흰빛은 그것들이 합쳐 만들어낸 일종의 혼합물일 뿐이었다.

같은 도구, 다른 생각

수천년 묵은 직관을 배반하는 뉴턴의 주장은 많은 이들에게 충격을 주었다. 뉴턴의 비판자들은 가설을 세우지 않는다는 뉴턴의 신조조차 오만하고 무책임하다고 여겼다. 만유인력이나 빛의 스펙트럼에 대한 뉴턴의 설명에는 '어떻게'에 대한 수학적 묘사는 있지만 '왜'에 대한 근본적 설명이 빠져 있기 때문이었다.

빛과 어둠이라는 근원적인 이분법을 허물어버린 뉴턴의 주장을

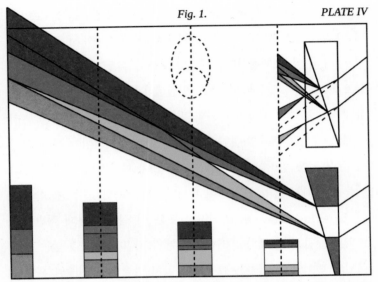

빛과 어둠의 경계에서 색이 생겨난다는 괴테의 이론. 괴테는 뉴턴과 비슷한 도구로 실험했지만 결과는 전혀 다른 방식으로 해석했다. 흰빛이 프리즘을 통과하면서 경계면에서 빨강, 노랑, 파랑, 보라 등 네가지 원초적 색이 생겨나고, 이것들이 섞이면서 무지개색이 보이게 된다는 것이다. 괴테는 프리즘과 스크린 사이의 거리를 여러가지로 바꾸어가며 측정한 결과 이러한 현상을 직접 관찰했다고 주장했다.

받아들이지 못했던 이들 가운데는 독일의 문호 요한 볼프강 폰 괴테(1749~1832)도 있었다. 괴테는 1810년 『색채론』을 펴내어 빛과 색에 대한 옛 이론의 복권을 시도했다. 괴테는 뉴턴이 사용한 것과 비슷한 프리즘을 구하기 위해 왕실의 후원까지 얻어가며 백방으로 애를 썼다.

결국 괴테는 손에 넣은 양질의 프리즘으로 뉴턴과 비슷한 실험을 했지만 그와 전혀 다른 방식으로 실험 결과를 해석했다. 괴테는 빛과 어둠의 경계에서 색이 생겨난다는 아리스토텔레스 이래의 설명을 재해석하여 프리즘 실험을 설명하고자 했다. 프리즘을 통과하는 것이 곧 빛과 어둠의 경계를 통과하는 것이고, 거기에서 원초적 색(빨강, 노랑, 파랑, 보라)이 생겨나고 이들이 섞이면서 초록과 같은 중간색이 생겨난다는 것이다.

괴테의 『색채론』은 뉴턴의 『광학』이 출판된 지 한세기도 더 지난 뒤의 책이므로, 반론 치고는 너무 늦은 것이었고 과학계에 큰 영향을 미치지는 못했다. 하지만 괴테의 이론은 화가들에게 뜻밖의 지지를 얻었다. 영국의 인상주의 화가들을 비롯하여 빛과 색의 관계에 대해 고민하던 이들은 괴테의 이론을 바탕으로 자신들만의 색채관을 정립해나갔다. 근대과학이 알려주는 세계의 모습과는 별개로, 빛과 어둠이라는 이원론은 인간의 가슴속에 큰 자리를 차지하고 있었고, 그 상징의 힘은 빛과 색에 대한 과학 이론이 바뀐다고 해서 쉽게 사라지는 것이 아니었다. 때로는 물리학자가 보는 세계와 화가가 보는 세계가 일치하지 않을 수도 있었던 것이다.

5
어둠은 결핍일까

대부분의 문명에서 빛과 어둠은 세계를 이루는 가장 기본적인 한쌍이었다. 지역마다 빛의 신과 어둠의 신이 있었고, 그들에 얽힌 갖가지 신화와 제의, 금기가 있었다. 빛과 어둠, 이 두개의 명사를 짝 짓는 것이 거의 모든 언어에서 어색하지 않다는 점에서도 알 수 있듯이, 인간은 예로부터 어둠을 빛에 맞선 독립된 존재로 여겨왔다.

예술가들에게 빛과 어둠은 마르지 않는 영감의 원천이기도 하다. 특히 프랑스를 중심으로 활동한 19세기 인상주의 화가들은 빛과 그림자가 만들어내는 다채로운 변화들에 주목하여 독특한 화풍을 만들었다. 이들에게 많은 영향을 미친 영국의 낭만주의 화가 윌리엄 터너(1775~1851)는 빛과 어둠이 뒤섞인 동틀녘이나 해질녘의 풍경을 탁월하게 묘사하여 높은 명성을 얻었다.

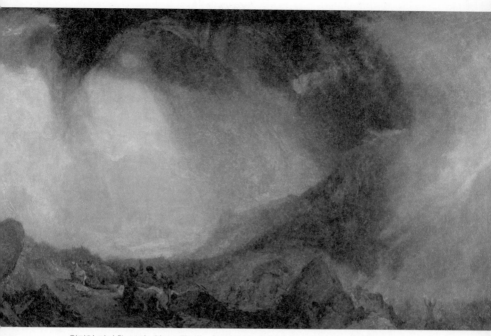

윌리엄 터너 「눈보라: 알프스를 넘는 한니발과 그의 군대」(1812), 테이트 갤러리 소장.

과학으로 빛과 어둠을 새롭게 이해하다

잠깐 생각해보자. 어둠과 빛은 정말 동등한 '존재'인가? 곰곰이 따져보면, 어둠이란 빛이 없는 결핍 '상태'일 뿐, 빛과 별개로 존재하는 것은 아니다. 빛에 대한 지식들이 하나의 학문으로 정립되면서 어둠은 빛의 결핍에 불과한 것으로 여겨졌고 학자들은 빛의 정체에 관심을 집중했다.

근대화학의 토대를 세운 앙투안 라부아지에(1743~1794)는 빛도 세상을 이루는 근본 물질 중 하나라고 보았다. 그는 뉴턴의 생각을 받아들여 빛도 무게가 없는 작은 입자로 이루어져 있다고 생각했고, 따라서 『화학원론』(1789)에서 새로운 원소 체계를 제안하면서 빛을 33개의 원소 가운데 하나로 포함했다.

하지만 19세기가 되자 빛을 입자로 이해해서는 설명할 수 없는 현상들이 하나둘씩 알려졌다. 두개의 빛살이 만나면 서로 간섭하는 현상이 대표적이었다. 빛이 입자라면 서로를 튕겨내는 건 가능하지만 이렇게 섞일 수는 없는 노릇이기 때문이다. 따라서 19세기 중반 무렵에는 빛을 음파와 같은 파동의 일종으로 설명하려는 시도들이 성행했다.

19세기 후반에는 전기와 자기에 대한 이론이 통합되어 전자기학(electromagnetism)이라는 학문이 정립되면서 빛에 대한 이해가 더욱 깊어졌다. 제임스 맥스웰(1831~1879)은 전자기학을 수학적으로 정리하면서 빛의 정체도 함께 밝혔다. 전기장과 자기장이 상호작용하면 전자기파라는 파동이 생겨나는데, 우리가 보는 빛, 즉 가시광선은 이 전자기파 중 특정한 주파수의 것을 일컫는다는 설명이었다.

20세기 초에 양자역학이 발전하면서 빛을 비롯한 전자기파는 파동의 성질뿐 아니라 입자의 성질도 보여준다는 사실이 새롭게 알려졌다. 또한 상대성이론은 물질과 에너지가 실제로는 같은 것이며

$E=mc^2$이라는 관계식으로 서로 변환될 수 있음을 보여주었다. 요컨대 현대과학을 통해 인간이 이해하고 있는 빛이란 '파동의 모습과 입자의 모습을 모두 보여주는 특정 주파수 영역의 전자기파(에너지)'라고 할 수 있다.

현대과학은 빛뿐 아니라 어둠도 새롭게 이해할 수 있도록 해주었다. 전자기학과 양자역학, 상대성이론 등을 활용하여, 인간은 자신의 감각으로는 도저히 닿을 수 없는 먼 우주 또는 과거의 우주에 대해서도 이런저런 가설을 세우고 계산하며 그 결과를 현재의 실험값과 비교할 수 있게 되었다.

새롭게 바라본 우주는 뜻밖의 사실을 알려주었다. 우리 눈에는 컴컴하게 비어 있는 것처럼 보이는 어두운 밤하늘 저편에는 사실 매우 많은 존재들이 숨어 있지만, 단지 우리가 눈으로 보지 못할 뿐이라는 것이다.

천문학자들이 계산한 결과에 따르면, 우리가 관측할 수 있는 만유인력의 크기를 설명하려면 우리 눈에 보이는 천체들로는 턱없이 모자라다. 우리 눈에 보이는 각종 천체들의 약 다섯배의 질량이 더 있어야 하는데, 이만큼의 질량에 해당하는 존재들은 우리 눈에 보이지 않으므로 '암흑물질'(dark matters) 또는 '암흑 에너지'(dark energy)라고 부른다. 과학자들은 1930년대부터 암흑물질의 존재를 예측하고 그 정체를 밝히고자 연구해왔지만, 아직까지 그리 많은 것을 알아내지는 못했다.

또한 어떤 별들이 진화의 마지막 단계에 변신하여 만들어내는 블랙홀도 우리 눈에는 보이지 않지만 실재하는 천체다. 블랙홀의 중력이 너무 세서 그 주변을 지나는 빛이 빠져나오지 못하기에 우리 눈에 검게 보이는 것이지, 블랙홀은 엄연히 그 자리에 존재한다.

보이지 않는 것을 재현하는 역설적인 과제

인간은 과학기술을 이용하여 실재하는 어둠을 인공적으로 만들기도 한다. 2014년 영국 기업인 서리 나노시스템(Surrey Nanosystems)은 '반타블랙'(vantablack)이라는 신물질을 개발했다고 발표했다. 반타(vanta)란 '수직으로 정렬한 탄소나노튜브'(Vertically Aligned carbon Nano Tube Arrays)의 약칭이다. 다시 말해 반타블랙은 평면 위에 탄소나노튜브가 빼곡히 서 있는, 칫솔모와 비슷한 구조로 이루어져 있다.

인간이 사물을 볼 수 있는 까닭은 사물 표면에서 반사된 빛이 인간의 눈으로 들어오기 때문인데, 반타블랙의 표면에 닿은 빛은 탄소나노튜브 기둥 사이로 흡수되어버리므로 거의 반사되어 나오지 못한다(가시광선은 99.6퍼센트까지 흡수된다). 이 덕에 반타블랙은 지금까지 인간이 인공적으로 만들어낸 안료 가운데 가장 철저한 어둠을 구현한다.

이 인공적인 어둠은 의외로 쓸모가 많다. 망원경이나 카메라 등 광학기기의 내부에 반타블랙을 바르면 빛이 손실 없이 관찰자의

반타블랙 도료를 바른 알루미늄박. 빛을 모두 흡수하여 알루미늄박 가운데가 비어 있는 것 같은 느낌을 준다.

눈까지 도달하므로 기기의 성능을 크게 높일 수 있다. 또한 태양전지나 군용 위장무늬 등에도 활용할 수 있다.

현대과학은 어둠이 빛의 결핍이 아니라 스스로 존립할 수 있는 물질일 수도 있음을 보여주었다. 이처럼 과학은 우리가 감각으로 경험하는 것을 설명하는 데서 출발하지만, 생각보다 자주 우리 감각과는 다른 사실들을 알려주곤 한다. 인간이 인지하는 세계는 과학이 알려주는 새로운 사실들을 받아들이면서 인간의 생물학적 한계를 뛰어넘어 더욱 넓고 깊어졌다.

6

뜨거움의 본질을 찾아서

뜨겁다는 것은 과학적으로 어떻게 설명할 수 있는가? 열이란, 그리고 온도란 무엇인가? 우리는 왜, 어떻게 뜨거움을 느끼는가? 불꽃은 뜨거움 그 자체인가, 뜨거움의 원인인가, 아니면 뜨거움의 결과인가?

불과 열의 정체에 대한 다양한 이론들

다른 동물들과 달리 인류가 문명을 일굴 수 있었던 핵심 요소 중 하나는 불이었다. 인간에게 필수적인 여러가지 물리·화학적 반응도 불 덕분에 일어난다. 동서양을 막론하고 예로부터 불이 세상을 구성하는 기본 물질의 하나라고 믿은 것은 어쩌면 당연하다.

고대 그리스의 자연철학자들은 세계를 이루는 근본 물질이 무엇인지 궁리하는 데 골몰했다. 르네상스 시대까지 명맥을 유지한 사원소설은 물·공기·흙과 함께 불이 지상의 모든 물체를 구성한다고 설명했다. 고대 중국의 오행(五行)에서도 불은 당연히 한자리를 차지했다. 불은 나무·쇠·흙·물과 함께 세상을 구성했고, 색으로는 빨강, 방위로는 남쪽, 오장(五臟) 중에는 심장 등 다양한 상징체계와 결합했다. 인도에서 비롯된 불교 자연철학에서도 세상이 흙·물·불·바람의 사대(四大)로 이루어져 있다고 여겼다.

그러나 한번 더 생각해보자. 불은 과연 물질일까? 물, 흙, 쇠, 공기 등 옛날 사람들이 근본 물질의 후보로 꼽은 다른 것들과 비교하면 불은 어딘가 다른 점이 있다. 손에 잡을 수도, 그릇에 담을 수도 없다. 따로 담을 수 없으니 양을 측정할 수도 없다. 잴 수 있는 것은 뜨거운 정도, 즉 온도뿐이다.

이런 미심쩍은 구석들이 남아 있었지만, 불이 근본 물질 중 하나라는 생각은 쉽게 사라지지 않았다. 원소의 뜻을 새롭게 정의하여 근대화학의 기틀을 닦은 라부아지에도 '칼로릭'(caloric)이라는 이름으로 열의 원소를 따로 분류했다. 칼로릭은 불 그 자체는 아니고 형체도 무게도 없는 기체인데, 칼로릭과 결합한 물질은 뜨거워지고 칼로릭을 잃어버린 물질은 차가워진다는 것이 라부아지에의 가설이었다. 열이 특정한 물질을 따라 전달된다는 이러한 이론은 열을 내놓거나 흡수하는 여러가지 화학반응을 간단히 설명할 수 있었기에 편리했다. 라부아지에는 마찬가지 이유로 빛도 별도의 원소라고 생각했다. 이 이론에 따르면 연소라는 화학반응이 일어날 때 방출되는 빛의 원소와 열의 원소가 우리 눈에 불이라는 현상으로 보이는 것이다.

물질이 아니라 에너지

열을 매개하는 원소가 따로 있다는 생각은 불 자체가 기본 원소라는 생각보다는 한발 앞으로 나아간 것이다. 하지만 여기에도 만족하지 못한 이들이 나타났다.

영국의 물리학자 벤저민 톰프슨(1753~1814)은 1798년 발표한 「마찰에 의해 일어나는 열의 원천에 대한 실험적 고찰」이라는 논문에서 열이 독립된 물질일 수 없다는 주장을 폈다. 강철봉을 선반으로 깎아서 대포를 만드는 과정을 관찰해보니, 깎을 때마다 열이 나고 그 열기가 줄어들지 않더라는 것이다. 쇳덩어리 안에 담겨 있는 칼로릭이 방출되어 열이 난다면 그 양은 유한할 테니 이런 현상을 설명할 수 없다는 것이 톰프슨의 생각이었다. 한편 프랑스의 물리학자 사디 카르노(1796~1832)는 1824년 『불이 일으키는 운동의 힘에 대한 고찰』이라는 책에서 증기기관이 열을 운동으로 바꾸는 과정을 수학적으로 설명하는 데 성공했다. 이렇게 운동이 열로, 열이 운동으로 바뀔 수 있음을 보여주는 연구들이 쌓여갔다.

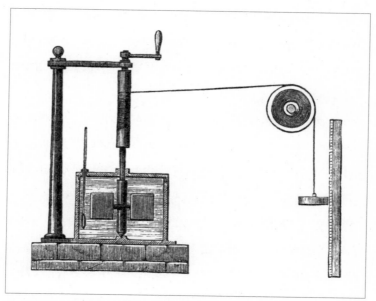

열이 일로 변환되는 비율을 측정하는 줄의 실험 장치 (출처: *Harper's New Monthly Magazine*, No. 231, August, 1869).

　이에 영향을 받은 제임스 줄 등 영국의 물리학자들은 열과 운동이 변환되는 것을 정량적으로 측정하고자 했다. 우리가 과학 교과서의 '에너지 보존 법칙' 단원에서 배운 '열의 일당량'이 이 실험의 결과로 나온 수치다. 1킬로칼로리(kcal)의 열을 내기 위해서는, 즉물 1킬로그램의 온도를 섭씨 1도 올리기 위해서는, 약 4200줄(J)의일을 해서 물을 휘저어주어야 한다는 것이다.

　19세기 후반 루돌프 클라우지우스와 제임스 맥스웰 등의 물리학자들은 열역학(thermodynamics)이라는 물리학의 새로운 분야를 확립했다. 열역학에서는 열과 운동이 서로 변환된다는 설명에서 한발 나아가 열이 곧 운동이고 운동이 곧 열이라고 해석한다. 열이란 물체를 구성하는 원자 또는 분자가 지닌 운동에너지의 집합적 효과라는 것이다.

열에 대한 이해가 깊어지자 열을 조절하는 기술도 크게 발전할 수 있었다. 열을 운동에너지로 바꾸는 기술과 함께 증기기관과 가솔린 기관 등이 발전했다면, 운동에너지나 화학적 에너지를 이용하여 열을 옮기는 기술 덕택에 탄생한 것이 냉장고와 에어컨이다. "열을 빼앗는다"거나 "식힌다"는 표현은 찬바람을 맞는 음식이나 사람의 입장에서 하는 말이고, 냉장고와 에어컨은 한곳의 열을 강제로 다른 곳으로 옮겨서 국지적으로 온도를 떨어트리는 장치다. 전기 또는 가스 동력을 이용한 냉장고는 19세기 중반에 발명되었고, 에어컨은 1902년에 발명되었다.

냉장고와 에어컨은 산업사회의 현대인에게 기본적인 필수품이 되었다. 무척 더운 여름에는 더욱 그 존재가 고맙다. 하지만 편리함과 쾌적함의 대가로 더 많은 에너지를 쓰게 된다는 사실에 마음이 편치만은 않다. 물론 우리 곁에 두고 쓸 수 있는 기술을 일부러 외면하는 것보다는, 쓰면서 더 효율적인 형태로 다듬어나가는 것이 나을 수도 있다. 다만 인간이 쓸 수 있는 에너지는 유한하다는 것, 그리고 우리가 살아간다는 것은 그 유한한 에너지를 후손들과 나누어쓰는 과정이라는 사실을 잊지 않는 자세가 필요하다. 그것은 열역학의 뼈대가 되는 열역학 제2법칙의 다른 표현이기도 하다.

7

영하 273.15도가 말하는 것

기후변화 때문인지, 한창 더울 때의 최고 기온은 매번 기록을 깨곤 한다. 그런데 그 더위를 언어로 표현하는 감각은 조금씩 다르다. "오늘도 35도를 넘었습니다"라는 말을 들으면 한국 사람들은 후끈하고 더운 바람을 상상하지만 미국 사람들은 초겨울의 쌀쌀한 바람을 떠올린다. 아마 100도쯤 되어야 여름의 무더위를 연상할 것이다.

이는 한국과 미국이 사용하는 온도 체계가 다르기 때문이다. 한국인이 말하는 35도는 섭씨 35도(35℃)이고, 미국인이 말하는 35도는 화씨 35도(35℉)다. 화씨 35도는 섭씨온도로 환산하면 영상 1.7도 정도이니, 같은 숫자를 듣고 두 나라 사람이 떠올리는 풍경이 다를 수밖에 없다.

섭이수사와 화륜해특

오늘날 한국은 세계 대부분의 나라와 마찬가지로 섭씨온도 또는 백분위 온도 체계를 사용하고 있다. 이에 비해 미국은 화씨온도 체계를 쓴다. 화씨온도는 과거에 영어권에서 널리 썼으나, 영국과 캐나다 등 대부분의 국가가 섭씨온도를 받아들이면서 오늘날에는 미국과 그 주변의 몇몇 국가에서만 사용하고 있다.

'섭씨(攝氏)'와 '화씨(華氏)'라는 말은 '김씨'나 '박씨'처럼 사람의 성(姓)이다. 각각의 온도 체계를 고안한 안데르스 셀시우스(1701~1744)와 다니엘 파렌하이트(1686~1736)의 성을 중국에서 '섭이수사'(攝爾修斯, 서얼슈쓰)와 '화륜해특'(華倫海特, 화룬하이터)이라고 옮기고, 간단하게 첫 글자만 따서 부른 것이 온도 체계의 이름으로 굳어졌다.

모든 측정에는 잣대가 필요하다. 측정 대상인 현상은 자연이지만, 측정 잣대는 인간이 만든다. 잣대를 만드는 첫걸음은 기준을 정하는 것이고, 그다음에는 기준에 따라 적절한 단위를 정하고 자에 눈금을 매긴다. 온도라는 잣대를 정하기 위해서도 기준점과 눈금의 거리를 결정해야 한다. 어디를 0도로 할 것인가? 그리고 0도와 1도의 간격은 어떻게 정할 것인가? 눈금을 어떻게 매겨야 인간에게 친숙한 현상들이 다루기 편한 값으로 딱 떨어지겠는가?

1742년 셀시우스가 이 문제에 대해 어떤 결론을 내렸는지는 잘 알려져 있다. 1기압에서 물이 어는 온도를 기준점인 0도로 잡고, 물

화씨온도(바깥쪽 눈금)와 섭씨온도(안쪽 눈금)이 같이 표시된 온도계.

이 끓는 온도를 100도로 잡은 다음 그 사이를 100등분한 것이다. 이 때문에 섭씨온도는 백분위 온도 체계라고도 부른다. 우리는 섭씨온도 체계에 익숙한 채로 살아왔기 때문에 이렇게 잣대를 만드는 것을 너무나 당연하게 여기곤 한다. 하지만 어차피 사람이 하는 일인지라, 이것이 눈금을 잡는 유일한 방법은 아니다. 르네 레오뮈르(1683~1757)는 셀시우스와 비슷한 온도 체계를 그보다 앞선 1730년에 발표했는데, 1기압에서 물이 어는점과 끓는점을 기준으로 잡은 것은 같았지만 그 사이를 80등분했다.

파렌하이트는 셀시우스의 온도 체계가 발표되기 약 20년 전인 1724년 영국왕립학회에서 자신이 고안한 온도 체계를 발표했다. 파렌하이트의 잣대로는 1기압에서 물이 어는점은 32도, 끓는점은 212도였다. 셀시우스가 훗날 100눈금으로 나눈 구간을 파렌하이트는 180눈금으로 더 잘게 나누었다.

하지만 32나 212 같은 애매한 숫자는 어디서 나왔는가? 파렌하이트의 기준점은 따로 있었다. 화씨 0도는 물, 얼음, 염화암모늄을 동량으로 섞은 용액의 온도였고, 화씨 96도는 인간의 체온이었다. 체온을 100도가 아니라 96도로 잡은 까닭은, 물이 어는점을 32도로 잡았을 때 그 온도와 인간의 체온 사이가 64도가 되어 2의 거듭제곱으로 딱 떨어지기 때문이었다고 한다. 밑도 끝도 없이 염화암모늄을 혼합한 용액을 기준으로 삼은 것이 제멋대로처럼 보일 수도 있지만, 현실적으로는 궁리를 많이 한 결과였다. 염화암모늄과 얼음물의 혼합물은 화학적 평형 상태를 이루어서 일정한 온도(섭씨 −17.78도)를 꽤 오랫동안 유지할 수 있었기 때문에, 실제로 온도계를 만들려는 사람들에게는 상당히 신뢰할 만한 기준이 되었다. 현실에서 정확하게 측정하기 어려운 물의 어는점이나 끓는점보다 더 활용이 편리한 까닭도 있었다.

첨단과학 시대에도 남아 있는 오래된 궁리의 흔적들

섭씨온도나 화씨온도나, 주먹구구로 뜨거움을 표현하던 과거에 비하면 많이 발전한 체계라 할 수 있다. 이에 따라 과학자들은 열 현상을 정밀한 수학으로 표현할 수 있게 되었다. 프랑스의 자크 샤를(1746~1823)은 섭씨온도의 변화에 따라 기체의 부피가 어떻게 변화하는지 측정하다가, 기체의 온도가 1도 높아지면 부피는 섭씨 0도였을 때와 비교하여 약 273분의 1만큼 늘어난다는 것을 알아냈다. 우리가 잘 알고 있는 '샤를의 법칙'이다.

부피가 팽창하는 현상은 이해하기 쉬웠다. 그렇다면 온도가 낮아지면 부피가 어떻게 변화하는지가 과학자들의 새로운 화두가 되었다. 섭씨 1도에 273분의 1씩 기체의 부피가 변한다면, 영하 273도가 되면 부피가 0이 될까? 당시에 영하 273도라는 낮은 온도를 만들어 직접 확인할 방법이 없었으므로, 과학자들은 이론적인 가능성을 두고 논쟁을 벌일 수밖에 없었다.

이 문제가 해결된 것은 열역학이 확립된 다음의 일이었다. 열 현상의 본질이 분자의 운동에너지라는 것이 알려지자, 기체의 부피는 운동에너지를 지닌 분자들이 서로 충돌하여 확보한 공간의 크기로 새롭게 정의되었고, 기체의 부피가 0이 된다는 것은 분자들이 운동을 멈춘다는 뜻으로 받아들여졌다. 따라서 섭씨 영하 273.15도는 '절대 0도'(K)로 새롭게 정의되었다. 이에 따르면 1기압에서 물이 어는점은 절대온도 273.15도이며, 끓는점은 373.15도이다.

간편한 숫자로 잣대를 만들기 위해 여러 세대의 과학자들이 분투한 역사를 돌아보면, 결국 우리가 273.15 같은 애매한 숫자들을 손에 쥐고 있다는 사실이 아쉬울 수도 있겠다. 하지만 그것이 과학이다. 첫발을 뗄 때에는 상상할 수도 없던 것을 알아내고, 그렇게 새롭게 알아낸 지식으로 무장하고 뒤를 돌아보면 복잡하게 엉켜 있던 것들이 명쾌하게 정리되는 일. 그것이 과학의 힘이고, 인간이 계속 과학을 공부하는 이유일 것이다.

8

인간이 고안한 칼로리,
인간을 지배하다

인간은 먹어야 산다. 하지만 왜, 어떻게 그런가? 우리가 먹은 음식은 어떻게 우리 몸을 지탱하고 힘을 주는가?

이 당연해 보이는 일을 아귀가 잘 맞게 설명하기 위해 예로부터 수많은 현인들이 여러가지 궁리를 했다. 고대 그리스의 의학자 갈레노스는 인간이 먹은 음식물이 정맥을 따라 간에서 '자연의 영(靈)'으로 바뀌고, 이것이 심장에서 깨끗한 공기와 만나 '생명의 영'이 된다고 생각했다. 동맥을 따라 뇌로 간 '생명의 영'은 다시 정화되어 '운동의 영'이 되고 신경계를 따라 흐르며 우리 몸 각 부분에 명령을 내려준다는 것이다.

한편 동아시아 전통의학에서는 인간이 음식을 먹으면 그 안에 담겨 있던 정(精)과 기(氣)가 우리 몸으로 들어오고, 그것을 토대로 혈액이나 진액 같은 물질적 구성 성분과 신(神) 등 비물질적 작용이 나타난다고 설명해왔다. 동양이든 서양이든, 형체 있는 음식이 우리 몸 안에 들어오면 형체 없는 무언가로 바뀌고, 거기에서 나오는 힘이 우리를 지탱해준다는 사실은 알고 있었다. 다만 그것을 표현할 적절한 개념은 한참 뒤에야 예상치 못한 영역에서 등장했다.

열과 에너지, 그리고 영양

건강이나 몸매에 신경을 쓰는 이들의 뇌리를 떠나지 않는 낱말 가운데 하나가 바로 '칼로리'(calorie)일 것이다. '백미밥 한공기는 280킬로칼로리, 콜라 250밀리리터 한캔은 108킬로칼로리' 등 수치를 외우다시피 하는 이들도 적지 않다. 그런데 이 숫자는 대체 어디서, 어떻게 나왔을까?

칼로리는 열을 뜻하는 라틴어 calor에 프랑스어 어미 -ie를 붙여 만든 낱말로, 오늘날 열의 단위로 쓰인다. 구체적으로는 물 1그램의 온도를 섭씨 1도 높일 만큼의 열을 뜻한다. 학교 교육에서 칼로리라는 단위는 물리학, 생물학, 체육, 기술·가정 등 여러 과목의 교과서에 뿔뿔이 흩어져 등장한다. 하지만 그 역사는 사실 하나로 연결되어 있다.

칼로리라는 말이 생겨나기 전에 먼저 '칼로릭'(caloric)이라는 단어가 있었다. 칼로릭은 열의 원소, 즉 '열소(熱素)'라는 이름으로 번

역할 수 있을 텐데, 근대화학의 기초를 닦은 라부아지에가 만들어 낸 말이다. 그는 『화학원론』에서 옛날부터 서양에 전해 내려온 사원소설을 거부하고, 원소를 '지금까지 알려진 방법으로 분리되지 않은 물질'이라고 새롭게 정의했다. 그가 새로 이름 붙인 원소는 모두 33개였는데, 그중에서 산소, 수소, 질소 등은 오늘날까지 원소로 인정받고 있지만, 빛(lumière)과 열소(caloric)는 뒷날 원소가 아니라고 판명되었다.

열이 물질의 한갈래라는 라부아지에의 가설은 곧 기각되었지만, 칼로릭이라는 이름은 후대의 학자들에게 여러 방향으로 영감을 주었다. 프랑스의 물리학자이자 화학자 니콜라 클레망(1779~1841)은 1824년 칼로리를 단위로 열을 측정하자고 제안했다. 역시 프랑스에서 만든 미터법과 깊이 결부된 단위였던 칼로리는 미터법과 더불어 점점 널리 보급되었다. 1860년대 무렵 유럽 대륙과 영국의 사전에 칼로리가 신조어로 등재되었다.

한편 바다 건너 영국에서는 물리학자 제임스 줄이 운동과 열을 하나로 묶을 수 있는 연결고리를 찾기 위해 까다로운 실험을 반복하고 있었다. 줄은 1840년대 초반, 무거운 추가 낙하하는 운동을 이용하여 단열된 통 안의 물을 휘젓고 그 물의 온도가 얼마나 올라가는지 측정하는 실험을 설계했다. 반복된 실험을 통해 그는 물 1그램의 온도를 섭씨 1도 올리기 위해서는 1뉴턴(N)의 힘을 받은 물체가 1미터 움직일 때 필요한 에너지(이것은 뒷날 줄의 이름을 따서 1줄로 명명되었다)의 약 4.2배가 필요하다는 사실을 알아냈다. 화학 수업 시간에 억지로 외웠던 열과 일의 비례관계, 즉 '1칼로리=4.2줄'이라는 공식이 이렇게 유래한 것이다.

줄의 실험은 물리학에서뿐만 아니라 인간이 세계를 이해하는 데 매우 중요한 전환점이 되었다. 운동, 열, 전기와 자기, 화학반응 등은 수천년 동안 별개의 범주로 이해되었지만 이제 에너지라는 큰 틀 안에서 모든 현상을 하나로 묶어 생각할 수 있게 되었다. 예를 들어 보일러는 석유나 석탄 속에 숨은 화학에너지를 열에너지로 변환하고, 증기기관이나 가솔린엔진은 열에너지를 운동에너지로 변환한다. 전동기는 전기에너지를 운동에너지로, 발전기는 운동에너지를 전기에너지로 바꿔준다. 이 모든 반응을 줄 또는 칼로리라는 하나의 물리량으로 설명할 수 있게 된 것이다.

그렇다면 음식을 먹은 생명체의 몸 안에서는 어떤 일이 일어나는가? 역시 칼로리가 모든 것을 설명해준다. 음식에 담겨 있던 화학에너지는 소화기관에서 잘게 쪼개져 흡수되고, 순환기관(혈관)을 타고 온몸 구석구석의 세포까지 전해진다. 세포의 소기관들은 영양소들을 여러 형태의 에너지로 바꾸어 근육을 움직이고, 체온을 높이며, 신경세포 사이에 신호를 주고받는다. 칼로리로 표현되는 에너지 개념을 적용하면 우리의 몸은 기계와 다를 바가 없다. 대단히 복잡하고 정교하지만 결국은 땔감, 즉 영양소를 공급받아 그것을 운동 또는 열의 형태로 변환하여 각 기관에서 필요한 일을 하는 것이다.

칼로리가 알려주는 것과 알려주지 않는 것

줄이 물을 휘젓는 실험을 거듭했듯 인간이라는 기계의 열효율도 측정할 수 있지 않을까? 미국의 화학자 윌버 애트워터(1844~1907)는 인간 기계의 에너지 대사를 측정하기 위해 폭 4피트 높이 8피트의 단열된 방을 만들었다. 그 안에 있는 실험자가 들이마시는 산소의 양, 섭취한 음식의 양을 측정하고 그가 내놓는 이산화탄소, 땀, 배설물의 양과 온도를 측정했다. 인간이 음식물로 받아들인 화학적 에너지의 양과 체온으로 내놓는 열에너지의 양 사이의 관계를 알아보기 위해서였다. 애트워터는 수백번의 실험을 거듭한 결과 오늘날 우리에게도 매우 친숙한 통계를 얻었다. 인체의 소화 흡수를 거쳐 탄수화물과 단백질은 1그램이 4킬로칼로리의 열량을, 지방은 9킬로칼로리의 열량을 낸다는 이른바 '4-9-4 법칙' 또는 '애트워터 시스템'이 바로 이때 탄생했다. 칼로리는 이제 열의 단위일 뿐 아니라 영양의 지표가 되었다.

음식물의 가치를 숫자로 잴 수 있다는 생각은 당시 사람들에게 큰 충격을 주었다. 1900년대에 미국의 영양학 교과서들은 무게나 부피가 아니라 '100킬로칼로리의 열량을 얻으려면 이 식품은 몇그램을 먹어야 하는가'를 질문하는 방식으로 여러가지 식품을 비교하기 시작했다. 몸무게를 줄이거나 늘리려면 칼로리 섭취량을 어떻게 조절해야 하는지 등의 지침이 대중매체에 범람했다.

그리고 100여년 후, 현대인들은 각자 하루 동안 먹은 음식의 총

칼로리가 얼마인지 계산한다거나, 편의점에서 음료수를 사기 전에 칼로리를 확인하는 일에 익숙해졌다. 칼로리라는 개념은 인간이 자연을 더 잘 이해하기 위해 만들어낸 것이지만, 이제는 그 개념이 인간의 행동과 생각을 지배하고 있다.

9

철도는 시공을 가로지른다

2019년 하노이 북미정상회담은 나라 안팎의 기대가 높았지만 뜻밖에 결렬되었다. 예상 밖의 결과가 나오기 전까지 전세계는 김정은 국무위원장의 여정에 주목했는데, 평양에서 하노이까지 육로로 이동했기 때문이다. 비행기로 반나절이면 갈 수 있는 거리지만 그는 철도와 자동차로 사흘에 걸쳐 이동했다. 많은 이들이 그가 굳이 육로를 택한 까닭을 여러 각도에서 분석했다.

그런데 철도가 느린 교통수단이라는 생각은 상대적이다. 우리가 21세기의 속도 관념에 길들여져 있기에 내릴 수 있는 판단이기 때문이다. 역사적으로 철도의 발명은 시간과 공간에 대한 인류의 인식을 바꿔놓은 획기적인 사건이었다.

철도라는 교통의 혁신

제임스 와트가 증기기관을 개량하여 실용적인 동력원으로 만들면서 인간이 자연과 맺는 관계에 근본적인 변화가 일어났다. 인간이나 가축의 육체적 힘의 한계를 벗어나 이전까지는 상상하기 어려웠던 큰 힘을 자유로이 활용할 수 있게 된 것이다. 증기엔진이라는 새로운 날개를 달자 공장의 생산력은 눈부시게 높아졌고, 온갖 물건들이 값싸게 쏟아져 나왔다.

혁신의 시대에 의욕적인 이들이 증기엔진이라는 신기한 물건을 수레에 달아보자는 생각을 하게 되는 것은 시간 문제였다. 영국의 리처드 트레비식은 1801년 선로를 따라 움직이는 증기기관차를 발명했고, 1812년 매슈 머리는 처음으로 증기기관차를 이용하여 유료 운송 사업을 벌였다. 많은 발명가들이 앞을 다퉈 증기기관차 개발 경쟁에 뛰어들었다. 조지 스티븐슨과 로버트 스티븐슨 부자는 영국에 철도를 이용한 대중교통 시장이 열리자 우수한 증기기관차로 그 시장을 선점했다. 로버트 스티븐슨의 기관차 '더 로켓'은 1829년 리버풀과 맨체스터를 잇는 선로를 차지하기 위한 시험 운행에서 경쟁자들을 물리치고 독점 사업권을 확보했다.

영국의 철도망은 이후 놀라운 속도로 확장되었다. 1870년까지 주요 도시 사이에 약 2만 1700킬로미터의 철로가 깔렸고, 1914년에는 120개의 철도 회사가 총연장 3만 2000킬로미터의 철로를 운영하여 영국 전역을 촘촘하게 이어주었다.

철도는 여러 면에서 혁신적인 기술이었다. 과거에는 배에 실어 물의 부력을 이용하는 것이 한꺼번에 많은 양의 짐을 옮기는 가장 효과적인 방법이었다. 이를 위해 내륙에 운하를 파기도 했다. 하지만 철도가 발명된 뒤에는 증기엔진의 힘 덕에 땅 위로도 그에 못지않게 많은 짐을 나를 수 있게 되었다. 땅에 철로를 까는 것은 운하를 파는 것보다 훨씬 쉽고 돈도 덜 드는 일이었으므로 자연히 물자의 유통이 크게 늘어나게 되었고, 상품의 가격도 내려갔다.

철도는 공간에 대한 관념도 바꿔놓았다. 산업혁명 이전 보통 사람의 일상생활은 걸어 다닐 수 있는 거리 안에서 이루어졌다. 하지만 공공철도가 운영된 뒤로는, 마부를 부릴 정도로 부유하지 않은 보통 사람들도 비교적 싼값에 기차를 타고 먼 거리를 오갈 수 있게 되었다. 그러자 도시 바깥에서 저녁과 밤을 보내고 아침에는 기차를 타고 도시의 일터로 나오는 이들이 생겨나기 시작했다. 도시 바깥은 집값도 비교적 쌌을 뿐 아니라 범죄와 오물, 감염병 등 도시의 열악한 환경으로부터 잠시나마 벗어날 수 있는 곳이었기 때문이다. 즉 교외라는 공간과 그곳에서 출퇴근한다는 개념도 철도 보급 이후에 생겨나기 시작한 것이다.

또한 철도는 시간에 대한 생각도 바꿨다. 철로 위를 오가는 수많은 열차들은 운행 시각을 정확히 지켜야 했다. 그러자 다른 지역에서는 시간이 달라질 수 있다는 사실이 새삼 골칫거리가 되었다. 예전에는 도시마다 머리 위로 해가 가장 높이 뜨면 정오라고 여겼지만, 철도망이 깔린 뒤에는 리버풀의 시간과 맨체스터의 시간을 똑

같이 맞추지 않으면 큰 혼란이 일어날 수 있었다. 영국 전역의 시간을 그리니치 천문대에서 관측한 시간에 맞춰 통일하고, 나아가 지구 전체를 경도에 따라 나누어 각 지역의 표준시를 정한 것은 이런 혼란을 막기 위한 것이기도 했다.

유럽 대륙이나 인도처럼 땅덩어리가 넓은 곳에서는 문제가 더 복잡해졌다. 표준시를 적용한다고 해도, 베를린역의 시계가 정오를 가리킬 때 파리역의 시계 역시 정오를 가리키고 있는지 어떻게 확인할 수 있는가? 이런 문제들을 해결하기 위해 과학자와 기술자들은 당시의 첨단기술이었던 전기통신망을 이용해 신호를 주고받는 방법을 연구했는데, 그 과정에서 전자기학의 새로운 문제들이 튀어나오기도 했다. 과학사학자 피터 갤리슨은 『아인슈타인의 시계, 푸앵카레의 지도』(2003, 국내 출간 동아시아 2017)에서 스위스 특허청에서 일하던 아인슈타인이 원격 전기신호에 대한 수많은 특허 출원을 검토하는 과정에서 시간과 공간에 대한 혁신적인 통찰을 발전시켜 나갔을 것이라고 주장했다.

누구에게나 동등한 시각표는 이전보다 평등해진 자본주의적 산업사회의 모습을 보여주는 것이기도 했다. 지체 높은 이라 해도 열차를 마음대로 세울 수 없고, 신분이 낮은 이라도 합당한 값을 치르면 일등석에 탈 수 있었다.

누가, 무엇을, 왜 나르는가

철도 이전의 세계와 이후의 세계가 달라졌다는 것은 서구 사회 바깥의 사람들도 한눈에 알 수 있었다. 최남선은 1908년 지은 「경부철도가」에서 "늙은이와 젊은이 섞여 앉았고, 우리네와 외국인 같이 탔으나, 내외친소 다 같이 익혀 지내니, 조그마한 딴 세상 절로 이뤘네"라며 철도라는 신기술이 강제한(?) 평등의 광경을 묘사하고 있다.

하지만 서구 열강의 침략을 당하는 이들에게 철도는 그리 반가운 존재가 아니었다. 일본이 한반도의 철도 이권을 장악한 것이나 영국이 인도에 엄청난 규모의 철도망을 구축한 것은 모두 식민지를 효과적으로 경영하기 위해서였다. 철길을 타고 부(富)는 빠져나가고 침략자들은 들어왔다. 철도는 군 병력과 장비를 가장 효과적으로 실어 나르는 수단이기도 했다. 의병들이 가장 먼저 전신국과 철도를 공격 대상으로 삼은 것은 그들이 근대 기술 시스템의 핵심을 간파하고 있었음을 보여준다. 인도 동북부의 풍토병이었던 콜레라는 영국이 건설한 철도를 타고 인도 전역으로 퍼졌고, 나아가 유라시아 전역에 창궐하여 세계적 대유행에 이르기도 했다. 한반도를 호열자(虎列刺, 콜레라)가 휩쓸고 간 것도 이때의 일이다.

김정은 위원장이 중국과 베트남 국경 지점에 도착해 전용 열차에서 내려 자동차로 갈아탄 것도, 철도라는 기술이 21세기에도 여전히 두려워할 만한 힘을 갖고 있음을 보여준다. 베트남은 중국과

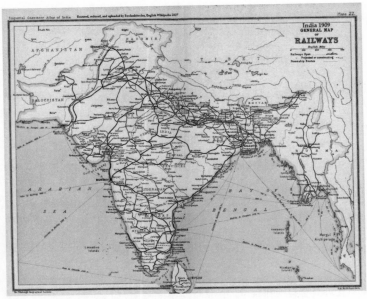

영국이 인도의 식민화를 위해 1909년까지 건설한 철도망.

의 접경지대에서는 철로 레일 사이의 간격(궤간)을 중국과 다르게 유지하고 있어 중국 열차가 베트남으로 바로 진입할 수 없다. 양국의 교역에는 불편한 일이겠지만, 국경은 여는 것 못지않게 막는 것도 중요한 법이다.

10

인간을 닮은 기계 앞에서

2018년 인터넷에서는 한 중국 기업을 둘러싼 작은 논란이 있었다. 중국어 음성인식 기술의 선두주자로 평가받은 기업 아이플라이텍(iFLYTEK)이 중국어를 음성인식하고 딥러닝 기술을 바탕으로 다른 나라 말로 통역까지 해주는 기술을 개발했다고 발표했고, 이 기술을 이용한 동시통역을 선보이기도 했다. 그런데 이 행사에 참여했던 한 통역사가 자신이 통역한 내용을 회사가 인공지능이 한 것처럼 발표했다고 주장하면서 파문이 일었다. 아이플라이텍은 즉시 해명에 나섰고, 기계 번역에 인간의 통역을 병행하여 사용했다는 설명으로 사건은 일단락되었다.

작은 소동으로 끝나기는 했지만, 이 사건은 기계와 인간의 관계에 대한 흥미롭고 오래된 논점을 상기시킨다. 기계가 해내지 못할 것이라 여겨왔던 일, 특히 인간만이 할 수 있다고 믿어온 일을 기계가 해냈다는 소식을 접하면 인간은 우선 낯설고 두려워한다. 그다음에는 '정말 기계가 저걸 다 할 수 있을 리 없어'라며 의심하기 마련이다. 의심의 단계를 지나면 어떤 이들은 계속 기계와 거리를 두려고 하지만, 어떤 이들은 훌쩍 인간에 가까워진 기계에 친근함을 느끼고 매료되기에 이른다.

이렇게 두려움과 의심과 매혹이 뒤섞인 기계 앞의 감정들은 2016년 알파고와 이세돌 9단의 바둑 대결을 계기로 한국을 휩쓸었다. 바둑은 한국에서 저변이 두터웠을 뿐 아니라, 당시 세계 최강의 기사 이세돌에 대한 한국인들의 자부심도 높았다. 또한 말의 개수가 정해져 있는 장기나 체스와 달리, 바둑은 경우의 수가 무궁무진하여 컴퓨터가 인간을 당해낼 수 없다는 생각도 상식처럼 퍼져 있었다. 그런데 알파고가 보란듯이 이세돌을 4 대 1이라는 성적으로 밀어붙이면서 큰 충격을 안겼다.

유럽을 휩쓴 자동인형 '체스 두는 터키인'

사실 '인간에게 도전하는 기계'라는 생각은 매우 오래전부터 있었다. 동서양의 고대 신화나 전설 가운데 마법이나 신통력으로 강한 힘을 얻은 기계인형의 이야기가 적지 않다. 물론 이런 이야기들은 상상의 산물일 뿐이었다.

오토마타(automata)라 불리던 자동인형이 인간 또는 동물과 비슷한 일을 하여 인간을 놀라게 한 것은 기술이 발달한 뒤의 일이다. 1200년대 초 아나톨리아 출신의 발명가 이스마일 알-자자리는 춤추는 자동인형이 시간을 알려주는 다양한 종류의 물시계를 만든 인물로 유명하다. 이슬람 문화권의 자동인형 기술은 중국을 거쳐 한반도까지 전해졌고, 장영실이 만든 자격루에서도 그 영향을 일부 발견할 수 있다.

유럽에서는 중세 말과 르네상스 시대에 시계 기술이 꽃을 피우면서, 톱니바퀴 등 정교한 금속 부품을 이용한 자동인형이 크게 발달했다. 데카르트가 『성찰』(1641)에서 "나는 생각한다, 그러므로 존재한다"는 유명한 결론에 이르기 위해 방법적 회의를 하는 과정에서도 '내가 정교한 오토마타인지 아닌지 어떻게 알 수 있는가?'라는 질문을 제기했는데, 이를 보면 자동인형이 당시 지식인들에게 만만치 않은 철학적 문제를 던져주었음을 알 수 있다. 18세기에는 왕과 귀족 등 부유한 후원자의 관심 속에 자동인형 기술이 더욱 발전했다. 스위스의 시계 제작자로도 유명한 피에르 자케-드로(1721~1790)는 펜으로 잉크를 찍어 멋진 서명을 하는 자동인형이나 연필을 들고 소묘를 하는 자동인형 등을 남겼다. 프랑스의 발명가 자크 드 보캉송(1709~1782)은 몸 안의 풀무로 공기를 내뱉고 손가락을 움직여 피리를 부는 정교한 자동인형을 만들었고, 심지어 모이를 먹고 소화관을 거쳐 똥(처럼 생긴 무언가)을 배설하는 오리 인형을 만들어 장안의 화제가 되기도 했다.

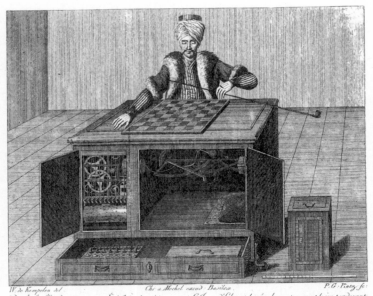

18세기 말 유럽을 떠들썩하게 했던 '체스 두는 터키인' 자동인형.

이렇게 화려한 오토마타들이 경쟁하던 와중에, 1770년 빈의 쉰브룬 궁에서 볼프강 폰 켐펠렌(1734~1804)이라는 발명가가 색다른 자동인형을 선보였다. 켐펠렌의 주장에 따르면, 복잡한 기계 장치로 가득 찬 커다란 나무 상자 위에 터키인 남자 모습의 상반신이 얹혀 있는 이 자동인형은 사람을 상대로 체스를 둘 수 있었다. 자케-드로나 보캉송의 자동인형이 매우 정교하게 움직이기는 했지만 그들의 인형은 사전에 정해놓은 동작만 할 수 있었다. 이에 비해 사람을 상대로 천변만화하는 상황에 맞추어 체스를 두는 자동인형의 등장은 매우 놀라운 사건이었다. 구경꾼들은 반신반의하며 체스를 두는 터키인 인형에게 도전했고, 놀랍게도 대부분 30분 안에 두 손을 들었다. 자동인형을 떠보고자 반칙을 하면 인형은 눈을 부릅뜨고 잘못 움직인 말을 제자리로 돌려놓았다. 일명 자동인형 '터키인'(The Turk)은 유럽의 명물이 되었고, 켐펠렌은 합스부르크 황제 요제프 2세의 명에 따라 유럽을 일주하며 전시와 대국에 나섰다.

체스 두는 터키인의 비밀은 1857년에야 세상에 알려졌다. 켐펠렌이 죽은 후 몇차례 그 주인이 바뀌었고 사실상 사람들의 기억에서 잊혔던 인형이 박물관의 화재로 소실되어버린 다음이었다. 대다수의 예상대로 자동인형이 스스로 생각하여 체스를 둔 것은 아니었다. 기계 안의 작은 방에 숨어 있던 사람이 행마를 판단하고 기계를 조종하여 말을 움직였던 것이다.

시대가 원하는 것을 보여주는 사람들

켐펠렌은 사기꾼인가? 기계 속 사람의 존재를 숨기고 자동인형을 공개해 이름을 얻었다는 점에서는 사기라고 할 수 있지만, 켐펠렌 스스로 일종의 마술사로 처신했다는 점을 생각하면 간단히 답할 수 있는 문제는 아니다. 그에게 이 자동인형은 관객들과 함께 즐기는 일종의 수수께끼였을 수도 있다.

오히려 흥미로운 것은 18세기 말 유럽의 들뜬 분위기다. 근대과학이 기틀을 다지고 막 성과를 낼 무렵, 유럽인들은 새로운 물리학과 화학에 경탄했고, 아메리카 대륙에서 들여온 신기한 식물과 괴이한 동물에 열광했다. 4차 산업혁명에 대해 누구나 한마디씩 거들고 나서는 요즘 상황과 비슷하게 새로운 과학기술과 발명·발견이 열어줄 신세계를 향한 희망과 열광이 넘쳤다. 그러나 한편으로는 갑자기 웃자란 과학기술과 다가올 낯선 미래에 대한 두려움도 싹트고 있었다. 체스 두는 터키인 인형은 그 틈새를 파고들었고, 잠재된 두려움만큼 큰 환영을 받을 수 있었다.

기계가 기계를 뛰어넘어 인간과 어깨를 겨루려 한다고 느낄 때, 인간은 인간이기에 복잡한 감정을 느낄 수밖에 없다. 하지만 막연한 두려움과 맹목적인 찬탄은 모두 사기꾼의 먹잇감이 될 뿐이다. 예전에도 그랬듯, 스스로 공부하고 판단하는 것이 과학기술이 급변하는 시대를 헤쳐나갈 유일한 왕도가 아닐까.

11

'옥도정기'가 '아이오딘 팅크처'가 되기까지

옛날 글월을 읽다보면 낯선 낱말들에 시선이 턱 걸리는 경우가 있다. 지금은 쓰지 않는 과학 용어 같은 것들도 흥미롭다. 특히 일본식 용어가 광복 후에도 한동안 남아서 혼란을 일으키기도 하는데 '초산'이 대표적이다. 오늘날 '초산'이라고 하면 대부분 식초의 원료인 아세트산, 즉 초산(醋酸)을 떠올릴 것이다. 하지만 일제강점기의 문헌에서 초산은 아세트산 말고도 오늘날의 질산을 가리키기도 한다. 질산칼륨은 옛날부터 한자 문화권에서 초석(硝石)이라고 불렀고, 그것을 원료로 만드는 질산도 초산(硝酸)이라고 불렀기 때문이다. 한편 오늘날 우리가 황산이라고 부르는 것은 그 원료가 유황(硫黃)이므로 유산(硫酸)이라고도 불렀다. 일제강점기 농업 관련 문헌에 자주 등장하는 유안(硫安)이라는 물질은 질소비료로 많이 썼던 황산암모늄을 말한다. 이밖에도 만병에 즉효가 있다고 농담처럼 이야기하곤 하는 '빨간약'의 대명사 옥도정기(沃度丁幾), 일명 '아까징끼'는 요오드팅크(iodine tincture)의 일본식 한자 표기다.

과학 용어의 변천이 말하는 것

이런 이야기를 풀어놓는 까닭이 단순히 호사가의 '알아두면 쓸데없는' 지식 놀이를 하기 위해서는 아니다. 용어의 변천 과정에는 한국 과학의 역사가 담겨 있다. 한국이 과학을 어디서 어떻게 받아들였으며, 어디에서 영향을 받고 무엇을 지향하는지 알 수 있는 창문과도 같은 것이 바로 과학 용어의 역사다.

일본이 근대화학을 배워온 창구는 당시 화학이 가장 발달했던 독일이었으므로 일본을 통해 들어온 원소와 화합물의 이름도 대부분 독일식이었다. 가리(加里)나 옥도(沃度) 같은 이름은 Kalium(칼륨)이나 Jod(요트) 같은 독일어 원소 이름을 일본식 발음에 가깝게 한자를 빌려 표기한 것이다. 이와 같은 일본식 용어는 광복 후 순화되어서 독일식 발음에 조금 더 가까운 한글 표기로 대체되었다. '가리'는 '칼륨'으로, '옥도' 또는 '옥소'는 '요오드'로 바뀌었다.

그런데 이렇게 순화된 과학 용어들은 어느새 새로운 과학 용어에 밀려났다. 대한화학회가 2016년 화합물 명명법을 개정하면서 영어식 이름을 따라 나트륨은 소듐(sodium)이, 칼륨은 포타슘

(potassium)이 되었다. 이름이 아예 바뀐 것은 아니지만 읽는 방식이 바뀐 원소들도 많다. 요오드는 아이오딘(iodine)이 되었고, 티탄은 타이타늄(titanium), 게르마늄은 저마늄(germanium), 망간은 망가니즈(manganese)가 되었다. 한때 초산가리였던 질산칼륨은 질산포타슘(potassium nitrate)이 되고, 요오드팅크는 아이오딘 팅크처(iodine tincture)가 되었다. 이미 100년 가까이 써온 용어들을 버리고 새 용어를 채택하게 만들 정도로 강력한 외부의 변화 요인은 무엇이었을까? 바로 전세계 과학계를 평정한 미국과 영어의 힘이었다.

세계화와 토착화 사이의 다양한 선택들

  척박한 토양에서 출발한 한국의 과학기술은 부단히 해외와 접촉하며 선진 과학을 열심히 익힌 과학도들 덕에 매우 빠른 속도로 발전할 수 있었다. 일제강점기의 열악한 환경에서도 일본으로, 미국으로, 독일로 많은 과학도들이 유학을 떠났고 광복 후에는 미국 유학이 크게 늘어났다. 미국에서도 인정받는 위치에 오른 한국인 과학기술자들이 1960년대 후반 이후 귀국하여 연구와 교육의 질을 높임으로써 한국은 소위 빠른 추격자(fast follower)의 모범으로 꼽힐 만한 눈부신 성장을 이룩할 수 있었다.
  그러나 세계화를 통한 빠른 발전에는 피할 수 없는 대가가 뒤따랐다. 한국의 과학 문화는 전반적으로 미국의 영향이 압도적이고, 한국 과학계는 미국 과학계에 지나치게 동화된 경향이 있다. 모든 과학기술 용어가 영어를 따라가는 것은 두드러진 징후다. 앞에 소개한 화학 용어 개편의 출발점에도 '미국에 유학가거나 영어로 논문을 쓰면 용어를 처음부터 다시 배워야 하는데, 이를 피하기 위해서는 학교 교육 단계에서부터 미국식 용어를 쓰는 것이 바람직하다'는 인식이 있었다.

미국 과학이 전세계를 선도하고 영어가 만국의 학술 공용어가 된 지금 그것이 무슨 문제가 되는가 반문할 수도 있다. 하지만 적어도 두가지 점에서 달리 생각해볼 여지가 있다. 첫째, 미국이 첨단 과학기술 연구를 선도하고 있는 것은 엄연한 사실이지만, 전세계의 과학기술자들 중에는 미국이 아닌 나라에서 영어가 아닌 언어로 연구하는 이들이 더 많다. 영어로 연구 활동을 하지 않더라도 세계 최고 수준의 연구 업적을 내는 이들도 많이 있는데, 영어로만 학술 활동을 하다보면 이들과 소통할 여지를 줄여버릴 우려가 있다.

둘째, 과학교육의 목표를 어디에 둘지도 중요한 문제다. 화학계가 엄청난 시간과 노력을 들여서 용어를 개편한 것은 연구자로 성장할 학생들의 장래를 염려해서일 것이다. 하지만 중고등학교의 과학 교과서까지 연구자로 성장할 학생들을 우선 배려하여 짜야 하는가? 전문 연구자의 길을 가지 않을 더 많은 학생들에게 독일식 용어인지 미국식 용어인지가 그렇게 중요한 문제일까?

사실 이에 대해 한국의 과학계는 합의에 이르지 못한 것 같다.

화학계가 일본식 용어를 철저하게 미국식 용어로 바꾸는 방향을 선택한 것과는 대조적으로, 물리학계와 수학계는 일본식 용어를 순우리말 용어로 바꾸는 모험을 감행했다.

과학 용어, 과학계만의 문제는 아니다

과학 용어의 문제는 과학계 내부에서 합의한다고 해결되는 것도 아니기 때문에 문제가 더욱 복잡해진다. 대한화학회가 칼륨을 포타슘으로 바꿔 쓸 것을 제안한 지도 꽤 오래 지났지만, 국립국어원에서는 칼륨도 여전히 표준어로 인정하고 있으며, 전국의 농민들은 여전히 '가리 비료'를 쓰고 있다. 아직 '칼륨 비료'도 입에 익지 않은 이들이 '포타슘 비료'를 쓰게 될 날은 언제 올 것인가? 또한 식품의약품안전처에서 만든 '나트륨 줄이기 운동본부'는 과연 언제 '소듐 줄이기 운동본부'로 이름을 바꿀 것인가?

화학계에서 미국식으로 용어를 개편한 것은 화학계 내부의 합의를 따른 것이고, 충분한 명분이 있는 일이었다. 하지만 과학에 관련된 일이라고 모두 과학자가 원하는 대로 흘러가지는 않는다. 현대 사회에서 과학은 모든 사람에게 영향을 미치는 본질적인 삶의 일부분이기 때문이다. 그러므로 과학 용어의 변천을 되돌아보는 일에는, 그 길에 생각보다 많은 이들이 함께했음을 알려준다는 의미가 있다.

12

중국의 주기율표는 어떻게 생겼을까

스트론튬, 베릴륨, 이리듐… 화학 원소 이름은 낯설고 입에 잘 붙지 않는다. 다른 한국어 낱말들과는 너무 이질적이어서 끝말잇기에서도 일종의 반칙으로 친다. 더욱이 원소와 화합물의 이름은 과학계의 합의에 따라 변천해오기도 했기에 옛 용어와 새 용어 사이에서 혼란이 가중되기도 한다.

원소나 화합물의 이름이 생소한 것은, 그것이 기본적으로 우리가 감각하는 세계를 뛰어넘는 생각들에 바탕을 두고 있기 때문이다. 금, 은, 구리, 철, 수은 등 먼 옛날부터 분리된 원소 상태가 알려진 몇몇 원소들을 빼면, 대부분의 원소가 인간이 감각하는 세계 안에서는 본래의 모습을 감추고 화합물로 존재한다. 수천년간 섭취해온 소금이 사실은 염소와 나트륨이라는 두가지 원소의 화합물이라는 사실은 근대화학이 정립된 뒤에야 알려졌다. 그러다보니 근대화학에서 새롭게 붙인 이름들은 우리의 일상생활과 다소 동떨어진 낯선 이름일 수밖에 없다.

근대화학이 생겨난 유럽을 벗어난 지역에서 이 이름들은 더욱 낯설어진다. 원소 이름에는 저마다 그 이름이 붙은 맥락과 어원이 있지만 시간과 공간을 옮기면 맥락은 사라지고 이름들은 발음하기 어려운 외래어가 될 뿐이다. 이렇게 완전히 새로운 체계를 받아들일 경우, 어떤 방향으로 번역할 것인지는 결국 각 사회가 선택할 문제다. 그리고 동아시아 국가들은 조금씩 다른 선택을 했다.

기괴해 보이지만 이유 있는 중국의 주기율표

중국의 원소 주기율표를 처음 보는 사람들은 깜짝 놀란다. 처음 보는 신기한 한자들로 가득 차 있기 때문이다. 그리고 모든 원소들이 딱 한 글자의 한자로 표시되어 있다. 약칭이나 기호가 아니라 그 한 글자가 원소의 이름이다. 일본이나 한국의 원소 이름이 디스프로슘(Dy)이나 프로트악티늄(Pa)처럼 대여섯 글자까지 길어지는 것과는 사뭇 다르다.

처음에는 기괴해 보일 수도 있는 중국 주기율표는 사실 100여 년 전 많은 고민 끝에 그 틀이 잡혔다. 아편전쟁(1840~1842)의 치욕적인 패배 이후 중국인들은 서양의 과학기술을 전면적으로 받아들이기 시작했는데, 생소한 과학 용어들을 어떻게 번역할 것인지가 중요한 과제였다. 번역자에 따라 어떤 것들은 뜻으로 옮기고 어떤 것들은 소리를 따서 썼지만, 100개 가까운 화학 원소와 그것들이 만들어내는 수많은 화합물의 이름을 이렇게 주먹구구로 번역하는 데는 한계가 있었다. 따라서 합리적인 규칙을 세우고 일관되게 적용해야 한다는 인식이 자라났다.

청나라 정부는 공업기술을 진흥하기 위해 1865년 상하이에 강남제조국이라는 기관을 설립했다. 강남제조국은 미국에서 100여대의 공작 기계를 들여와 각종 기계를 생산하는 한편 서양의 과학기술 서적을 중국어로 번역하여 보급하기 시작했다. 강남제조국에서 번역관으로 활동했으며 푸란야(傅蘭雅)라는 중국 이름으로도 불리던 영국인 존 프라이어(1839~1928)는 서수(徐壽, 1818~1884)를 비롯한 중국인 동료들과 함께 여러 종류의 책을 번역하면서 과학 용어 통일이 시급함을 절감하게 되었다. 이들은 여러 차례의 토론을 통해 원래 중국에서 쓰던 용어가 있을 경우 그것을 사용하고, 없을 경우 새 글자를 만든다는 규칙을 정했다.

이에 따라 여러개의 글자들이 새로 만들어졌다. 프라이어와 서수 등은 1871년 펴낸 『화학감원(化學鑑原)』에서 새로운 원소 이름을 소개했고, 이는 시대 변화에 따라 약간의 수정을 거치기는 했지만 대체로 큰 변화 없이 오늘날까지 쓰이고 있다.

당시 중국에서 근대과학에 가장 조예가 깊은 이들이 모여 머리를 맞댄 결과답게, 중국 원소 이름은 체계가 잘 잡혀 있다. 주기율

族→ / ↓周期	1	2	3	4	5	6	7	8	9	10	11	12	13	14	15	16	17	18
1	1 H 氢																	2 He 氦
2	3 Li 锂	4 Be 铍											5 B 硼	6 C 碳	7 N 氮	8 O 氧	9 F 氟	10 Ne 氖
3	11 Na 钠	12 Mg 镁											13 Al 铝	14 Si 硅	15 P 磷	16 S 硫	17 Cl 氯	18 Ar 氩
4	19 K 钾	20 Ca 钙	21 Sc 钪	22 Ti 钛	23 V 钒	24 Cr 铬	25 Mn 锰	26 Fe 铁	27 Co 钴	28 Ni 镍	29 Cu 铜	30 Zn 锌	31 Ga 镓	32 Ge 锗	33 As 砷	34 Se 硒	35 Br 溴	36 Kr 氪
5	37 Rb 铷	38 Sr 锶	39 Y 钇	40 Zr 锆	41 Nb 铌	42 Mo 钼	43 Tc 锝	44 Ru 钌	45 Rh 铑	46 Pd 钯	47 Ag 银	48 Cd 镉	49 In 铟	50 Sn 锡	51 Sb 锑	52 Te 碲	53 I 碘	54 Xe 氙
6	55 Cs 铯	56 Ba 钡	镧系	72 Hf 铪	73 Ta 钽	74 W 钨	75 Re 铼	76 Os 锇	77 Ir 铱	78 Pt 铂	79 Au 金	80 Hg 汞	81 Tl 铊	82 Pb 铅	83 Bi 铋	84 Po 钋	85 At 砹	86 Rn 氡
7	87 Fr 钫	88 Ra 镭	锕系	104 Rf 𬬻	105 Db 𬭊	106 Sg 𬭳	107 Bh 𬭛	108 Hs 𬭶	109 Mt 鿏	110 Ds 𫟼	111 Rg 𬬭	112 Cn 鿔	113 Nh 鿭	114 Fl 𫓧	115 Mc 镆	116 Lv 𫟷	117 Ts 鿬	118 Og 鿫

镧系元素

57 La 镧	58 Ce 铈	59 Pr 镨	60 Nd 钕	61 Pm 钷	62 Sm 钐	63 Eu 铕	64 Gd 钆	65 Tb 铽	66 Dy 镝	67 Ho 钬	68 Er 铒	69 Tm 铥	70 Yb 镱	71 Lu 镥

锕系元素

89 Ac 锕	90 Th 钍	91 Pa 镤	92 U 铀	93 Np 镎	94 Pu 钚	95 Am 镅	96 Cm 锔	97 Bk 锫	98 Cf 锎	99 Es 锿	100 Fm 镄	101 Md 钔	102 No 锘	103 Lr 铹

표에서 가장 먼저 눈에 들어오는 것은 가운데를 꽉 채운, 쇠금 변 (金)이 붙은 글자들이다. 이것들은 모두 금속원소다. 그 주위를 둘러 싼 비금속 고체원소는 돌석 변(石)이 붙어 있다. 그리고 표 위쪽에 자리잡은 원소들은 공기(气)를 뜻하는 부수로 미루어 보아 상온에 서 기체라는 것을 알 수 있다. 상온에서 액체로 존재하는 브로민 (溴)과 수은(汞)은 삼수 변(氵)이나 물수 변(水)을 부수로 삼고 있다.

비교적 친숙한 원소들 중에는 뜻을 살려 글자를 만든 것들도 많 다. 예를 들어 산소는 생명을 살리는(養) 원소라는 뜻에서 양(氧) 으로, 수소는 가장 가벼운(輕) 원소라는 뜻에서 칭(氫)으로 이름 붙였다. 반면 음을 살려 이름 붙인 원소도 많다. 나트륨은 나(钠), 아이오딘은 디엔(碘), 플루오린(불소)은 푸(氟)라고 이름 붙였다.

토착화를 위한 노력에 정답은 없다

첫인상은 생경하지만 하나씩 뜯어보면 중국의 원소 이름은 배우 고 쓰기에 상당히 편리하다는 것을 알 수 있다. 처음 보는 원소 이 름만으로도 어떤 성질인지 대략 짐작할 수 있고, 모두 한 글자씩이 니 문장에 쓰기도 편리하다. 물론 100개 가까운 새로운 글자를 익 히는 일이 학생들에게는 상당한 스트레스가 되겠지만, 뜻 모를 외 래어 원소 이름을 외워야 하는 것은 한국이나 일본의 학생들도 마 찬가지다.

동아시아가 자기 세계 바깥에서 근대과학을 수입한 것은 분명한 역사적 사실이다. 다만 외래의 지식을 어떤 방식으로 소화하고 토착화할지는 각 나라의 사람들이 저마다 선택할 문제다. 그 선택에 정답은 없다. 자기식으로 철저하게 번안하는 길도, 원래 용어를 충실하게 따르는 길도 각기 장단점을 안고 있다. 다만 일관된 철학을 견지하면서 자신만의 전통을 새롭게 쌓아올리는 것이 중요하다.

　용어의 번역과 토착화에서 100여년 전 중국과 일본은 다소 다른 선택을 했지만, 오늘날 두 나라는 모두 세계를 선도하는 높은 수준의 과학기술을 자랑하고 있다. 자국의 학문 전통을 세우고 자국에서 길러낸 인재들을 소중히 대했기 때문이다. 오늘의 한국은 어떤 선택을 하고 있는지, 한국의 과학 전통을 만들어가고 있는지, 낯선 중국 주기율표를 보면서 새삼 생각해본다.

13

이슬람 역법과 라마단

하지(夏至). 북반구에서 태양이 가장 높이 남중하는 날이며 낮
의 길이가 가장 긴 날이기도 하다. 자연과 멀어진 현대인들은 계절
의 감각을 잊고 살기 쉽지만 하지와 동지는 계절의 전환점이 되는
중요한 날이다. 특히 위도가 높은 지역일수록 햇빛이 비스듬히 들
어오고 여름과 겨울의 차이가 크기 때문에, 그곳에 사는 사람들은
하지와 동지에 더 많은 신경을 썼고 두 절기를 기념하는 풍속을
발전시켜왔다.

여러 문명이 교류하여 섞이게 된 현대사회에서는 과거에 예상치
못한 흥미로운 일들이 생기곤 한다. 이슬람의 성스러운 달인 라마
단 기간에는 건강상 보호받아야 하는 이들을 빼고는 모든 무슬림
이 엄격한 단식의 의무를 진다. 한달 동안 해가 뜰 때부터 질 때까

지 물 한모금도 입에 대지 않으면서 기도와 명상 등으로 마음을 다스리는 것이다. 그런데 '해가 뜰 때부터 질 때까지'라는 규정이 지역에 따라 큰 차이를 낳기도 한다. 위도가 높아지면 계절에 따른 밤낮의 길이 차이도 커지기 때문에 실제로 금식해야 하는 시간이 눈에 띄게 달라지기 때문이다.

컴퓨터 시뮬레이션으로 대략 계산해보면, 2018년 기준으로 라마단의 마지막 밤이 되었을 6월 13일에 사우디아라비아 메카(북위 21도)의 낮 길이는 약 13시간 26분으로 밤에 비해 그다지 길지 않았다. 이에 비해 당시 월드컵이 한창이던 러시아 상트페테르부르크(북위 60도)는 같은 날 낮 길이가 18시간 45분이었다. 그리고 우리가 이름을 들어보았을 도시 중에는 아마도 가장 북쪽에 있을 아이슬란드 레이캬비크(북위 64도)에서는 해가 새벽 2시 59분에 떠서 밤 11시 57분에 졌다. 순수한 낮만 21시간이고, 나머지 3시간 동안에도 여명이 남아 있다. 완전히 캄캄한 밤은 전혀 없는 문자 그대로 흰 밤, 백야(白夜)의 계절이다. 관광객에게는 백야가 멋진 구경거리겠지만, 여름에 라마단을 맞은 무슬림이 백야의 고장을 방문한다면 언제 금식을 중단해도 좋을지 난감할 것이다. 그야말로 고역이 아니겠는가?

물론 이슬람 법학자들은, 해가 지지 않는 지역에서 라마단을 맞을 때는 메카의 시간을 따르거나 가장 가까운 주변 지역의 해가 지는 시간을 따라 단식을 풀어도 좋다고 유권해석을 내려두었다. 따라서 백야 지대의 무슬림들이 며칠씩 굶는 일은 일어나지 않는다. 다만 고위도 지역에 사는 무슬림들의 단식이 몇시간씩 길어지는 경우는 흔히 볼 수 있다.

태양력과 태음력

또 하나의 문제는, 라마단이 돌아오는 계절이 해마다 달라진다는 사실이다. 백야의 라마단 같은 골치 아픈 상황이 매년 벌어지지는 않는다. 우리가 쓰는 태양력을 기준으로 보면 라마단은 매년 10일 정도 빨라진다.

2018년의 라마단은 5월 16일에 시작하여 6월 14일에 끝나지만, 2019년에는 5월 6일에 시작하고, 2026년에는 2월 18일에 시작하여 대략 한철 정도 이르게 돌아온다. 약 33년이 지나면 한바퀴 돌아 비슷한 시기에 다시 라마단이 시작될 것이다.

이렇게 라마단의 (양력)날짜가 매년 바뀌는 까닭은, 이슬람 문명에서는 달의 움직임으로만 날짜를 계산하는 순태음력을 써왔기 때문이다. 달이 차고 기우는 데 태양일로 약 29.5일이 걸리므로, 태음력에서는 29일과 30일을 번갈아 배열하여 열두번의 음력 달(삭망월)을 1년으로 삼는다. 다시 말해 순태음력의 1년은 열두번의 삭망월, 즉 약 354일이다. 이것은 365.2425일이 1년이 되는 오늘날의 태양력과는 매년 10일 남짓 차이가 나므로, 8~9년이 지나면 라마단은 다른 계절에 돌아오게 된다.

사실 오늘날처럼 전세계가 곧바로 정보를 주고받지 않던 과거에, 한 자리에 뿌리 내리고 사는 이들에게는 태음력이 더 편했다. 달의 모양만 보면 날짜를 바로 알 수 있었고, 밀물과 썰물의 때도 달을 보아야 알 수 있는 것이었기 때문이다. 다만 계절의 변화가 심한 지역에서는 달만 보고 날짜를 따져서는 농사의 때를 놓칠 수 있으므로, 24절기처럼 태양의 위치를 알려주는 날들을 달력에 따로 표시해두었다.

흔히 한국의 전통 달력이 음력이라고 하는데, 사실은 음력과 양력을 절충한 형태다. 달의 움직임을 기반으로 24절기를 더해 해의 움직임도 표시하는 이런 달력을 태음태양력이라고 한다.

대부분의 문명에서는 해와 달의 움직임을 모두 고려했으므로, 이슬람력과 같은 순태음력은 세계 문명사에서 보면 특이한 사례라고 할 수 있다. 순태음력을 고수할 경우 계절의 변화와 어긋나는 것을 피할 수 없기 때문이다. 태음력을 사용한 문명들도 이 때문에 약 3년에 한번(정확히는 19년에 일곱번) 윤달을 넣어 한해의 길이를 조정했다. 하지만 이슬람의 첫번째 지도자 무함마드는 윤달을 없애고 순태음력을 사용하기로 결정했고, 초창기의 결정을 이슬람 문명 전체가 충실히 따라온 결과 오늘날까지도 20억명에 가까운 전세계의 무슬림이 이슬람력을 지키고 있다.

마음을 열면 선입견은 사라진다

이슬람 문명 바깥의 사람들은 종종 라마단과 이슬람력에 대해 이해할 수 없다는 반응을 보이기도 한다. 세계화 시대에 독특한 달력을 고수하여 매번 변환표를 들여다보아야 하는 일도 번거롭고, 그에 따라 단식을 실행하는 계절이 바뀌는 것도 혼란스럽다는 이유다.

그러나 문명은 총체적인 삶의 방식이므로 한두가지 요소만 떼어서 평가할 수 없다. 태양력에 익숙한 이들은 순태음력이 심지어 비과학적이라고 생각할지도 모르겠지만, 순태음력에 바탕을 둔 이슬람의 천문학이 한때 세계 최고 수준을 자랑했고 유럽과 중국에서 열렬한 환영을 받았다는 점을 돌이켜보면 그런 평가는 부당하다. 그리고 극단주의자들의 행태만 부각하는 언론의 보도와는 달리, 20억 무슬림의 절대 다수는 교리가 생활을 과도하게 간섭하는 것에 반대하고 융통성 있게 살아야 함을 강조한다. 라마단의 금식도 몸과 마음을 깨끗이 하기 위해서지 자신을 괴롭히기 위한 것이 아니므로, 각자의 처지에 맞게 지키면 되는 일이다.

어쩌면 이슬람 문화는 이렇고 무슬림은 저렇다는, 우리의 막연한 선입견이야말로 비과학적일지 모른다. 누군가를 위험하다, 무섭다, 다르다, 불편하다고 손가락질하기 전에, 내가 갖고 있는 선입견이 언제, 어떤 계기로, 누구의 영향을 받아 내 안에 똬리를 틀게 된 것인지 냉정하게 돌아볼 필요가 있다. 한번도 만나본 적 없는 이들을 미워하고 한번도 겪어본 적 없는 문화를 폄하하다니, 참으로 기이한 일이 아닌가? 중동의 나사렛이라는 작은 마을에서 목수의 아들로 태어난 한 위대한 성인이 갈파했듯, 남의 눈 속의 티끌을 열심히 찾는 내 눈 속에 사실은 들보가 끼어 있을지도 모르는 일이다.

14

인간은 언제 새해를 열고자 하는가

매년 12월 22일 또는 23일에 찾아오는 동지. 1년 중 낮의 길이가 가장 짧으며 태양의 남중고도가 가장 낮은 날이다. 실제 우리는 1월이나 2월의 날씨를 더 춥게 느끼지만 천문학적으로는 겨울이 절정에 다다른 이날을 '동지(冬至)'라고 부른다.

양방향으로 반복되는 운동이 어느 한 방향으로 극에 달하면 그 순간 반대 방향으로의 운동이 시작된다. 동지는 겨울의 절정이자 겨울에서 봄으로 넘어가는 여정의 시작이다. 태양의 남중고도가 가장 낮은 날이므로 그 이튿날부터는 날마다 태양의 고도가 높아지고 낮도 점점 길어진다.

이런 특징 때문에 여러 문명권에서 동지는 각별한 의미가 있다. 태양의 남중고도가 가장 높아지는 하지도 중요하지만, 더운 여름의 절정인 하지는 동지만큼 절실하게 다가오지 않는다. 동지에는 새로운 희망의 절기라는 의미가 있기 때문이다. 추운 겨울이 동지에서 반환점을 돌았다는 것은 황량하고 삭막한 겨울도 끝이 있으니, 조금만 더 버티면 돌아오는 봄을 맞을 수 있다는 뜻이다. 우리가 벽사(辟邪)의 의미를 담아(사실 이런 의미는 나중에 붙인 것이고, 겨울에 구할 수 있는 식재료로 따스함을 즐긴다는 의미가 더 클 수도 있지만) 팥죽을 먹고 새로운 시작을 기원하듯, 겨울이 추운 여러 나라에서 동지는 새 출발의 희망을 전하는 절기였다.

문화와 종교에 따라 다른 한해의 시작점

그런데 한해의 시작은 1월 1일이 아닌가? 동지는 12월 22일 또는 23일이라는 참으로 애매한 날짜에 오지 않는가? 태양과 지구의 위치만 고려할 때 모든 것이 새로 시작하는 동지를 한해의 시작으로 정하면 합리적일 듯한데, 어째서 우리는 천문학적으로 별반 특별함이 없는 날짜에 새해를 시작하는가? 이란처럼 춘분을 새해의 시작으로 삼는 나라도 있는데 말이다.

태양력을 사용한 고대 이집트에서는 가장 밝은 별인 시리우스가 일출 직전에 떠오르는 날을 새해의 시작으로 삼았다. 이때가 나일강이 범람하기 시작하는 봄이며, 범람 후 시작할 한해 농사를 준비하는 시기였기 때문이다. 율리우스 카이사르가 이집트 태양력을 로마에 도입하면서 1년의 시작을 봄에서 겨울로 옮기는 등 몇가지를 바꾸었는데, 이때 춘분을 3월 25일로 정했고 그에 따라 역산한 1월 1일이 새해가 되었다.

로마제국이 유럽 문명의 표준을 확립하면서 로마의 달력은 유럽 전역으로 퍼져나갔고, 카이사르의 이름을 따서 '율리우스력'이라고 불렸다. 하지만 천체의 움직임은 인간이 지각하는 시간의 단위와 딱 맞아 떨어지지 않는 법이어서 미세한 오차의 누적은 어쩔 수 없었다. 기원전 45년에 정한 율리우스력을 16세기까지 그대로 쓰다 보니 달력의 날짜와 천체가 알려주는 계절이 열흘 가까이 차이 나게 되었다.

열흘이라는 오차가 뭐 대수인가 싶지만, 중세 유럽은 종교가 지배하던 사회였고, 종교적인 날짜들을 함부로 할 수 없었다. 유럽은 로마제국 이래로 태양력을 썼지만 예수가 활동할 당시의 유대인들은 태음력을 따랐기 때문에 성서에 나오는 날짜들을 두고 해석이 분분했다. 특히 부활절의 날짜가 골칫거리였다. 요한복음의 기록에 따르면 예수가 부활한 것은 '유월절 뒤 첫 안식일'인데, 유월절은 춘분이 들어 있는 달(니산Nisan)의 보름날이다. 따라서 부활절은 춘분 뒤 첫 보름이 지난 후 첫 일요일이 되므로, 춘분의 날짜가 열흘씩 바뀌어버리면 기독교 전례력(典禮曆)에 혼란이 일어날 수 있었다. 더욱이 1517년 마르틴 루터가 종교개혁의 방아쇠를 당긴 뒤 로마 교황청의 권위에 대한 도전이 곳곳에서 거세지고 있었으므로, 전례력의 혼란은 단순한 교리 문제가 아니라 교회의 정통성에 대한 문제로까지 번져나갔다.

이에 대응하기 위해 가톨릭교회는 트리엔트 공의회(1545~1563)에서 역법의 개정을 결의했다. 1582년, 여러해의 연구 끝에 1년의 길이를 365.25일에서 365.2425일로 줄인 새 달력이 나왔고, 이 달력은 교황 그레고리우스 13세가 반포해 '그레고리력'이라는 이름으로 보급되었다. 율리우스력 1582년 10월 4일 다음 날은 열흘을 건너뛰어 그레고리력 1582년 10월 15일이 되었고, 지금까지 서양의 달력을 쓰는 국가들은 대체로 이 그레고리력 안에서 살고 있다. 잠깐씩 그 궤도를 벗어나기도 했지만 말이다.

세상이 바뀌면 달력도 바뀌더라

'잠깐씩 벗어났던' 사례 중 하나는 프랑스 대혁명기의 혁명력이다. 인체에서 비롯된 도량형 단위들을 모조리 철폐하고 미터법을 도입한 점에서 알 수 있듯이, 계몽사상의 세례를 받은 프랑스의 혁명가들은 모든 것을 일목요연하게 수학적으로 정리하고자 했다. 시간과 날짜를 세는 방식도 예외가 아니었다. 인치(in), 실링(s), 온스(oz), 피트(ft) 등으로 십이진법과 육십진법 등이 뒤섞인 길이와 무게의 단위를 전부 십진법으로 통일하는 것이 더 편리하다면, 시간은 왜 안 그렇겠는가? 하루를 10시간으로, 1시간을 100분으로 나누면, 일, 시, 분 사이의 환산이 훨씬 편해지지 않겠는가?

이에 따라 프랑스 혁명정부는 1793년 새로운 달력과 시간 제도를 선포했다. 하루는 10시간, 1시간은 100분, 1분은 100초가 되었다. 열두달의 이름도 로마 신의 이름을 딴 것에서 벗어나 봄에는 '새싹이 트는 달'(제르미날Germinal), 여름에는 '열(熱)의 달'(테르미도르Thermidor), 가을에는 '포도를 수확하는 달'(방데미에르 Vendémiaire) 등 계절에 따라 합리적인 이름을 붙였다. 한해의 시작은 '포도를 수확하는 달', 즉 방데미에르의 첫날이자 추분이었다.

그러나 미터법의 성공과는 달리, 달력은 민중의 문화와 깊이 얽혀 있기 때문에 하루아침에 바꿀 수 있는 것이 아니었다. 혁명력은 뿌리를 내리지 못하고 일상생활의 혼란만 야기한 채 1805년에 결국 폐지되고 말았다. 나폴레옹의 쿠데타, 즉 '브뤼메르(Brumaire, 혁명력의 '안개 달') 18일의 쿠데타'와 같은 역사적 사건의 이름으로서만 오늘날 간간이 입에 오르내릴 뿐이다.

프랑스 혁명가들의 눈에 그레고리력은 낡고 비과학적으로 보였을지 모르지만, 어쨌든 근대 서구 사회의 달력으로 살아남았다. 서양이 다른 문명들에 과학기술의 힘을 과시하면서 그레고리력은 다시 과학적이고 합리적인 달력으로 여겨졌다. 일본은 메이지유신 (1868) 직후 음력을 철폐하고 그레고리력을 받아들였으며, 조선에도 압력을 넣어 1895년 말 을미개혁의 일환으로 태양력을 도입하도록 했다. 음력 1895년 11월 16일의 이튿날은 곧바로 양력 1896년 1월 1일이 되었고, 갑작스럽게 우리는 양력 세상으로 내던져졌다.

양력으로의 느닷없는 전환은 낯설었다. 특히 명성황후 시해 사건 직후 일본의 만행으로 인한 분노가 고조되던 시점에 친일 내각이 단발령과 양력 도입을 한꺼번에 선포했기 때문에 민중의 대다수는 양력에도 거부감이 있었다. 임금이 난데없이 머리를 자르고 서양식 군복을 입고 나타나서는 하루아침에 달력도 서양식으로 바꾸라고 하니, 곱게 보일 리가 없었다.

음력으로 챙기던 조상의 생일과 기일을 버릴 수 없었던 민중들은 양력 1월 1일을 '왜놈 설'이라고 불렀다. 그러면서 휴일로 인정해주지도 않았던 음력설과 추석을 꼬박꼬박 쇠었다. 하지만 근대화를 위해서 서양과 같은 달력을 써야 한다는 국가의 의지는 확고했다. 그 탓에 일제강점기에도, 심지어 광복 후에도 음력의 풍습은 미신이라는 누명을 벗지 못했다. 1954년에는 음력설에 공공기관과 사업체의 휴업을 금지하는 대통령령으로 "음력 과세방지에 관한 건"을 발동하기도 했다.

음력설과 추석이 다시 휴일이 된 것은 1980년대 중반의 일이다. 민주화운동이 거세어지던 1985년, 전두환 정부는 민심을 달래기 위한 대책의 하나로 음력 1월 1일에 '민속의 날'이라는 궁색한 이름을 붙이고는 올해부터 하루짜리 휴일로 정한다고 공포했다. 민속의 날은 1989년부터는 '설날'이라는 이름을 되찾고 오늘의 위상을 회복했다.

천문학적으로는 별스러울 것도 없는 1월 1일을 둘러싸고 수십년 동안 국가와 개인이 힘겨루기를 한 역사는 지금 돌아보면 새삼스럽기도 하다. 하지만 1월 1일이 천문학적으로 큰 의미를 지닌 날이 아니라 해도, 사회적으로는 새로운 시작이란 의미가 크다. 지구가 365번 남짓 자전할 동안 모두 분주하게 살아왔고, 다시 한번 지구가 한바퀴 공전을 시작하며 삶 또한 이어나가리라는 사실을 새삼 깨닫는 날이기 때문이다. 동지를 지나 태양의 고도가 다시 높아지기 시작할 때이기도 하니 지난 한해 수고했다고, 잘 해주었다고 스스로를 그리고 서로를 다독여주기 적절한 날이 아닐까.

15

딸기에게도 조국이 있는가

딸기에도 국적이 있는가? 자연에서 태어난 식물에 대해 특정 국가나 개인이 권리를 주장할 수 있는가? 있다면 그 근거는 무엇이며, 정확히 무엇에 대한 권리를 어떻게 보호해야 하는가? 먹거리에 얽힌 여러 권리 중 원료를 기르는 이의 경작권과 만든 이의 재산권, 그리고 먹는 이의 생존권이 상충한다면 누구의 손을 들어줘야 할까?

'재산'으로 보호받는 새로운 식물

인류는 농사를 시작한 이래로 언제나 조금이라도 더 나은 작물을 재배하기를 원했다. 그래서 논밭에서 마음에 드는 개체가 눈에 띄면 잘 골라두었다가 그 씨앗을 간수하여 뿌리기를 반복했다. 이렇게 하여 하나의 종 안에서도 때와 장소에 따라 수많은 품종이 갈라져 나오게 되었다.

다만 품종을 개발자의 재산으로 인정하고 권리를 보호하게 된 것은 20세기 중반 이후의 일이다. 새로운 품종은 자연이 낳았으므로 한 개인이 그에 대한 권리를 가질 수 없다고들 여겼기 때문이다. 실제로 19세기 말까지 품종개량에서 인간의 역할은 새로운 변이를 '알아보는' 것이지 '만들어내는' 것이 아니었다. 농민이 원하는 변이가 언제 어떻게 일어날지 예측할 수 있는 방법은 없었다. 그러다가 20세기 들어 멘델의 유전법칙이 널리 알려지고 유전형질이라는 개념이 자리잡은 뒤에야 특정한 방향의 변이가 일어날 확률이 높아지도록 설계하는 실험이 가능해졌다.

20세기 중반이 되자 품종개량의 기술이 한층 더 발달하면서, 인간이 원하는 새로운 품종을 만들어낼 확률이 매우 높아졌다. 물론 그에 필요한 돈과 시간, 노동력도 점점 늘어났다. 품종개량에서 자연의 몫 못지않게 인간의 역할이 중요해진 것이다. 이에 따라 품종개량 공로자의 재산권을 보호하는 방향으로 법과 제도가 정비되기 시작했다.

1960년대에 유럽에서 품종 재산권을 보호하기 위해 국제식물신품종보호동맹(UPOV)이라는 체제가 성립되었고, 여기에 다른 대륙의 국가들도 차츰 가입하게 되었다. 그 일환으로 한국은 1995년

'종자산업법'을 제정했고 2002년에는 UPOV의 50번째 회원국으로 정식 가입했다. 2018년 평창올림픽 때 일본 여자 컬링 선수들이 국산 딸기 '설향'을 간식으로 먹는 모습이 보도되어 화제가 되었는데, 여기에 대해 일본 농림수산상이 "일본 품종이 유출된 것"이라는 볼멘소리를 하여 한일 양국에서 여러 이야기가 오가기도 했다. 하지만 설향은 UPOV 가입 후 10년간의 로열티 유예 기간 안에 개발되었으므로 로열티를 줄 필요가 없는 품종이다.

주권과 복지라는 또다른 가치

현재의 종자관리제도가 완벽한 것은 아니다. 우선 무엇을 새로운 품종으로 인정할 것인가, 그리고 품종개량에서 인간의 역할을 얼마나 인정할 것인가 등에 대해서는 딱 떨어지는 과학적 답이 나오기 어렵다. 농업이 아우르는 영역이 워낙 넓은 것도 문제다. 예컨대 곡물이나 채소처럼 씨앗을 받아 번식하는 작물 말고 과일나무처럼 접목으로 번식하는 경우, 개체와 개체 사이의 경계(어디까지 부모이고 어디부터 자손인가?)도 애매하기 때문에 실재하는 식물이 아닌 접목 기술에 특허를 주기도 한다.

또한 사회적 정의라는 차원도 고려해야 한다. 20세기 이후 농업은 이윤을 창출하는 사업의 성격이 강해졌지만, 근본적으로는 여전히 인간의 생존과 직결된 기본 산업이다. 먹을거리에 대한 특허를 개인 또는 기업이 독점하는 것이 옳은가?

품종개량이 거대 산업이 되면서 개인의 몫은 점점 줄어들었다. 이제 특허권을 인정받을 만한 새로운 품종을 만드는 일은 국가나 대기업처럼 막대한 자금과 인력을 투입할 수 있는 곳이 아니면 엄두를 낼 수 없게 되었다. 그 결과 새 품종을 만들어 공급하는 쪽과 재배하는 쪽의 이해관계가 일치하지 않는 경우도 종종 벌어진다. 특히 품종개량의 주체가 국가가 아니라 다국적기업과 같은 사적 자본인 경우, 이들의 이해는 농민의 이해와 반대되는 경우가 많다.

이런 문제를 인식하고 있기에 대부분의 나라에서 벼나 밀과 같은 주곡 농업에 대해서는 공공의 접근을 보장하는 안전장치를 마련하고 있다. 개인이나 기업이 만든 신품종의 특허는 인정하되 정부나 공공기관에서 개발한 품종을 로열티 없이 보급함으로써, 농민의 생존권과 국가의 식량 주권이 소수의 손에 좌우되는 일을 막는다. 그러나 국가의 역량에 차이가 있기 때문에, 공공 연구에 투입할 역량이 충분하지 않은 국가의 농민들은 상대적으로 큰 위험에 노출되어 있다. 초국적 곡물 회사들이 개발도상국의 농민들에게 자신들이 생산한 종자의 사용을 강제하는 일들은 여러 문제를 낳았다. 이는 유전자조작식품(GMO)의 안전성에 대한 의구심을 자극해 소비자들도 큰 관심을 보이는 문제가 되었으며, 논쟁은 아직도 진행 중이다.

과학이 모든 문제에 대한 답을 내려줄 수 있는 것은 아니다. 과학도 인간 활동의 하나일 뿐이고, 인간이 사회를 이루고 살며 생겨나는 수많은 문제들 중 어떤 것들을 해결하는 데는 매우 효과적이지만, 많은 경우 다른 영역과 협력하여 문제를 풀어나갈 수밖에 없다.

씨앗에는 국적이 없다. 원래는 땅에도 국경이 없다. 국적이나 국경은, 인간이 국가를 이루고 살기에 생기는 문제들이다. 육종가의 창의성과 노력에 대한 보상도 중요하겠지만 국민의 생존권과 국가의 주권도 중요하다. 이에 대한 불변의, 보편적인 답을 구하기보다는 끊임없는 협상을 통해 최선의 경계를 유지해나가려는 노력이 중요하다.

16

가상세계, 그 뿌리는 여전히 현실에

　근현대 과학기술사를 전공하다보니 가끔 과학기술과 관련된 물건의 감정에 참여하기도 한다. 몇해 전에는 한국 컴퓨터 산업의 역사에서 매우 중요한 소프트웨어의 초창기 버전 패키지를 볼 기회가 있었다. 여러장의 플로피디스크가 빠짐없이 담겨 있는지, 포장에 큰 흠은 없는지, 설명서는 유실되지 않았는지 등을 살펴보다가, 문득 그 패키지가 출시된 지 25년이 넘었다는 데 생각이 미쳤다.

　보관 조건에 따라 다르지만 일반적으로 플로피디스크의 수명은 짧으면 10년이고 길어도 20년을 넘지 않는다. 플로피디스크 표면의 자성체에 자기장을 걸어 특정한 방향으로 정렬해 정보를 기록하는데, 오랜 시간이 지나면 자성체의 배열이 서서히 흐트러지기 때문이다. 즉 역사적 가치가 높은 소프트웨어 패키지를 문화재로 지정한다고 해도, 그 패키지 안의 디스켓을 컴퓨터에 읽혀 정상적으로 소프트웨어를 설치하고 실행할 가능성이 대단히 낮다. 소프트웨어 패키지의 외형은 완전하게 보존될 수 있어도 그 안의 소프트웨어는 손상되기 때문이다. 그러면 우리 손에 남은 것은 본질이 날아가 버린 껍데기라고 말할 수도 있다.

정보는 어디에, 어떻게 존재하는가?

소프트웨어라는 존재의 본질이 디스켓 같은 물질적 매체가 아니라 거기 담긴 정보 그 자체라고 생각할 수도 있다. 이 관점에 따르면 문화재로 인정받아야 하는 것은 인터넷 어딘가의 '고전 프로그램 자료실' 같은 곳에 저장되어 있을 소프트웨어의 사본일지도 모른다(물론 이는 진본성이나 희소성 같은 전통적인 문화재의 가치를 부정하는 입장으로 이어질 수도 있으므로, 무한히 복제할 수 있는 디지털 기술의 문화적 가치를 어떻게 평가할 것인가에 대해서는 더 많은 논의가 필요하다).

하지만 인터넷에 떠돌아다니는 정보라 해도 역시 물질적 바탕 없이는 존재할 수 없다. 눈앞의 플로피디스크에 담겨 있지 않다뿐이지, 인터넷 자료실의 소프트웨어 또한 해당 서버의 하드디스크에 정렬된 자성체로서 존재한다. 우리가 '클라우드'나 '가상공간' 같은 말을 익숙하게 쓰다보면, 이와 같은 정보의 물질성을 간과하기

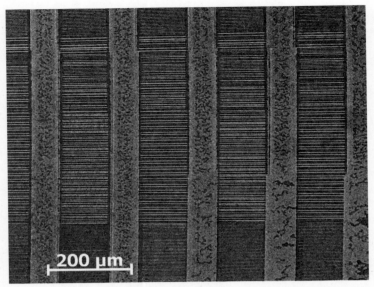

정보화 사회를 이루는 정보는 추상적인 개념으로 존재하는 것이 아니라, 특정한 방향으로 배열된 자성체와 같은 물질로 존재한다. 플로피디스크에 정보가 기록된 모습을 찍은 현미경 사진.

쉽다. 서버가 꺼지면 가상공간으로 들어가는 문은 닫힌다. 하드디스크를 교체하거나 포맷하면 자성체의 특정한 배열이 사라지고 물질적 기반에서 뿌리 뽑힌 정보도 연기처럼 사라진다.

　1990년대 초, 오늘날과 같이 월드와이드웹(WWW)이 대중화되기 전에는 '하이텔' '천리안' '나우누리' 등의 텍스트 기반 게시판 서비스, 일명 'PC통신'이 유행했다. 파란 화면에 하얀 글씨만 찍히는 단순한 게시판 서비스였지만 많은 이들이 그 초보적인 가상공간에서 소식을 전하고 추억을 쌓았다. 그러나 그 가상공간은 이제 어디에도 없다. 텍스트 기반 게시판들이 웹 기반 서비스에 밀려나면서 PC통신 회사들은 하나둘씩 문을 닫고 서버를 폐쇄했다. 서버가 사라지면서 서버에 뿌리박고 자라났던 가상공간도 함께 사라졌다. 이렇게 가상공간의 서비스가 폐쇄되어 거기 보관했던 개인의 추억까지 잃어버린 사람들을 가리키는 '디지털 수몰민'이라는 말이 생겨나기도 했다.

새로운 산업과 오래된 산업

가상공간의 정보가 사실은 현실공간의 물질에 붙박인 채 존재한다는 점에 생각이 미치면, 정보통신산업과 같은 새로운 산업들이 제조업 등의 오래된 산업과 맺고 있는 관계도 새삼 눈에 들어온다.

흔히 제조업은 굴뚝산업이고, 정보산업은 깨끗한 첨단의 산업이라고 생각하기 쉽다. 그러나 사실 정보산업의 많은 부분은 정보를 의탁할 물질적 기반을 갖추는 일, 즉 물건을 제조하고 유지하고 보수하는 일과 관련되어 있다. 우리가 편하게 침대에 누워 무선인터넷으로 바깥세상과 연결될 수 있는 것은 어른 팔뚝 굵기의 광케이블 다발이 온 세계의 해저 곳곳을 가로지르고 있는 덕분이다. 케이블을 깔고 유지·보수하는 것은 결국 인간의 노동이다.

엄청난 양의 데이터를 관리하는 것도 오래된 산업의 도움이 없이는 불가능하다. 구글이나 아마존과 같은 거대 인터넷 기업은 엄청난 규모의 데이터센터를 운영하고 있다. 서버를 구동하는 데 필요한 에너지와 여기서 발생하는 열을 식히고 냉방하기 위해 필요한 에너지는 점점 늘어나고 있다. 구글의 1호 데이터센터는 전세계 전력 사용량의 1.5퍼센트까지 사용할 것을 염두에 두고 설계했다고 한다. 웬만한 굴뚝산업의 에너지 소비를 훌쩍 뛰어넘는 수준이다.

정보를 담는 그릇이라고 할 수 있는 전자기기의 생산과 폐기 역시 오래된 산업의 몫이다. 반도체의 생산 과정에서 사용되는 독성물질은 이미 많은 사회적 논란을 야기했다. 한편 버려진 가전제품의 부품들은 개발도상국으로 모인다. 소량 사용된 금이나 희토류 금속 같은 비싼 원소를 회수하기 위해서다. 선진국의 소비자들이 유행에 맞춰 신제품 전자기기로 갈아타면, 개발도상국의 노동자들은 해로운 약품으로 낡은 전자회로 기판을 녹여가며 미량의 금을 회수하고 있다. 속을 들여다보면 정보통신산업도 기존 제조업 못지않게 환경에 부담을 주는 셈이다.

당연한 이야기지만, 우리가 누리는 가상세계의 편리함은 공짜가 아니다. 무선인터넷으로 주고받는 정보는 마치 공기처럼 어디에나 존재하는 양 착각하기 쉽다. 그러나 그것은 자원을 소모하여 만들어낸 전기에너지와 기술 시스템을 구축하는 데 들어간 인간의 노동이 없었다면 열리지 않았을 결실이다. 가상세계도 그 뿌리는 현실에 박혀 있다는 것을 생각하면, 가상세계의 편리함과 즐거움을 누릴 때에도 현실세계의 유한한 자원을 효율적으로 아끼며 사용하려는 자세가 필요함은 자명하다.

2

한국 과학의 인물들

1

과학자의 초상은 우리의 자화상

뉴욕 메트로폴리탄 미술관 2층 전시실로 들어가는 입구에는 근대화학의 주춧돌을 세운 앙투안 로랑 라부아지에(1743~1794)와 부인 마리 안 라부아지에(1758~1836)의 초상화가 걸려 있다. 이 부부 과학자의 초상화는 자크 루이 다비드(1748~1825)가 프랑스 대혁명이 일어나기 직전인 1788년 그린 것으로 가로 약 2미터, 세로 약 2.6미터의 대형 작품이다. 가장 잘 알려진 다비드의 작품 중 하나인 「소크라테스의 죽음」(1787)이 바로 옆에 걸려 있는데, 크기가 라부아지에 부부 초상화의 반밖에 되지 않는다. 초상화를 발주했던 당시 라부아지에의 재력과 권위를 새삼 느낄 수 있는 한편, 불과 6년 뒤에 그가 단두대에서 생을 마감했다는 사실을 떠올리면 그 또한 무상하다는 감상이 스친다.

유럽과 북미 등에는 이처럼 성공한 과학자들의 초상화가 많이 남아 있다. 우리가 오늘날 갈릴레오, 데카르트, 뉴턴, 라부아지에, 다윈과 같은 이름을 들으면 마치 텔레비전에서 본 연예인처럼 친근하게 그들의 얼굴을 떠올리게 되는 것도 이들이 남긴 초상화 덕분이다. 19세기까지 서구에서 과학을 업으로 삼은 이들은 대부분 경제적 여유가 있는 집안 출신이었으므로 초상화를 남기는 것은 이들에게 자연스러운 문화의 일부였다. 그리고 19세기 중반 이후로는 사진 기술이 발달하면서 유명 과학자들의 초상이 업적을 남긴 정치인이나 예술가의 초상만큼이나 많이 전해지게 되었다.

한국 과학자의 초상은 어떠한가? 사진이 보급된 20세기 이후를 제외하고, 전근대의 과학자 중에 우리가 이름을 들으면 얼굴을 떠올릴 수 있는 이는 누가 있는가? 물론 얼굴은 고사하고 이름을 떠올릴 수 있는 과학자도 많지 않다는 것이 첫번째 난관이겠지만, 곰곰히 생각해보면 허준의 얼굴, 장영실의 얼굴, 조선 전기 절정에 오른 과학기술제도의 기획자이자 지도자였던 세종대왕의 얼굴 등이 어렴풋이나마 머릿속에 떠오를 것이다(세종대왕의 얼굴은 어째서인지 초록색 선묘로 떠오를 가능성이 높다).

그런데 이들 초상과 서구 과학자들의 초상을 비교하면 한가지 큰 차이점이 있다. 한국의 전근대 과학기술 인물의 초상 중에는 실제 얼굴을 보고 그린 것이 하나도 없다. 세종대왕은 임금이었으므로 어진(御眞)이 남아 있을 법도 하지만, 공교롭게도 한국전쟁 중 부산의 보관 장소에 화재가 일어나 소실되고 말았다(이때 화재를 피한 태조, 영조, 철종, 고종, 순종 어진 등 다섯점만이 현재까지 남아 있다). 그밖에 장영실과 허준 등 우리가 친숙하게 느끼는 얼굴들은 실은 순전히 현대의 창작물이다. 우리나라의 초상화 전통이 탄탄했고, 조선시대 초상화들 중에는 서양의 인물화들보다도 사실적인 묘사를 자랑하는 작품들이 있지만, 과학기술자나 과학자의 초상은 아쉽게도 남아 있는 것이 거의 없다. 더러 초상이 소실된 경우도 있겠지만, 그들 대다수의 사회경제적 지위가 초상을 남길 정도로 높지 않았기 때문으로 보인다.

나라가 '인증한' 선현의 초상

그러면 우리에게 친숙한 그 초상들은 무엇을 토대로 그린 것인가? 어차피 근거 자료가 남아 있지 않다면, 내가 원하는 모습으로 그린 초상을 모셔도 되지 않을까?

사실 안 된다. 위인들의 초상은 문화체육관광부에서 지정한 정부표준영정을 사용하도록 훈령으로 정해놓았기 때문이다. 2019년 12월 현재 98인의 역사 위인의 표준 영정이 지정되어 있는데, 이 중 넓은 의미에서 과학기술 관련 인물로 간주할 수 있는 이들은 김기창이 1973년에 영정을 그린 세종대왕을 비롯하여 정약용(장우성 작, 1974), 우륵(이종상 작, 1977), 김정호(김기창 작, 1977), 김대성(김창락 작, 1986), 최무선(신영상 작, 1987), 허준(최광수 작, 1988), 김육(오낭자 작, 1991),

왕산악(김영철 작, 1994), 이익(손연칠 작, 1996), 장영실(박영길 작, 2000), 류방택(조용진 작, 2012) 등 열두명이다.

이 정부표준영정이라는 제도가 1970년대 중반에 생겨난 것은 유신정권이 '문예중흥'과 '민족문화 창달'을 내세운 것과 무관하지 않다. 특히 이순신을 성웅(聖雄)으로 추앙하여 국민적 상징으로 삼으려던 박정희는 1973년 4월 28일 이순신 현양 사업의 일환으로 충무공 영정의 통일을 지시했고, 곧이어 정부가 역사 인물의 초상을 심의하는 제도가 일사천리로 수립되었다. 이에 따라 정부 각 부처와 유관 단체들이 당대의 저명한 한국 화가들에게 역사 인물의 초상 작업을 의뢰했다. 새로 만든 위인의 초상은 여러모로 요긴하게 쓰였다. 한국은행은 1972년 영국에 원판을 맡겨 새로 만든 오천원권 지폐에 실린 율곡 이이의 초상이 서양인 같다는 비판에 골치를 앓았다. 그러던 참에 표준영정제도가 시행되자 바로 장우성이 그린 이순신 초상을 오백원권 지폐에 사용했다. 표준영정에 따라 지폐 도안을 바꾼 것이다.

당시의 열악한 화단 사정을 생각하면, 잘 알려진 역사 인물의 초상을 그리는 것은 화가들에게 명예로운 일이었을 뿐 아니라 경제적으로도 도움이 되는 일이었다. 문예중흥의 기치 아래 표준영정이나 캔버스 크기가 1000호(5.3×2.9미터)에 달하는 대형 민족기록화 등을 시시때때로 발주하는 국가의 영향력은 커질 수밖에 없었다. 1999년 한국미술협회는 김종필을 제1회 '자랑스러운 미술인'의 공로 부문 수상자로 선정하기도 했다. 그가 총리 재임 중 '문화예

술진흥법'을 제정하는 등 미술계를 정책적으로 도왔다는 것이 주요 사유였는데, 당시 미술 진흥 정책 중 큰 몫을 차지했던 것이 민족 기록화 사업이었다.

우리 조상이 좀더 근대적이었으면 좋겠다?

하지만 표준영정의 세세한 내용까지 국가가 간섭했던 건 아니다. 화가 개인의 미감이나 의지가 크게 작용했다. 심지어 세종대왕 영정을 처음 발표했을 당시에는 '화가 자신과 비슷하게 그렸다'는 뒷말이 돌기도 했다. 딱 떨어지게 구분하기는 어렵지만 인물에 대한 당대의 지배적인 역사적 해석도 영향을 미쳤다. 참고할 이미지 자료가 없는 경우에는 성품이나 용모를 묘사한 글귀를 바탕으로 인물의 생김새를 상상했다. 가령 '키가 크고 귀가 길었다'는 기록은 구체적인 묘사가 가능한 반면 '사람됨이 온후하고 인자하였다'는 인물평을 초상에 어떻게 담아낼 것인지는 지극히 주관적인 선택이 될 수밖에 없는 문제가 있었다. 심지어 허준의 표준영정은 화가 최광수가 꿈에서 본 허준의 모습을 토대로 그렸다고 하니, 이에 대해서는 이의를 제기할 방법조차 없다.

어쩔 수 없이 현대에 제작된 역사 인물의 초상에는 현대인의 기대가 진하게 녹아들어 있다. 그중에서도 과학기술 위인의 초상에 주목하게 되는 이유는, 근대성에 대한 강박이 뚜렷이 드러나기 때문이다. 장군의 표준영정은 용맹하게 그리면 되고, 대학자의 표준 영정은 현자의 풍모를 담으면 큰 문제가 되지 않는다. 여성 위인 은 대체로 인자한 어머니의 모습으로 그리면 무난할 것이다. 하지 만 과학기술 위인의 초상은 어떻게 표현할 것인가? 영리해 보이는 얼굴, 요즘 말로는 '이과스럽게' 똑똑해 보이는 얼굴이란 어떤 것인 가? 결국 과학기술 위인의 초상은 우리가 생각하는 뛰어난 과학자 이미지의 스테레오타입에 가까워질 수밖에 없고, 그런 까닭에 우 리의 자화상이나 다름없다.

가장 전형적인 방법은, 과거에 이순신 초상이 그려진 오백원권 지폐의 배경에 거북선을 집어넣었듯, 인물의 속성을 직접적으로 가 리키는 지물(attribute)을 그림에 넣는 것이다. 천안아산역이나 한 국과학기술한림원에 있는 장영실의 동상이 구리 자를 들고 측우기 옆에 서 있는 것이 좋은 예다.

하지만 이 방법을 모든 과학기술 위인에 쓸 수는 없다. 이론 분 야(가령 천문학 계산)나 과학사상 분야에 업적을 남긴 이들은 지 물을 통한 형상화가 불가능하다. 더욱이 구체적인 업적을 남겼다 는 이들도 무엇을 대표적 지물로 뽑을 것인지 합의가 어려울 수도 있다. 예컨대 형상화가 쉽다는 이유로 정약용의 대표 지물로 거중 기를 배치하는 것은, 정약용이라는 인물에 대한 총체적 이해를 오 히려 가로막을 수도 있다. 사실 장영실 옆에 측우기를 놓은 것 또 한 과학사학계의 비판을 받기도 했다. 세종 대에 측우기 제작 사업 을 고안하고 지휘한 것은 세자, 즉 뒷날의 문종이었으며, 장영실의

강진군에서 만든 정약용 영정(김호석 작, 왼쪽)과 한국은행이 소장하고 있는 정약용 표준영정
(장우석 작, 오른쪽).

대표 업적은 간의와 같은 다른 의기의 제작으로 보아야 한다는 견
해도 있기 때문이다.

　이보다 간접적인 지물도 있다. 정약용의 표준영정은 장우성이
1974년에 그린 것으로, 한국은행이 소장하고 있으며 현재도 경기도
남양주 다산 유적지의 사당에 이 사본이 전시되어 있다. 그런데 정
약용이 오랫동안 유배 생활을 했던 전라남도 강진군의 다산초당에
는 2009년 강진군이 의뢰하여 김호석 화백이 새로이 그린 영정이 걸
려 있다. 이 영정은 강진의 쪽과 붉은 흙을 안료로 이용했다는 점
을 내세우고 있는데, 안경을 쓰고 있다는 점도 또 하나의 특징이다.

물론 조선 후기에 안경은 책을 많이 읽는 선비들 사이에는 꽤 널리 퍼져 있었다. 또한 정약용은 노년에 시력이 떨어져 늘 안경을 쓰고 책을 읽었다는 기록도 남아 있다. 그런데 개항기까지도 어른 앞에서 안경을 쓰는 것이 매우 무례한 일이었음을 생각하면 (예를 들어 고종을 만나는 외국 사절들은 왕을 알현할 때 반드시 안경을 벗으라는 충고를 받았다고 한다) 안경 쓴 정약용 영정이 당시의 문화적 격식에 맞는지 의문도 든다.

이런 위험을 무릅쓰고 안경을 씌운 것은 '실학'과 '근대성'이라는 상징을 전유하기 위한 조치는 아니었을까? 안경은 언제부터, 망원경은 언제부터, 서양의 책은 언제부터 조선에 들어왔는지가 조선 후기에 우리가 얼마나 근대에 가까이 다가가고 있었는지를 알려주는 징표로 여기는 것이 요즘 유행하는 조선 후기사 인식이라고 할 수 있기 때문이다. 안경은 과학기술자의 지물은 아니지만, 실학자이자 근대인의 지물로 초상에 들어간 것은 아니었을까?

과학적으로 그린 초상?

방법론에서 '과학성'을 추구한 초상도 있다. 장영실의 표준영정은 2000년에 지정되었는데, 영정 제작을 주도한 사단법인 과학선현 장영실 선생 기념사업회는 기존의 표준영정과는 달리 장영실의 영정은 과학적으로 만들어야 한다는 믿음으로, 장영실의 후손이라고 전해지는 아산 장씨 100명의 얼굴을 촬영한 뒤 그들의 공통적 특징을 추출하여 영정 도안을 결정했다.

수백년 동안 수많은 통혼을 거치며 남아 있는 특징이 어떤 것일지, 더욱이 조선 후기 족보의 난맥상을 어떻게 설명할 것인지 등의 의문이 들 테지만, 중요한 것은 '과학적'이라는 말을 사용했다는 점 그 자체일 것이다. 과학기술 위인이라면 그의 초상도 과학적이어야 한다는 믿음이, 역사학의 관점에서는 다소 기괴해 보일 수도 있는 방법론을 과감히 채택하게 한 원동력이 아니었을까?

이런 점에서 과학자의 초상은 사실 우리의 자화상이다. 우리는 아직 역사 속의 과학기술인을 어떻게 이해할지 본격적으로 논쟁해본 경험이 별로 없다. 과학기술 위인은 어떻게 생겼으면 좋겠다는 흐릿한 바람을 안고 있을 뿐이지만, 그 바람은 결국 주체적 근대화에 대한 미련과 강박의 또다른 표현일지도 모른다.

2

근대의학의 선구자 김익남

2018년 4월 5일, 서울대학교 의과대학 구내에 새로운 동상 하나가 섰다. 한국 근대의학의 선구자 김익남(1870~1937)의 동상이다.

한국 출신 최초의 서양식 의사는 잘 알려져 있다시피 서재필(1864~1951)이다. 그는 갑신정변(1884)에 가담했다가 미국으로 망명하여, 1892년 워싱턴 D. C.의 컬럼비언 대학(오늘날의 조지워싱턴 대학) 의과대학을 졸업하고 1893년 정식 의사면허를 받았다. 하지만 미국에서 생계를 위해 의과대학 강사와 개업의로 일했던 몇년을 빼면 서재필은 정치가 또는 사회운동가로서 살았다.

한편 한국인 최초의 여성 의사는 김점동(1877~1910)이다. 미국 유학 시절 썼던 '에스더 박'이라는 이름으로 더 잘 알려져 있다. 에스더는 개신교의 세례명이고 미국에서는 남편 박유산의 성을 썼다.

김점동은 한양의 선교병원 보구여관(保救女館, 이화의료원의 전신)에서 활동하던 의사 로제타 홀의 일을 돕다가 의사가 되기로 결심하고, 남편과 함께 유학길에 올라 볼티모어 여자의과대학에 입학했다. 고된 유학 생활 중 박유산이 폐결핵으로 세상을 떠나는 아픔을 겪기도 했지만, 1900년 김점동은 우등생으로 대학을 졸업했다. 그는 보구여관으로 돌아와 헌신적으로 환자들을 돌보다가 1910년 한창 나이에 역시 폐결핵으로 세상을 떠났다.

최초로 한국인을 치료하고 가르친 한국인 근대의사

서재필은 여러가지 이유로 워낙 유명한 인물이고, 김점동도 여성 과학기술인의 선구자로 부각되면서 이제 많은 사람들이 알게 되었다. 이에 비해 김익남이라는 이름은 아직 생소한 편이다. 하지만 김익남은 한국 근대의학의 역사를 이야기할 때 빼놓을 수 없는 인물이다. 한 문장으로 요약하자면, 그는 근대의학으로 한국인을 치료하고 한국인에게 근대의학을 가르친 최초의 한국인 의사이기 때문이다.

김익남은 1870년 8월 11일(음력) 서울에서 김원선의 아들로 태어났다. 그의 집안은 대대로 한의사와 천문학자, 수학자 등을 배출한 전형적인 중인 기술직 가문이었으나 아버지 김원선이 서자였던 탓에 김익남의 진로에도 많은 제약이 있었다. 하지만 1894년 갑오개

서울대학교 의과대학에 세운 김익남의 동상. 근대의학으로 한국인을 치료하고 한국인에게 근대의학을 가르친 최초의 한국인 의사로 평가받고 있다.

혁 때 신분제 철폐를 선언하면서 김익남에게도 서출이라는 제약을 넘어설 새로운 기회가 열렸다. 1894년 김익남은 신학문에 뜻을 두고 관립 일어학교에 입학하여 일본어를 공부하며 유학을 준비했다.

이듬해 정부의 장학생 선발 시험에 합격하여 일본으로 건너간 김익남은 중등교육 과정을 우등생으로 마치고 1896년 도쿄지케이의원의학교(東京慈恵医院医学校)에 입학했다. 지케이의학교의 교수진은 대부분 영국과 독일 등에서 당시 의학의 최전선을 경험하고 돌아온 이들이었으므로, 당시 김익남은 세계적 수준에 뒤지지 않는 의술을 습득했다고 할 수 있다. 그는 1899년 7월 30일 졸업(이비인후과 전공)하여, 한국인 최초로 일본에서 교육받은 의사가 되었다.

김익남은 졸업 후 1년 동안 지케이의원에서 당직의원으로 의술을 연마한 뒤, 1900년 귀국하여 곧바로 대한제국의 의학교 교관으로 임명되었다. 의학교는 1899년 대한제국의 국립 의학교육기관으로 설립되었다. 초대 교장은 한국에 종두를 처음 소개하여 유명한 지석영(1855~1935)이 맡았는데, 그는 일찍이 한의사 교육을 받았으나 양의 자격은 갖지 않았다. 외국인 교사 자격으로 초빙된 일본인 의사 두명을 제외하면, 김익남이 부임하기 전까지는 교관 가운데 의사 자격을 갖춘 사람이 없었다. 따라서 김익남은 최초의 한국인 의학교수였으며 사실상 의학교의 핵심이었다. 그의 학식과 경력도 일본인 교사들을 월등히 능가했다.

의학교는 김익남의 진두지휘 아래 1902년 열아홉명의 졸업자를 배출했다. 한국 최초로 정규교육을 받은 근대식 의사가 탄생한 것이다. 그 교육의 담당자가 한국인 의사였다는 사실은 의미가 더욱 각별하다. 정치와 외교가 극심한 혼란을 겪고 있던 와중에도 근대로의 전환을 위한 한국인들의 노력이 계속되고 있었음을 보여주는 일이기 때문이다. 의학교의 제1회 졸업자 중 김교준과 유병필은 졸업 직후 의학교의 교관으로 합류하여 후배들을 가르쳤다.

어려운 시대에 근대의료의 씨를 뿌리다

한국인 양의가 매우 귀하던 시절이었으므로 김익남은 여러가지

기대에 부응해야 했다. 대한제국은 국방력 강화를 위해 서양식 군 진의료 제도를 확립하고자 했고, 그 책임을 김익남에게 맡겼다. 김 익남은 서른두명의 의사를 양성한 뒤 1904년 의학교 교관을 사임 하고 대한제국 육군 군의장으로 전임했다. 1905년에는 최초의 근대 식 군병원인 육군위생원이 설립되면서 원장을 겸하기도 했다.

그러나 러일전쟁에서 승리한 일본이 대한제국의 국권을 유린하 면서 1907년 군대를 해산하고 말았다. 군대가 사라지면서 대한제국 의 군병원도 더이상 존립할 수가 없었다. 김익남은 명목만 남은 친 위부 군무국 위생과장으로 자리를 옮겼지만, 그가 의학교에서 길러 낸 인맥들은 뿔뿔이 흩어졌다.

어려운 상황에서도 김익남은 시대의 소명을 마다하지 않았다. 그는 1908년 한국 최초의 의사 단체인 의사연구회(醫事研究會)를 결성하고 초대 회장을 맡기도 했다. 의사연구회는 직능 단체이기 도 했지만, 당시 재한 일본인들이 결성한 계림의학회(鷄林醫學會) 에 대항하는 민족 단체의 성격도 지니고 있었다. 따라서 일제가 1910년 국권을 빼앗으면서 의사연구회도 강제해산 당하고 말았다.

나라를 빼앗긴 뒤, 일본에서 공부했고 대한제국의 중요한 공직을 역임했던 김익남은 일제의 중요한 포섭 대상이 되었다. 그러나 김익 남은 일제의 유혹을 물리치고 친일 행적을 남기지 않았다. 오히려 일제의 견제로 국내 개업에 어려움을 겪어 1919년에는 간도의 용정 (龍井)으로 이주하여 개업하기도 했다. 이후 1931년 무렵 귀국하여 개인 진료와 강의 등 의업에 전념하다가 1937년 세상을 떠났다.

김익남의 행적을 20년 넘게 파헤쳐온 의학사학자 황상익 교수의 연구 덕분에 우리는 근대의학의 선구자 한명을 더 알게 되었다. 황상익 교수는 서울대학교 의과대학 인문의학교실의 주임교수로서 한국 의료사 연구를 이끌어왔다. 황교수가 김익남에 주목한 까닭은, 그가 혼란스러운 한국 근현대사 속에서도 뜻을 꺾지 않고 근대의료의 도입과 정착을 위해 헌신한 인물이었기 때문이다. 황교수는 김익남을 우리가 기억하고 본받아야 할 의사의 모범으로 널리 알리겠다는 뜻에서 동상 건립을 추진했다. 대한제국의 의학교는 따지고 보면 오늘날 서울대학교 의과대학의 뿌리가 되므로, 의학교를 이끌었던 김익남의 동상이 의과대학 교정에 선 것은 서울대학교의 역사를 바로 세우는 의미도 있는 일이었다.

　김익남은 자신의 재능과 노력으로 신분제라는 역경을 극복하고, 한국에 근대의료를 정착시키기 위해 최선을 다했다. 혼란스러운 시대 탓에 그가 뿌린 씨가 풍성한 열매를 맺지는 못했다 할지라도, 한국 근대의학의 선구자로서 김익남의 이름은 기억할 필요가 있다.

3

'과학조선'을 꿈꾸며 날아오른 안창남

일제강점기의 어려운 여건 속에서도 뛰어난 활약을 보여준 한국인 과학자들이 있었다. 리승기, 이태규, 우장춘, 김양하, 석주명 등 적잖은 과학자들이 세계 과학계가 주목할 만한 업적을 내놓았다. 이들의 소식은 한반도 전역에 널리 보도되어 사람들에게 '과학조선'의 희망을 안겨주었다.

그런데 이렇게 한국인 과학자들의 소식을 가끔씩이라도 신문을 통해 볼 수 있게 된 것은 대체로 1930년대 중반 이후의 일이었다. 그렇다면 그 전에는 한국인들이 과학에 대해 생각할 때 누구를, 무엇을 떠올렸을까? 이광수가 『무정』에서 주인공의 입을 빌려 "조선 사람에게 무엇보다 먼저 과학을 주어야겠어요"라고 부르짖은 것이 1917년의 일이다. 그렇다면 본격적인 한국인 과학자가 양성되기 전

'과학조선'이라는 말은 어떤 의미로 쓰였을까?

"조선이 과학의 조선이 되고"

오늘날처럼 국민 모두가 학교라는 제도에 들어가 비슷한 교육을 받고 공통의 과학 상식을 배우게 되기 전, 전통사회에서 근대사회로 변해가는 과도기에 살았던 한국인들에게 과학이란 추상적 지식보다는 신기한 물건의 모습으로 먼저 다가왔다. 굉음과 연기를 내뿜으며 질주하는 기차, 천리 밖의 소식도 눈 깜짝할 새 전해주는 전신, 목소리와 영상을 마술처럼 재생해 보여주는 유성기와 영사기 등이 근대의 문턱에 선 한국인들이 느끼고 접하는 과학이었다. 그러다보니 일반적으로 '과학'과 '기술'을 엄밀하게 구별하지 않고 섞어 생각하기도 했다.

그중에서도 사람들에게 가장 깊은 인상을 남긴 과학은 역시 비행기였다. 무거운 엔진을 단 커다란 기계가 사람을 태우고 하늘을 나는 것은 무엇보다도 신기한 볼거리였다. 구경꾼들은 과학 덕분에 그런 일이 가능하다는 이야기에 새삼 경탄했다. 오늘날 누군가에게는 고속버스를 타듯 무심히 이용하는 교통수단일 뿐이겠지만, 비행기를 처음 본 이들은 그 어떤 책을 읽었을 때보다도 강렬하게 과학의 힘을 느꼈을 것이다.

이런 맥락에서 '과학조선'이라는 말을 한국인의 뇌리에 깊이 새

긴 이가 전문 과학기술 연구자가 아니라 비행사 안창남(1901~1930)이었다는 사실은 우연이 아닐 것이다. 안창남은 흔히 최초의 한국인 비행사로 알려져 있지만, 최초의 비행사는 아니다. 최초로 비행을 배운 한국인은 1920년 2월 미국 캘리포니아 레드우드 비행학교를 수료한 대한민국임시정부의 독립운동가 6인(이초, 이용선, 이용근, 장병훈, 한장호, 오림하)이다. 안창남은 '한반도 상공을 날았던 최초의 한국인 비행사'라고 불러야 정확하다.

안창남은 경성에서 태어나 휘문고등보통학교(휘문고보)에 입학한 엘리트였지만, 비행사를 꿈꾸며 휘문고보를 중퇴하고 일본으로 건너가 1920년 7월부터 11월까지 일본 오구리(小栗) 비행학교에서 비행기 제조법과 조종술을 배웠다. 졸업 직후 1921년 4월부터 모교의 교관이 되었고, 5월에는 일본 최초의 비행사 자격시험에 합격하여 정식 비행사 면허를 받았다. 당시 열일곱명이 응시했는데 합격자는 두명뿐이었고 안창남이 수석이었다. 민간인 비행사는 일본에서도 막 태동하던 직업이었으므로 안창남은 자신의 실력만으로 두각을 나타낼 수 있었던 것이다. 1922년 11월에는 도쿄와 오사카 사이 우편비행 경기대회가 열렸는데, 전체 참가자 가운데 단 여덟명만 왕복 비행에 성공했고 안창남은 대만인 사문달(謝文達)과 더불어 식민지 출신으로 당당히 이름을 올렸다.

한국인 비행사가 일본인 비행사들과 어깨를 나란히 하며 일본에서 활약하고 있다는 이야기는 한반도에 기쁜 소식으로 전해졌다. 그리고 1920년대의 한국인들은 한국인 비행사의 출현 그 자체를 과학의 진보로 받아들였다. 『동아일보』는 「조선의 과학계를 위하여」라는 제목의 사설(1921년 7월 12일)에서, "조선의 제1항공가 안창남군"이 "조선에 자연과학을 촉진하는데 장차 비상한 영향과 비상한 동기를" 만들 것이라는 기대를 드러냈다. 나아가 이미 한반도에서 유명 인사가 된 안창남의 고국 방문과 비행 시연을 추진했다. "새 조선을 바라는 새 사람은 그 우수한 뇌력(腦力)과 풍부한 정력을 과학 방면 그중에서도 자연과학 방면에 경주(傾注)하기를 희망"했던 동아일보는 안창남의 비행이 우수한 젊은이들에게 과학기술에 대한 흥미와 열정을 불러일으킬 수 있다고 내다보았던 것이다.

동아일보가 성금운동을 벌여가며 추진한 안창남의 고국 방문 비행은 큰 화제가 되었다. 안창남은 1910년대와 1920년대에 걸쳐 자전거 경주에서 숱하게 일본인을 꺾고 우승하여 영웅이 된 엄복동과 함께 노래의 주인공이 되어 있었다.

1922년 12월 10일, 안창남은 자신의 비행기 '금강호'를 몰고 여의도 비행장을 이륙하여 서울 상공을 돌았다. 동아일보사는 "과학에 관한 지식과 취미를 한 사람이라도 더 많은 이에게 보급케 하고자" 행사 관람료를 받지 않았다. 그를 보기 위해 여의도에는 당시 경성 인구의 약 6분의 1에 달하는 5만명의 인파가 몰려들었고, 지방에서 올라오는 이들을 위해 임시 열차가 편성되기도 했다. 안창남은 직접 쓴 전단을 비행기 위에서 뿌렸다. 전단에서 그는 우리 민족이 예로부터 뛰어난 발명을 많이 했지만 현재의 과학기술은 뒤떨어져

'고국 방문 비행' 행사를 위해 비행기 '금강호'에 오른 안창남의 모습. 『매일신보』 1922년 12월 11일자에 실렸다.

있다고 한탄하면서, 그의 고국 방문이 "조선이 과학의 조선이 되고 아울러 다수한 비행가의 배출과 항공술의 신속한 발달"의 계기가 되기를 바란다고 호소했다.

이것이 왜 과학이 아니겠는가

이듬해 안창남은 일본인도 따기 어려웠던 1등 비행사 면허를 따다시 한번 이름을 알렸다. 하지만 1923년 관동대지진 때 일본인의 테러를 피해 구사일생으로 탈출한 뒤 독립운동에 뜻을 두고 중국으로 건너가 항일운동조직에 가담했다. 이후 중국에서 비행사를 양성하며 활동하다가 1930년 비행 사고로 사망했다. 앞으로의 활약이 더욱 기대되던 중 안타깝게도 이른 나이에 세상을 떴지만, 그가 호소했던 "과학의 조선"은 비행기의 강렬한 경험과 함께 한국인들의 뇌리에 남았다.

당시에도 비행사를 과학의 대표자로 이야기하는 것이 불편했던 이가 있기는 했다. 당대 최고의 엘리트이며 서양 사정에도 능통했던 윤치호는 자신의 일기에 안창남이 새로운 형태의 비행기를 발명한 것도 아니고 다른 사람이 발명한 비행기의 조종술을 배운 1000여명 중의 한명일 뿐인데 사람들이 지나치게 호들갑을 떤다며 불편한 속내를 적기도 했다(『윤치호일기』 1922년 12월 9일자).

그러나 1000여명 중의 한명이라 해도, 당시 한국인들에게 미친 영향이 어찌 작다 하겠는가? 비행기 조종 자체가 과학은 아니라 해도, 비행기가 상징하는 것은 분명 과학이었다. 앞에 언급한 「조선의 과학계를 위하여」 사설에 따르면 "기차와 기선이 19세기의 경이이며 (…) 당시 문명의 중추"였다면 "항공기의 발달은 20세기의 경이이며 (…) 장차 세계 인류의 문명을 일변할 혁명"이었다. 안창남

은 한국인도 그 혁명의 대열에 더디게나마 동참하고 있음을 보여
주는 희망의 상징이었다. 안창남이 세계 최초나 최고의 비행사가
아니었다 해도 대중은 그를 보며 비행기가 상징하는 새로운 세계,
새로운 시대에 열광했다.

　공학자이자 과학대중화 운동가였던 김용관이 1924년 세운 발명
학회는 1930년대에 대대적으로 '과학계몽운동'을 펼쳤고 1935년에
는 김억 작사, 홍난파 작곡의 「과학의 노래」를 발표했다. 그 노랫말
의 1절은 "새 못 되어 저 하늘 날지 못하노라/그 옛날에 우리는 탄
식했으나/프로펠라 요란히 도는 오늘날/우리는 맘대로 하늘을 나
네/과학 과학 네 힘의 높고 큼이여/간 데마다 진리를 캐고야 마
네"였다. '과학'이라는 낱말에 담긴 사람들의 기대 또한 시대에 따
라 달라진다.

4

드라마 「시카고 타자기」를 보고
떠오른 이름, 송기주

2017년 tvN에서 방영한 드라마 「시카고 타자기」는 전생(일제강점기 경성)의 인연이 골동품 타자기를 매개로 현생(현대의 서울)에서 다시 이어진다는 독특한 설정에서 출발한다. 제목에 담긴 의미는 여러겹이다. 사실 '시카고 타자기'라는 말은 미국에서는 1920년대 마피아들이 애용했던 톰슨 기관단총의 별명으로 잘 알려져 있다. 기관단총을 연사할 때 나는 소리가 마치 타자기를 빠르게 칠 때 나는 소리 같았기 때문이다. 드라마에는 과거와 현재를 이어주는 타자기도 나오고, 일제강점기 독립투쟁과 관련된 주인공들의 전생 장면에서는 톰슨 기관단총이 실제로 등장하기도 한다. 또한 작중에서 주인공들이 함께 쓰는 소설의 제목도 '시카고 타자기'다. 극본을 쓴 진수완 작가가 "시카고 타자기"라는 말을 중의적으로 교묘하게 활용하고자 노력한 흔적이 뚜렷하다.

그런데 시카고에 얽힌 또 하나의 맥락이 있다. 이야기의 발단은 주인공이 시카고에 출장을 갔다가 우연히 낡은 타자기를 손에 넣으면서 전생과 현생이 맞물려 돌아간다는 것인데, 이 귀신 들린(?) 타자기는 다름 아닌 한글 타자기다. 대체 왜 시카고에 골동품 한글 타자기가 있는 것인가?

이 비밀의 열쇠는 송기주(1900~?)라는 인물이 쥐고 있다. 송기주는 미국에 유학하여 시카고에 체류할 무렵 한글 타자기를 개발했다. 드라마 작가는 자료 조사를 통해 이 사실도 알고 있었던 것으로 짐작되는데, 극 중 등장하는 타자기가 송기주 타자기와 외형이 비슷하기 때문이다. 다만 자판은 다르다. 드라마 속 타자기의 자판은 송기주 타자기의 원래 자판과는 달리 오히려 요즘 우리가 컴퓨터에서 쓰는 자판과 비슷해 보인다. 여기에는 긴 사연이 있다.

현행 컴퓨터 자판은 1983년, 그 뿌리는 1969년

오늘날 우리가 쓰는 컴퓨터 한글 자판은 1983년 국무총리 훈령에 따라 표준으로 제정되었다. 두벌식, 즉 자음글쇠 한벌과 모음글쇠 한벌로 이루어진 단출한 구조다. 굳이 "단출하다"는 말을 쓰는 까닭은, 오래된 타자기들은 세벌, 네벌, 심지어 다섯벌까지도 글쇠가 불어나기 때문이다. 한글은 자모를 모아 음절을 만들기 때문에 하나의 자모가 여러가지 크기와 모양을 갖게 된다. 예를 들어 자음 기역(ㄱ)은 '가'에 쓸 때와 '고'에 쓸 때, 그리고 받침(종성)으로 쓸 때 각각 음절 안에서 모양과 위치가 달라진다. 컴퓨터에서는 전자 회로나 프로그램이 이를 알아서 변환해주므로 사람은 두벌식 자판으로 순서대로 자모를 입력하기만 하면 된다.

기계식 타자기에서는 타자수가 이러한 변화를 감안하여 각각 다른 글쇠를 눌러 입력을 해야 하므로 글쇠가 그만큼 늘어나게 된다. 따라서 기계식 타자기의 자판은 컴퓨터 자판보다 복잡할 수밖에 없다.

컴퓨터 표준자판에 앞서 등장한 것이 1969년 제정된 기계식 타자기의 표준자판이다. 이는 오늘날의 컴퓨터 표준자판과 상당히 비슷하지만, 받침 없이 쓰는 긴 모음과 받침과 함께 쓰는 짧은 모음 등 모음글쇠가 두벌이 있고, 자음도 초성과 종성이 한벌씩 있어서 모두 네벌의 글쇠로 이루어져 있다(1983년 두벌식 표준자판이 발표된 뒤로는 두벌식 기계식 타자기도 제작되었지만, 타자수가 조작하기 불편하여 널리 퍼지지 못하고 컴퓨터에게 자리를 내주고 말았다).

이것을 보고 다시 드라마 속 타자기를 들여다보면, 두가지가 똑같다는 것을 새삼 확인할 수 있다. 표준 기계식 타자기는 1969년부터 1980년대 후반까지 전국에서 널리 쓰였으므로 오늘날에도 실물 또는 문헌 자료를 어렵지 않게 확인할 수 있다. 따라서 제작진이 현행 컴퓨터 자판을 그대로 옮기지 않고 옛날 기계식 타자기의 자판을 확인하여 소품을 만들었을 것으로 추정된다.

다만 궁금한 것은 왜 더 거슬러 올라가지 않았나 하는 점이다. 드라마 속의 타자기 자판이 오늘날의 자판보다 오래된 것은 맞지만, 1969년 이전에도 한글 타자기는 있었고, 그것들은 전혀 다른 자판을 달고 있었다. 그리고 극 중 과거 장면의 시대 배경으로 추정되는 1930년대 후반에도 한글 타자기가 있었으며, 공교롭게도 그것이 발명된 곳은 다름 아닌 미국 시카고였다.

시카고 유학생 송기주와 네벌식 타자기

1934년, 『동아일보』는 재미교포 발명가 송기주가 한글 타자기를 완성하여 귀국한다는 소식을 크게 보도했다. 송기주는 평안남도 강서 출신으로 연희전문학교를 졸업하고 1924년 미국 유학길에 올라, 텍사스 주립대학(휴스턴)에서 생물학 학사학위를 받은 뒤 시카고로 이주하여 지리학과 지도 제작을 익혔다. 타자기 제작을 전문적으로 배운 것은 아니지만, 미국에서 살면서 "이 방면의 문명이 전 미주를 휩쓸고 있는데 (…) 어찌하면 우리글도 이러한 문명의 기계를 이용하여 볼 수 있을까"(『동아일보』 1934년 3월 1일자 조간 2면)라는 생각에서 영문 타자기를 개조하여 한글 타자기를 만든 것으로 보인다.

송기주 타자기는 세로쓰기 타자기였다. 일문이나 국문이나 당연

송기주 타자기의 자판. '대'처럼 보이는 것은 시프트(Shift) 키를 쓸 때와 안 쓸 때 각각 'ㄷ'과 'ㅐ'가 찍힌다는 뜻이다. 다른 글쇠도 마찬가지다.

히 세로로 쓰는 것이 당시의 글쓰기 문화였기 때문이다. 가로쓰기에 맞춰 개발된 영문 타자기로 어떻게 세로쓰기를 할 수 있는가? 답은 의외로 간단한, 그러나 다소 불편한 것이었다. 송기주 타자기나 그에 앞서 재미교포 이원익이 만든 타자기(1914년 추정)는 모두 타자기의 활자가 반시계 방향으로 90도 틀어져 있다. 이것으로 글자를 찍고 나서 종이를 뽑아서 시계 방향으로 90도 돌리면 세로로 쓴 문서가 되는 것이다. 물론 불편했겠지만, 가로로 쓴 문서를 진지하게 취급하지 않았던 당시에는 어쩔 수 없는 타협이었다. 1929년 송기주는 가로쓰기 타자기도 개발했지만 시장의 외면을 받고 세로쓰기로 노선을 변경했다.

송기주는 귀국 후 '송일상회'라는 회사를 창립하고, 신문에 '조선글 타자기'를 광고하며 의욕적으로 타자기 사업을 시작했다. 그러나 한글 타자기에 대한 수요가 형성되지 않았던 때이므로 사업이 성공하지는 못했던 것으로 보인다. 광복 후인 1949년 공병우가 가로쓰기 세벌식 타자기를 개발한 뒤부터 한글 타자기에 대한 수요가 조금씩 생겨났다. 송기주는 자신의 타자기를 계속 개량하여 때를 기다렸으나, 한국전쟁 중 납북되고 말았으며 이후 소식은 확인할 길이 없다.

희미해진 기억들의 소중함

2017년에 1930년대를 배경으로 하는 시대극을 즐기는 우리들에게, 세로쓰기 한글 타자기 같은 것은 매우 낯설다. 우리는 모두 한글을 잘 알고 있다고 믿는다. 한글의 구성원리가 간단하므로 한글 기계화도 쉬웠을 것으로 막연하게 전제해버린다. 하지만 송기주 타자기를 마주했을 때 바로 사용법을 익혀서 칠 수 있는 사람은 얼마나 될까? 국립한글박물관 개관 초기에는 관람객들이 자유롭게 체험할 수 있도록 두벌식 기계식 타자기를 공개 전시하기도 했는데, 겉보기에 똑같은 두벌식 자판으로 컴퓨터를 사용하고 있음에도 불구하고 젊은 관람객들이 그것으로 문장을 찍기는 쉽지 않다. 사전지식 없이 송기주 타자기의 사용법을 알아내는 것은 훨씬 어려운 일일 것이다. 컴퓨터가 많은 작업을 보이지 않게 처리해주어

느끼지 못할 뿐이지, 한글을 기계로 찍는다는 것은 실은 간단한 일이 아니다.

그런데 이 낯섦이야말로 역사 연구가 계속 필요한 이유이기도 하다. 우리가 당연하게 여기고 쓰는 것들이 사실은 당연하게 만들어지지 않았다는 이야기, 기술이 오늘날 우리가 보고 쓰는 형태로 진화해야 할 필연적 이유 같은 것은 없다는 이야기, 이것이 과학기술의 역사가 들려주고 싶은 이야기이기도 하다.

송기주가 납북된 뒤에도 아들 송병훈씨는 그의 타자기를 고이 간직했다. 2014년 국립한글박물관이 문을 열자 손자 송세영씨가 송기주 타자기를 기증했고, 그 덕택에 지금은 누구나 박물관을 찾아 송기주 타자기의 실물을 감상할 수 있게 되었다. 이 친숙해 보이지만 낯선 기계는 80여년에 걸친 한글 기계화의 긴 여정을, 그리고 전혀 당연하지 않았던 일을 결국 당연해 보이도록 만들어낸 선배들의 노고를 새삼 일깨워준다.

5

우장춘을 '씨 없는 수박'에서 해방시키자

우정사업본부는 2015년부터 4월이면 과학의 달을 기념하여 '한국을 빛낸 명예로운 과학기술인' 우표 묶음을 내놓고 있다. 2017년에 나온 세번째 묶음의 주인공은 '과학기술정책가 세종대왕' '화약무기과학자 최무선' 그리고 '유전육종학자 우장춘'이었다. 우표 낱장에는 각 주인공의 업적을 요약한 작은 아이콘이 붙어 있는데, 세종대왕은 한글, 최무선은 불꽃, 우장춘은 배추 모양이었다.

'어, 수박이 아닌가?'하고 고개를 갸우뚱할 이들도 있겠지만, 그의 상징은 배추다. 우장춘(1898~1959)의 대표 업적은 배추 속(屬) 원예 작물의 유전 연구와 품종개량이다. 아직도 우장춘이라는 이름을 들으면 '씨 없는 수박'을 떠올리는 사람이 많지만, 이제는 우장춘이 씨 없는 수박을 만들지 않았다는 사실을 제대로 알고 있는

사람도 적지 않다. 웬만한 소식은 세계 어느 나라보다도 빨리 퍼져
나가는 한국에서, 어째서 아직도 우장춘과 씨 없는 수박에 대한
이야기가 바로잡히지 않고 전해지고 있을까?

씨 없는 수박은 누가, 왜 만들었나

일단 씨 없는 수박의 정체부터 파헤쳐보자. 씨 없는 수박은 엄밀
히 말하면 씨가 없는 것이 아니라 씨가 여물지 못하고 아주 작게
형성된 수박이다. 이것을 만들기 위해서는 먼저 수박의 꽃에 콜히
친(colchicine)이라는 약품을 바르고
거기에 꽃가루를 수정한다. 세포가
분열할 때에는 일시적으로 염색체가
두배로 늘어나고, 그것을 새로운 세
포 두개가 반씩 나눠 가짐으로써 어
미 세포와 같은 상태로 돌아가게 된
다. 그런데 콜히친은 식물 세포에서
염색체의 분리를 방해하는 기능이
있기 때문에, 콜히친의 영향을 받은
식물 세포는 염색체가 분리되지 않
고 보통 세포의 두배로 늘어나게 된
다. 콜히친 처리를 한 수박의 암술과

한국의 우장춘과 그의 대표 업적인
배추를 표현한 "한국을 빛낸 명예
로운 과학기술인" 우표(2017).

일반 수박의 꽃가루가 결합하면 염색체를 반씩 나눠 가진 씨앗이 생기는데, 이것을 심어 기른 수박은 보통 수박의 1.5배라는 비정상적인 염색체수를 갖게 되어 씨앗의 원천이 되는 생식세포가 정상적으로 형성되지 않는다.

누가, 왜 이런 실험을 했을까? 많이 알려져 있는 이야기지만, 일본의 농학자 기하라 히토시(1893~1986)가 그 주인공이다. 일본에서 기하라와 친밀하게 지내던 우장춘은 그의 연구를 잘 알고 있었고, 한국에 온 뒤에는 농민이나 기자들에게 과학적 육종의 위력을 보여주기 위한 시범 사례로 씨 없는 수박을 활용했다. 그런데 자세한 내용을 모르는 기자들이 '우장춘 박사가 개발한 씨 없는 수박'이라고 보도하는 바람에 씨 없는 수박이 우장춘의 발명인 양 항간에 알려진 것이다.

과학사 연구자들이 확인한 바에 따르면 우장춘과 씨 없는 수박이 언론 매체에 등장한 것은 1955년의 일이다. 『영남일보』 7월 30일자에 「우장춘 박사 환영회 겸 씨 없는 수박 시식회」라는 기사가 실렸는데, 거기에 "우장춘 박사가 만든 씨 없는 수박을 보여주고 나누어 먹는다"는 문장이 있다. 틀린 말은 아니다. 그날 시연한 씨 없는 수박은 당연히 우장춘이 만든 것이기 때문이다. 하지만 이 문장은 '우장춘 박사가 세계 최초로 씨 없는 수박을 발명했다'는 뜻으로 읽힐 수도 있다. 우장춘 자신은 스스로 씨 없는 수박을 개발했다고 한번도 말한 적이 없지만, 어느새 많은 사람들이 그렇게 이해하고 소문을 내기 시작했다. 우장춘이 1959년 세상을 떠나기 전까지 이 소문이 얼마나 살을 붙이고 퍼져나갔는지 정확히 확인하기는 어렵다. 우장춘의 귀에 이 소문이 들어갔는지도 알 길은 없다. 우장춘은 일본에서 태어나 줄곧 일본에서 살다가 말년에 한국에 왔기 때문에 한국말이 익숙지 않았다. 설령 그 소문을 들었다 해도 일일이 바로잡아주기도 어려웠을 것이다.

한국인들에게는 상식이 된 씨 없는 수박 신화에 금이 가기 시작한 것은 1990년대의 일이다. 일본의 저술가 쓰노다 후사코는 1990년 우장춘의 전기 『나의 조국』(한국어판 『조국은 나를 인정했다』, 오상현 옮김, 교문사 1992)을 냈는데, 여기에서 씨 없는 수박의 발명자는 우장춘이 아니라는 사실을 명확히 밝혔다. 이 책을 읽은 이들은 비로소 씨 없는 수박 이야기가 윤색되었음을 알게 되었다.

숲을 보아야 나무가 제대로 보인다

대부분의 한국인은 씨 없는 수박 자체에 관심이 있다기보다는 우장춘이 세계 최초로 그것을 만들어냈는지 궁금해하므로 '아, 사실이 아니라니 아쉽군' 정도로 생각하는 데 그칠 것이다. 하지만 우장춘의 업적을 제대로 이해하기 위해서라도, 이 실험의 과학적 배경은 좀더 깊이 들여다볼 필요가 있다. 다시 씨 없는 수박의 진짜 주인공, 기하라 히토시에게 돌아가보자.

기하라는 학생 시절부터 밀의 염색체를 오랫동안 연구하면서 배수체(몇곱절의 염색체를 가진 개체)에 관심이 생겼다. 정상 염색체를 가진 것보다 사람에게 쓸모 있는 형질을 보여주는 배수체들이 종종 나오기 때문이다. 예를 들어 4배체의 토마토는 일반 토마토보다 비타민 C가 풍부하고, 3배체의 과일이나 채소는 열매가 크거나 씨가 없는 등의 장점을 지니기도 한다.

씨 없는 수박도 이와 같은 배수체의 성질을 이용한 것이다. 기하라는 미국에서 개발된 콜히친 처리 기법을 응용하여 인공적으로 씨 없는 수박을 만드는 기술을 확립했고, 그 공적을 인정받아 1952년 미국원예학회에서 상을 받기도 했다.

이것이 우장춘의 배추와는 어떻게 연결되는가? '우장춘 박사'라는 호칭으로 그를 기억하다보니 그가 계속 상아탑에만 몸담았다고 생각하기 쉽지만, 사실 우장춘은 경력의 대부분을 상아탑 바깥에서 쌓았다. 우장춘은 1916년부터 1919년까지 도쿄제국대학의 부설 전문학교에 해당하는 농학실과를 다녔다. 졸업 후에는 도쿄 농사시험장에서 기수(技手)로 오래 일했고, 17년이 지난 1936년에야 도쿄제국대학에서 농학박사 학위를 받았다. 그 시기에 우장춘은 나팔꽃, 피튜니아, 유채 등 다양한 원예작물의 품종개량에 참여하면서 풍부한 경험을 쌓았다. 특히 유채의 품종을 개량하면서 여러 조합을 시험했는데, 심지어 유채와 다른 종(예를 들어 배추와 양배추)을 교배해도 유채를 얻을 수 있다는 사실을 알아냈다.

그 원인을 추적하는 과정에서 우장춘의 실용 육종 연구는 기하라의 주도 아래 발전해온 상아탑의 염색체 연구 전통과 교차하게

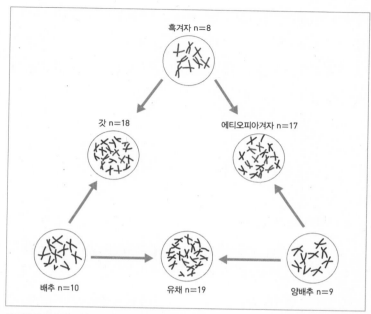

우장춘의 삼각형. 배추 속에 속하는 3종의 식물들이 교배를 통해 다른 종을 합성할 수 있다는 이론이다.

되었다. 우장춘은 염색체가 10쌍인 배추와 9쌍인 양배추를 교배하면 두종의 염색체가 그대로 합쳐져 염색체가 19쌍인 유채가 된다는 것을 밝혀냈다. 그리고 양배추, 배추, 흑겨자 등 배추 속에 속하는 3종의 식물들이 교배를 통해 다른 종을 합성할 수 있다는 '우장춘의 삼각형'(U's triangle) 이론을 정립했다.

요컨대 우장춘 연구의 진가는 당대 일본 생물학의 상황을 함께 고려할 때 온전히 이해할 수 있다. 염색체의 수가 변화할 수 있으며, 여러 개체의 서로 다른 염색체를 한 개체 안에 합칠 수 있다는 생각은 기하라의 배수체 연구에서도 중요한 전제였다. 우장춘은 이 생각을 하나의 종이 아니라 같은 속의 인접 종으로 확장한 결과 종의 합성을 발견했다고도 평가할 수 있다.

속설은 왜 끈질기게 살아남는가

우장춘의 업적이 지닌 의의가 이렇게 잘 정리되어 있건만, 어째서 아직도 씨 없는 수박 이야기는 그 힘을 잃지 않고 우장춘의 곁을 계속 맴돌고 있을까?

속설이 끈질기게 살아남는 가장 큰 까닭은, 이해하기 쉬우며 모두가 듣기를 바라는 이야기이기 때문이다. 염색체니 배수체니 하는 이야기보다는 세계 최초로 뭔가를 발명했다는 이야기가 훨씬 알기도 쉽고 기분도 좋지 않겠는가?

속설에 맞서기 위해서는 그만큼 간결하면서도 기억에 강하게 남는 이야기를 찾아야 한다. 최근 대중매체에서는 우장춘의 업적 가운데 배추의 품종개량을 부각하고 있다. 우리가 오늘날 도톰하고 아삭한 김치를 먹을 수 있는 것은 우장춘 박사 덕분이라는 이야기다. 이 이야기는 씨 없는 수박 이야기 못지않게 간결하기도 하고 기억에도 강하게 남는다.

물론 우장춘이 1950년에 귀국하여 남긴 업적 중 배추의 품종개량이 큰 의미를 지닌다는 것은 엄연한 사실이다. 그러나 김장용 배추 하나로만 우장춘을 기억한다면 너무 아깝지 않은가? 좀 길고 복잡하더라도 평생에 걸친 그의 연구 업적을 온전히 들여다보고, 국제 생물학계의 흐름 안에서 그것을 이해하려는 노력을 해보아야 하지 않을까? 우장춘을 상징하는 우표 속 아이콘이 수박이 아닌 배추가 되었다는 것도 물론 바람직하지만, 한발 더 나아가 대표적인 상징이나 문장 하나로 인물을 기억하려는 우리의 버릇도 반성해보아야 한다. 무조건 '간단 요약'을 선호하는 마음을 파고드는 데는 속설만 한 것이 없기 때문이다.

6

한장의 사진, 세명의 박사, 세갈래의 인생

화학자 이태규(1902~1992)의 미수(米壽) 기념으로 제자들이 펴낸 이태규 박사의 전기 『어느 과학자의 이야기』(동아 1990)에는 세명의 한국인 과학자가 함께 찍은 사진이 실려 있다. 육종학자 우장춘이 교토제국대학에 재직 중이던 이태규를 방문하여 찍은 것이다.

방은 고급스럽고 말끔하게 꾸며놓은 것이 살림집 같지는 않고, 나비넥타이를 맨 우장춘을 비롯하여 세 사람이 한껏 차려입고 사진을 찍었으니 아마도 이들은 교토의 격식 있는 요릿집의 별실에서 만났을 것이다. 사진을 찍은 시기는 대략 1937년 말부터 1938년 말 사이로 추정할 수 있다. 세 사람이 모두 교토에 있었던 시기가 그 무렵이기 때문이다. 우장춘이 18년 동안 일한 도쿄의 농림부 농사시험장을 떠나 교토의 다키이(瀧井) 종묘의 연구농장장으로 부

교토에서 함께 지내던 시절의 우장춘, 이태규, 리승기(왼쪽부터).

임한 것이 1937년 9월의 일이고, 교토제국대학의 조교수였던 이태규가 최신 학문인 양자역학을 배우기 위해 미국 프린스턴 대학으로 건너간 것이 1938년 12월의 일이었다. 상상을 약간 보태자면, 이 광경은 우장춘이 교토로 자리를 옮긴 직후의 환영연이거나 이태규가 미국으로 떠나기 직전의 환송연이었을지도 모르겠다.

　우장춘과 이태규 말고 또 한 사람은 누구일까? 사진에 이름이 적히지 않은 또 한명의 참석자는 역시 교토에서 활동하던 화학공학자 리승기(1905~1996)다. 리승기는 1931년 교토제국대학 공업화학과를 졸업하고 동대학의 부설 화학섬유연구소에서 합성섬유 개발에 몰두하고 있었다. 리승기가 지휘한 연구팀은 1939년에 일본 최초의 합성섬유 비닐론(vinylon)을 개발하는 데 성공했고, 그는 이

업적으로 교토제국대학 공업화학과의 교수 자리에 올랐다.

일제강점기에 일본의 제국대학에서 이공학계 교수가 된 한국인은 이태규와 리승기 단 둘뿐이었다. 그리고 일본의 제국대학에서 1945년까지 이공학계(농학 포함) 박사학위를 받은 이도 이 둘을 포함하여 여섯명뿐이다. 1936년에 도쿄제국대학에서 농학박사 학위를 받은 우장춘도 그중 한명이었으므로, 이 한장의 사진에 담긴 세 사람은 1945년 이전의 한국 과학계를 대표하는 인물이라 해도 과언이 아니다.

식민지 시기 지식인의 복합적인 정체성

이렇게 흔치 않은 인연으로 교토에 모인 세 사람은 어떤 대화를 나누었을까? 이 사진을 실은 이태규는 정작 그날 모임의 내용에 대해서는 책에 이렇다 할 이야기를 남기지 않고 있다. 다만 어떤 내용으로 대화를 했건 주로 일본어를 사용했을 가능성이 매우 높다. 이태규와 리승기는 오랜 유학 생활 덕에 일본어를 잘했고, 반대로 우장춘은 한국어를 못했기 때문이다.

잘 알려져 있다시피 우장춘의 아버지 우범선은 을미사변(1895) 때 일본군에 협력한 과오 때문에 일본으로 달아났고 사카이 나카라는 일본인 여성과 결혼해 가정을 꾸렸다. 그리고 1903년 그의 죄를 물으러 온 고영근의 손에 목숨을 잃었다. 우범선의 사후 남은 가족들은 경제적으로 많은 어려움을 겪었다. 우장춘이 대학의 일반 과정으로 진학하지 않고 도쿄제국대학의 부설 전문 과정인 농학실과에 들어간 것도 관비 장학금을 받기 위해서였다. 그럼에도 우장춘은 완전한 일본인으로 살아갈 수도 없었다. 일본에서 그는 조선인의 후예, 그것도 일본이 드러내기 껄끄러운 사건에 연루되었던 망명 조선인의 후예였다. 우장춘도 이 사실을 잘 알고 있었기에, 호적상의 이름인 스나가 나가하루(須永長春)와는 별개로 학술논문에는 우 나가하루(禹長春)라는 원래 이름을 그대로 사용했다.

일제가 패망한 뒤 재일조선인인 그의 처지는 더욱 애매해졌다. 반면 한국에서는 그의 명성을 흠모하는 이들이 1947년 '우장춘 박사 환국 추진위원회'를 결성하고 그의 귀국을 청원하기 시작했다. 거듭된 권유에 우장춘은 1950년 3월 한국행을 결심했다. "지금까지는 어머니의 나라를 위해 살았으니 앞으로는 아버지의 나라를 위해 살겠다"는 말과 함께였다.

하지만 우장춘이 한국에 건너왔다고 해서 바로 한국인이 되는 것도 아니었다. 일단 그의 아버지가 '아버지의 나라'에 진 빚이 컸다. 이승만 대통령이 우장춘을 처음 대면했을 때 처음으로 던진 말은 다름 아닌 "자네가 우범선의 아들인가?"였다고 한다. 우장춘이 한국말을 못하고 한국 음식을 잘 먹지 못한 까닭에 그의 정체성을 문제 삼는 이들이 적지 않았다. 우장춘 또는 우 나가하루는 한국인이며 동시에 일본인이었다. 한국에서는 완전한 한국인으로 인정받지 못했고 일본에서는 완전한 일본인으로 인정받지 못했다.

정체성의 문제는 이태규도 피해갈 수 없었다. 이태규는 관립학교에서 일본어로 교육받으며 성장했고, 1920년 도일한 뒤에는 청년기의 대부분을 일본에서 보냈다. 오랜 유학 생활 끝에 일본인들도 선망해 마지않는 제국대학 교수 자리에 올랐을 무렵 그와 가족의 일상생활이 어느 정도 일본화되는 일은 피할 수 없었을 것이다. 그런데 그가 광복 후 귀국하여 서울대학교의 문리대 초대 학장이 되자, 그의 생활 습관은 적대자들에게 공격의 빌미를 제공했다. 국립대학안(國立大學案, 일명 '국대안')에 반대하는 이들은 이태규와 가족들이 집에서 일본 옷을 입고 일본말을 쓴다는 소문을 퍼뜨리며 그를 비난했다. 교토제국대학에서 함께 연구했던 제자들 중에도 그와 뜻을 달리하고 서울대학교를 떠나는 이들이 있었다. 이태규는 인간적으로 큰 상처를 입었고, 한국을 떠나 프린스턴 시절의 동료가 자리를 잡은 유타 대학으로 향했다.

한편 리승기는 광복 후 귀국하여 서울대학교 공대의 초대 학장이 되었고, 역시 서울대학교 개교 과정의 정치적 소용돌이를 온몸으로 겪었다. 결국에는 그도 서울대학교를 떠났지만 그의 행선지는 이태규와 정반대였다. 한국전쟁 초기 서울이 북한군에게 점령당했을 때, 리승기의 옛 제자가 김일성의 친서를 들고 찾아왔다. 리승기는 제자의 설득을 받아들여 북한행 기차에 올랐다. 당시 남한에는 별다른 중공업 설비가 없었지만 북한에는 함경남도 흥남에 일본 자본이 조성한 대규모 화학공업단지가 남아 있어서 그가 꿈꾸었던 합성섬유 연구를 이어갈 수 있었기 때문이다. 흥남에 간 리승기는 교토 시절 개발했던 비닐론 섬유를 '비날론'이라는 이름으로 대량생산하는 데 성공했고, 북한 과학계의 영웅이 되었다.

이태규의 전기 속 사진에 딸린 설명에 이태규와 우장춘 두 사람의 이름만 적힌 까닭도 여기에 있다. 1990년까지도 월북자에 대한 이야기는 공개적으로 꺼내기 어려웠다. 지금은 누구나 알고 있는 노래 「향수」의 원작시를 지은 정지용과 같은 시인들도 그 이름을 공개적으로 밝히지 못하고 "정○○"이라고 쓸 수밖에 없었던 것이 1980년대까지의 사정이었다. 게다가 이 책이 나왔을 때 리승기는 북한 과학계를 대표하는 최고 영웅으로 생존해 있었으니, 책에서 그의 이름을 밝히는 것은 여러모로 어려운 일이었다. 어쩌면 리승기와 함께 찍은 사진을 실은 것만 해도 상당한 용기가 필요한 일이었으리라.

민족 또는 국가의 이름으로 놓친 것들

이들의 엇갈린 행보를 어떻게 평가할 것인가? 가령 이태규는 고국을 버리고 미국으로 갔으니 애국심이 부족하고, 우장춘은 한국에 돌아온 뒤에도 한국말을 잘하지 못했으니 노력이 부족하고, 리승기는 북한으로 간 것을 보니 공산주의자였다는 식으로 쉽게 재단하려는 이도 있을 것이다. 그러나 인간은, 그리고 인간과 인간 사이의 인연은 한두가지 측면만을 보고 판단할 수 없다.

우장춘은 어려운 시절의 한국에서 세상을 떠나는 날까지 품종 개량에 몰두했다. 그럼에도 이승만 정부는 그가 다시 돌아오지 않을 것을 우려하여 그의 외국행을 막았다. 그 바람에 우장춘은 아버지의 나라에 발이 묶여 어머니의 임종을 지키지 못했고, 1959년 그의 병세가 심해졌을 때도 그의 자녀들이 한국에 들어오는 데 많은 어려움을 겪었다.

이태규는 상처를 준 고국을 떠났지만, 유타 대학에서 자신의 연구를 지속했을 뿐 아니라 많은 수의 한국인 유학생을 받아 지도했다. 1960~80년대 한국 기초과학계를 주도한 인물 가운데 유타 대학에서 공부한 이들이 많은 것은 이 때문이다. 그리고 1973년에는 한국과학기술원(KAIST)의 석좌교수로 한국에 돌아와서, 한국 과학계에 연구의 전통을 뿌리내리도록 하는 데 여생을 바쳤다.

리승기는 더 나은 연구 환경을 찾아 북한행을 결심했고, 그가 만든 비날론이 북한에서 '주체섬유'라는 별명까지 얻으며 큰 성공을 거두면서 북한 과학계의 핵심 인물이 되었다. 하지만 그가 자신과 다른 길을 간 옛 친구를 잊은 것은 아니다. 1972년 이후락 중앙정보부장이 비밀리에 북한을 방문했을 때, 리승기가 그와 마주친 자리에서 "이태규 박사는 잘 계시냐"고 안부를 물었다는 일화도 전해진다.

이태규의 전기에 실린 세 과학자의 사진도 그 자체로 이태규가 리승기를 잊지 않고 있었다는 하나의 증거일 것이다. 아직도 반공주의의 영향이 강하게 남아 있던 1990년에, 리승기를 리승기라 부

르지 못할 것을 알면서도 셋이 함께 실린 사진을 넣었던 이태규의
마음은, 이념이나 체제로 재단할 수 없는 것이 아닐까?

7

우리에게는 일본인 스승도 있었다

일제강점기 식민권력은 근대화의 주체가 될 수 있는 한국인 고급 인력의 양성에 대단히 소극적이었다. 특히 과학기술계의 고급 인력 양성은 식민통치의 우선순위에서 완전히 벗어나 있어서, 한국 지식인층에서는 조선총독부가 한국인 과학기술자 양성을 의도적으로 훼방놓고 있다는 불만이 팽배했다.

이런 어려운 여건에서 재능 있는 한국의 젊은이를 발견하여 과학자로 성장할 기회를 준 외국인 스승들의 이야기는 오늘날까지도 미담으로 회자되고 있다. 미국 미시건 주립대학에서 1926년에 한국인 최초로 이학박사 학위를 받은 이원철(1896~1963)은 연희전문학교 수물과(數物科) 시절의 은사 칼 루퍼스(1876~1946)의 도움이 아니었다면 미국 유학의 꿈을 이룰 수 없었을 것이다. 백정의

아들이었던 박서양(1887~1940)이 의사로 입신할 수 있었던 데에는 세브란스의학전문학교의 캐나다인 의료 선교사 올리버 에이비슨 (1860~1956)의 덕이 컸다. 한국인으로 세번째, 여성으로는 처음으로 근대의사가 된 김점동은 한반도 의료 선교에 헌신한 로제타 셔우 드 홀(1865~1951)의 후원 덕택에 미국 유학길에 오를 수 있었다.

'일본인 스승'의 이야기는 왜 전해지지 않는가

이와 같은 미담에 조연으로 등장하는 외국인 스승들은 대개 서 양인이다. 이 시기 한반도에서 활동한 외국인 과학기술자와 의사 중에 숫자로만 따지면 일본인이 서양인보다 훨씬 많았건만, '일본 인 스승'에 얽힌 이야기는 구태여 묻지도 않고 일부러 소개하지도 않는 경향이 있다. 그 까닭은 사실 모두들 알고 있을 것이다. 한반 도에서 활동한 일본인 과학기술 연구자나 과학기술 교육자는 어쨌 든 식민지배층의 일원이었다. 그렇기에 '모든 일본인이 한국인을 억 압한 것은 아니었다'거나 심지어 '한국인의 입장을 지지한 일본인 도 있었다'는 주장의 빌미가 될 수도 있는 이야기는 솔직히 대다수 의 한국인들에게 여전히 불편하게 다가온다.

그러나 사실을 사실대로 확인하는 일은 한국 과학기술의 궤적 을 온전하게 이해하기 위해 반드시 필요하다. 이것은 일본의 식민 지 교육 정책 전반에 대한 평가와는 별개이며, 개별 일본인 과학기술자의 학문과 행적에 대한 평가와도 별개의 일이다. 누가 무슨 일을 했는지 꼼꼼하게 조사하고 정확하게 기록하는 것은 역사 기술의 가장 기본이다. '이런 이야기를 해도 좋을까' 하는 걱정 때문에 이 기본적인 일을 미루다가 일본이나 다른 나라 연구자들이 먼저 작업한다면, 우리가 바라는 관점에서 역사를 쓰기가 더 어려워질 수 있다. 따라서 한국 과학기술의 역사에서 일본인이 어떤 흔적을 남겼는지 조사하는 것도 우리가 먼저 해야 하는 일이고, 누가 보아도 동의할 수 있도록 보편타당한 세계사적 관점을 견지하며 해야 하는 일이다.

초창기 한국 과학기술의 역사에 발자취를 남긴 일본인 연구자와 교육자는 한둘이 아니다. 한반도에서 연구하거나 한반도와 관련된 연구를 하여 업적을 남긴 이들도 있지만, 뛰어난 조선인 학생을 알아보고 발탁하여 우수한 연구자로 길러낸 스승들도 있다. 교토제국대학 교수 호리바 신키치(1886~1968)는 일본 화학계의 거목으로, 이태규를 박사로 키웠을 뿐만 아니라 동료 교수들의 반대를 무릅쓰고 그를 교토제국대학 화학과의 교수로 발탁했다. 같은 대학의 응용화학과 교수 사쿠라다 이치로(1904~1986)는 일본 최초의 합성섬유 '비닐론'을 개발한 연구단을 이끌었고, 그 연구를 주도한 제자 리승기를 교토제국대학 교수로 발탁했다.

한반도에서 제자를 길러내어 한국 과학기술사에 이름을 남긴 이들도 있다. 경성의학전문학교 교수 사타케 슈이치(1886~1944)는 정규 의과대학을 마치지도 않은 채 연구생으로 자신을 찾아온 공병우(1906~1995)의 자질을 인정하고, 그가 자신의 연구실에서 실험을 하고 의학박사 학위를 딸 수 있도록 후원했다. 경성고등보통학교와 경성제국대학 등에서 활동했던 곤충학자 모리 다메조(1884~1962)는 자신의 채집 여행에 따라나선 조수 조복성(1905~1971)의 성실함과 그림 솜씨를 눈여겨보고 그를 연구자로 키워냈다. 조복성이 뒷날 '한국의 파브르'로 불리게 되는 첫 단추를 꿰어준 셈이다.

민족적 차별 없이 유능한 제자를 발탁하여 성심껏 지도하고 후원했다는 점에서 이들은 훌륭한 과학자이자 스승이었다. 그러나 이들 개인의 선의와는 별개로 제국주의의 지배와 피지배 질서는 엄연히 존재했다. 이태규나 리승기처럼 두각을 나타낸 인재들도 학위를 마치고 여러해 동안 안정된 직장을 구하지 못했다. 호리바와 사쿠라다는 그들을 위해 급료는 거의 없지만 신분을 보장할 수 있는 연구원 자리를 자기 연구실에 만들어주었다. 이태규나 리승기는 거기에 몸을 의탁하고 고등학교 교사 등 부업을 병행하며 힘든 세월을 버텨낸 뒤에야 비로소 교수가 될 기회를 얻었다. 식민지의 구조적 차별, 고마운 은사의 호의, 학문을 향한 열정, 거기서 느끼는 식민지 지식인으로서의 정체성 혼란 등은 젊은 조선인 과학도들의 입장에서는 모두 복잡한 현실을 이루는 여러 얼굴들 중 하나였던 것이다.

역사의 특수성과 보편성, 그 사이의 얽힘과 엉킴

과학자도 사람이기에 자신이 속한 시대의 영향을 받을 수밖에 없다. 하지만 과학자는 과학자이기에 시공의 한계를 뛰어넘는 보편적인 지식을 추구하며, 나아가 보편적인 인간으로 살고자 노력한다(물론 늘 성공하는 것은 아니다). 따라서 과학자들은 다른 전문가 집단에 비해서도 보편성을 추구하는 성향이 강하며, 애국주의보다는 세계시민주의에 더 호의적으로 반응한다.

일본인 은사들이 한국인 수제자들을 아꼈던 마음은, 약 한 세대 전 영국 케임브리지 대학의 물리학 교수들이 식민지 뉴질랜드에서 건너온 영특한 학생 어니스트 러더퍼드(1871~1937)를 가상히 여겼던 마음과도 비교할 수 있을 것이다. J. J. 톰슨(1856~1940)은 러더퍼드가 제국의 변방인 뉴질랜드 사람인데다가 케임브리지 출신도 아니었지만 그의 재능을 알아보고 동문 제자들과 다름없이 대우했다. 톰슨의 지지에 힘입어 러더퍼드는 원자의 구조를 밝히는 여러가지 선구적 실험에 성공했고, 마침내 1908년 노벨화학상을 받았다.

교토제국대학 화학과에서 한국인 이태규를 교수로 뽑는 데 반대한 이들에게, 호리바는 '학문에 민족이 따로 있냐'는 명분을 내세워 응수했다고 전한다. 이태규를 발탁한 호리바의 선택도 결과적으로 일본 화학계에 도움이 되었다. 미국에서 연수를 받은 이태규가 세계 화학의 최신 조류였던 양자화학을 익히고 돌아와 일본에 전파하는 선구자 역할을 했기 때문이다.

그러나 과학의 이름을 내세운 보편주의가 식민지라는 특수성을 완전히 덮어버릴 수 있는 것은 아니었다. 제국 질서의 중심에 있는 사람은 세계시민주의를 마음 편하게 선택할 수 있지만, 식민지 출신은 자신의 정체성에 대한 질문을 늘 안고 살기 마련이다. 러더퍼드는 노벨상을 받은 뒤 1914년 영국 왕실의 기사 작위를 받았다. 귀족이 되어 새로 만든 '넬슨의 러더퍼드 경'의 문장(紋章)에는 마오리족 전사와 키위새가 당당히 자리를 차지하고 있다. 영국에서 최상의 영예를 누리게 된 뒤에도 러더퍼드는 뉴질랜드 사람이라는 정체성을 포기하지 않았던 것이다.

일본에서 일본인 은사들의 후의를 입고 학자로 성장한 한국인들도 스스로 일본인이 되거나 될 수 있다고 생각하지 않았다. 제국대학의 교수가 된 이태규와 리승기의 수하로 한국인 유학생들이 모여들었고, 이들의 실험실은 교수도 한국인이고 대학원생들도 절반 이상이 한국인인, 일본 제국 전체를 통틀어도 지극히 예외적인 공간이 되었다. 광복 후 그 학생들이 분단과 전쟁으로 인해 남북으로 흩어지기는 했으나 각자의 자리에서 조국의 과학 발전에 이바지했다.

우리 과학의 역사에서 서양인 스승만 있었던 것은 아니다. 식민 지배의 각종 모순에도 존경할 만한 일본인 스승이 있었고, 그들에게 배운 한국인 과학기술자는 다시 다음 세대의 한국인 학생들에게 스승이 되어주었다. 이들의 역할을 어떻게 평가할지는 간단하지도 편안하지도 않은 문제지만, 우리는 아직 외국인 과학자들이 어떤 기여를 했는지 잘 모른다. 한국인 과학자들에게만 초점을 맞추어 우리 과학기술사를 바라보는 데 너무나 익숙해져 있기 때문이다. 하지만 우리에게 '과학'이라는 말이 19세기 말까지 낯설었다는 사실을 상기한다면, 한국인 과학자들의 이야기만으로 한국 과학기술사를 채울 수 있으리라는 기대도 현실적이지는 않다. 한국의 과학 발전을 위해 외국인 과학자들이 기여한 바는 무엇이었으며, 과연 그들은 누구였는지 본격적으로 파악할 때까지 그 평가에 대한 고민은 잠시 접어두어도 되지 않을까.

8

새 나라의 과학을 일구려던 이들은 왜 흩어졌는가

166면의 사진은 1946년 7월에 열린 경성대학 이공학부의 처음이자 마지막 졸업식을 찍은 것이다. 일제 패망 직후 경성제국대학의 일본인 교수와 학생들이 떠나가자, 한국인 교수와 학생들은 학교를 접수하고 경성대학으로 이름을 바꾸었다. 일본에서 유학 중이었던 한국인 학생들도 대부분 귀국하여 합류했다.

그러나 사진 속에서 미소를 지으며 함께하고 있는 교수와 학생들은 현실에서 심각한 갈등을 겪고 있었다. 이 무렵 새로운 대학의 미래상을 둘러싸고 대학 구성원들 사이의 의견 대립이 한껏 고조되고 있었기 때문이다.

경성대학의 운영을 주도한 한국인 교수들 가운데는 사회주의 성향의 지식인들이 많았다. 이공계에서는 이공학부장 대리였던 이론

1946년 7월 경성대학 이공학부 졸업식 사진. 해리 앤스테드 총장을 비롯한 미군 쪽 인사들이 중앙을 차지하고 있는 것이 눈에 띈다. 일제강점기에 교토제국대학의 교수가 되어 큰 관심과 기대를 받았던 두 과학자, 이태규와 리승기는 각각 맨 앞 줄 오른쪽에서 네번째, 왼쪽에서 다섯번째에 앉아 있다.

물리학자 도상록(1903~1990)이 좌익계 과학기술자들의 리더 역할을 하고 있었다. 사회주의 성향의 교수와 학생들은 현실정치의 좌익계 정당에서도 활발히 활동하고 있었으므로 반공세력을 지원하던 미군정과는 불편한 관계가 될 수밖에 없었다. 이들은 또 이들 나름대로, 미군정이 자신들이 지닌 영향력을 애써 무시하고 친미반공 성향이 강한 미국 유학파 교수들만 가까이하는 것에 대해 불만을 갖고 있었다.

대학 발전에 대한 서로 다른 상상들

미군정과 좌익계 교수들 사이의 갈등은 해방된 한국의 고등교육 정책을 어떻게 짤 것인지에 대한 의견 대립이기도 했다. 한국인 교수들은 경성대학, 경성의학전문학교, 경성공업전문학교, 경성법학전문학교 등이 각각 하나의 엘리트 대학으로 승격하여 각자의 학풍과 전통을 이어나가기를 기대했다. 일본에서도 종전 후 미군정이 전문학교들을 대부분 대학으로 승격시켰으므로 이들이 무리한 기대를 한 것은 아니었다.

그러나 미군정 당국자들의 눈에, 일본인 교수들이 모조리 빠져나간 한반도의 고등교육기관들은 승격은 고사하고 존속 여부도 불투명해 보였다. 또한 산업화를 달성한 일본 본토와는 달리 한반도는 아직도 농업사회를 벗어나지 못했고 중등교육도 제대로 보급되지 않았는데, 이런 처지에 교수들의 바람처럼 많은 수의 대학을 만들겠다는 것은 현실성 없는 이상에 불과하다는 것이 미군정의 지극히 냉정한 판단이었다.

미군정은 1946년 7월 국립대학안(국대안)을 일방적으로 발표했다. 경성대학과 각종 관립 전문학교들을 하나로 통합하여 '국립서울대학교'라는 거대 대학을 세운다는 내용이었다. 미군정은 이에 앞서 6월에 공금을 횡령했다는 핑계로 도상록을 파면하여 학내 반대세력의 힘을 꺾으려 했다.

국대안은 발표 즉시 각계의 강렬한 반발을 불러일으켰다. 새 나라 건설의 꿈에 부풀어 있던 한국 지식인들은 국대안의 내용을 알게 되자, 미군정이 한국에는 그렇게 많은 대학이 필요 없다고 냉랭하게 판정한 것으로 받아들였다. 학교의 이사와 총장이 모두 미국인으로 정해진 것도 한국인의 자존심을 배려하지 않은 처사였다. 강제로 통합을 당하게 된 학생들도 반발했다. 경성대학 쪽은 전문학교와 합치는 것을 자존심 상하는 일로 여겼고, 전문학교 쪽도 나름의 전통을 버리고 차별대우를 감수하면서까지 경성대학과 통합할 이유를 찾지 못했다.

사진 속 과학기술자들의 절반을 볼 수 없게 된 사연

그럼에도 불구하고 미군정은 '국대안에 반대하는 이들은 좌익'이라는 논리를 앞세워 국대안을 밀어붙였다. 국대안 자체에는 비판적이었던 이들 중에도 이 논리에 설득되어 '좌익의 무책임한 선동을 내버려둘 수 없으니, 일단 개교는 하고 보자'는 논리로 사실상 찬성으로 돌아서는 이들이 늘어났다.

국대안 찬성파와 반대파 사이에 충돌은 계속되었다. 오늘날 서울대학교는 10월 15일을 개교기념일로 쇠고 있지만, 실제 1946년 10월 15일은 성대한 개교 행사 같은 것은 전혀 기대할 수 없는 분위기였다. 교직원의 집단 사직, 학생들의 동맹 휴학, 학교의 무더기 제적과 파면 처분, 대학병원의 진료 거부 등이 1947년 2월까지 이어졌다.

미군정이 대학 이사와 총장을 한국인으로 교체하고 1947년 6월 제적되었던 학생들의 무조건 복교를 허용하면서 비로소 '국대안 파동'이 수습되었고, 7월에 서울대학교의 첫 졸업생이 배출되었다.

그러나 국대안 파동이 남긴 상처는 작지 않았다. 도상록과 리승기를 비롯해 경성대학 이공학부의 교수진의 약 40퍼센트에 이르는 스물두명, 그리고 그들을 따르는 많은 학생들이 국대안 파동과 한국전쟁 휴전 사이의 혼란한 시기에 자의건 타의건 북으로 갔다. 사진 속 과학기술자들 중 절반가량이 남한에서 자취를 감춘 것이다.

북으로 가지 않은 이들 중에도 한국을 떠난 이들이 있다. 경성대학 이공학부장으로서 서울대학교 설립 과정에 깊이 참여하고 개교 후 서울대학교 문리대 초대 학장을 지낸 이태규는 국대안 파동의 와중에 반대파의 으뜸가는 표적이 되었다. 비방과 협박이 쏟아졌고, 일본 시절부터 함께했던 아끼는 제자들도 사표를 던지며 등을 돌렸다. 이태규는 결국 한국 생활에 회의를 느끼고 1948년 미국 유타 대학으로 떠나고 말았다.

국대안 파동은 서울대학교의 출발점인 동시에 한국 과학계로 보면 분단의 계기이기도 하다. 그 시작이 갈등과 고난으로 가득했음을 생각하면 오늘날 한국 과학계가 이만큼 높은 수준의 연구 역량을 갖추게 된 것은 실로 놀라운 일이다. 그러나 성취를 찬탄하는 것과는 별개로, 아픈 과거는 미화하거나 덮어버리지 않고 그대로 기억해야 한다. 모든 역사를 아름답게 기억할 수는 없다. 아프고 험한 역사는 그에 맞게 기억하는 방식이 있는 법이다.

9

삼수갑산, 초신 퓨, 그리고 주체섬유

　　2017년 6월 28일 한미정상회담을 위해 미국에 도착한 문재인 대통령은 첫 공식 일정으로 장진호 전투 기념비를 찾았다. 미군은 1950년 겨울 극심한 추위 속에 중국 인민지원군의 포위망을 뚫고 나오는 과정에서 한국전쟁을 통틀어 가장 큰 피해를 입었다. 여기서 살아남은 이들은 스스로 장진에서 살아남은 소수, 즉 "초신 퓨"(the Chosin Few)라고 부르며 생사를 함께한 기억을 간직했다. 문대통령은 흥남 철수작전으로 아버지가 월남한 자신의 개인사를 여기에 결부시킴으로써 방미의 첫걸음부터 강한 인상을 남기는 데 성공했다.

　　여기서 '초신'이란 '장진(長津)'의 일본식 발음이다. 미군이 38선 이북에서 작전을 전개할 때 일제가 만든 지도를 활용하다보니 한자 지명의 일본식 발음을 그대로 사용했고, 그 때문에 초신이라는 이름이 더 익숙했을 것이라는 설명이 있다. 또한 '초신 퓨'는 영어로 '선택된 소수'를 뜻하는 '초우즌 퓨'(the chosen few)에 빗대어 만든 말이기도 하다. '초우즌 퓨'라는 표현은 다시 거슬러 올라가면 성경의 마태복음 22장 14절, "부르심을 받은 사람은 많지만 뽑히는 사람은 적다"(For many are called, but few are chosen)에서 비롯된다. 발음도 거의 같은 데다 고난을 이겨낸 참전 군인들의 자부심에도 들어맞는 고급 언어유희라 할 수 있다.

'삼수'의 물길을 돌려 만든 발전소

장진이건 초신이건, 이 지명이 중요해진 것은 1930년대 이후의 일이다. 장진호는 사실 1934년까지는 존재하지도 않았다. 개마고원을 가로질러 북쪽으로 흐르는 부전강, 장진강, 허천강의 삼수('삼수갑산'의 그 삼수다)를 가로막아 물길을 돌리며 생겨난 인공호수 중 하나가 장진호이기 때문이다.

일본의 비료 재벌 노구치 시타가우(1873~1944)는 암모니아 합성의 원가를 좌우하는 전기의 단가를 낮추기 위해 식민지 조선에 발전소를 새로 짓기로 하고, 토목공학자 구보타 유타카(1890~1986)에게 공사를 맡겼다. 구보타는 삼수의 상류에 댐을 쌓아 물줄기를 경사가 급한 동해안 쪽으로 돌리는 유역변경식 발전을 시도했다.

이 대담한 시도는 1932년부터 결실을 거두어 부전강, 장진강, 허천강 유역에 대규모의 수력발전소들이 속속 건설되었다.

당시 '동양 제일의 대규모 공사'로 주목을 받았던 이 거대 토목 공사는 수천명의 한국인 노동자의 희생을 바탕으로 이루어진 것이기도 하다. 세간에서는 "노구치는 사람 몸뚱이로 댐을 구축하였다"는 이야기가 돌 정도였다. 발전소와 한묶음으로 건설된 흥남의 비료공장도 한국인 노동자에 대한 열악한 처우로 악명이 높았고, 일제강점기 노동자 투쟁의 최전선이 되기도 했다.

착취와 저항의 공간에서 주체과학의 전당으로

그런데 광복 후 16년이 지난 1961년, 흥남 비료공장의 기존 설비를 활용하여 '2.8 비날론 공장'이 신설되었을 때의 기록에는 이와 같은 착취와 저항의 기억이 말끔히 지워져 있다.

역설적이게도, 일본과 미국의 파괴 행위를 강조함으로써 북한은 흥남의 공장을 '우리 것'으로 새롭게 규정할 수 있었다. 패전 직후 일본인 고급 기술자들이 소련군이 진주하기에 앞서 군수용 항공 연료의 생산 설비 등을 파괴한 일이 있었고, 한국전쟁 중 미군은 흥남의 공장들에 네 차례에 걸쳐 약 1600톤에 이르는 폭탄을 쏟아 부었으며, 흥남 철수작전을 완료하면서 함포 사격으로 흥남항을 완파했다.

이 일은 북한 정부에게 뼈아픈 손실이었지만 흥남에 새로운 정체성을 부여하는 계기가 되기도 했다. 일본과 미국이 자행한 파괴를 강조하고, 그에 맞서 싸우거나 그 피해를 복구하기 위해 분투한 북한 인민의 영웅적 위업을 강조함으로써, 흥남은 일본 재벌의 수탈을 위해 태어났던 도시라는 과거에서 벗어나 북한 인민이 지켜내고 복구한 산업도시로 거듭날 수 있었다.

흥남에서 새롭게 생산하는 합성섬유 비날론은 이와 같은 재생의 서사에 더없이 잘 들어맞는 물건이었다. 비날론(비닐론)은 일제강점기 한반도 출신 최고의 과학자로 명성을 날리던 리승기가 1939년 교토제국대학에서 개발했으며, 흡습성이 높아 한민족에게 친숙한 면을 대체할 수 있었고, 한반도에 풍부하게 매장된 석회석과 석탄을 원재료로 이용하여 만들 수 있었다. 이와 같은 세가지 특징 덕에 비날론은 '과학 영역에서 주체를 세운' 모범 사례로 일컬어졌고, 비날론의 생산기지인 흥남은 주체과학의 전당으로 그 위상을 다질 수 있었다.

기술의 역사적 의미란 계속 바뀌는 것

북한에서 비날론의 의미는 오늘날까지도 각별하다. 김일성 사후 이른바 고난의 행군 시기에 극심한 전력난으로 흥남의 비날론 공장도 가동을 멈추었다. 만 16년 동안 멈춰 있던 2.8 비날론 연합기업소가 설비 보강을 마치고 다시 움직인 것은 2010년 3월이었다. 당시 오랜 칩거로 와병설을 넘어 신변이상설까지 돌던 김정일 국방위원장은 공장 준공을 축하하는 군중대회에 예고 없이 등장하여 자신의 건재를 과시했다. 그는 이후 김정은과 함께 2.8 비날론 연합기업소를 다시 찾음으로써 김정은이 후계자임을 만방에 확실히 했다.

김정일이 칩거를 깨는 자리로 비날론 공장 준공 기념식을 택한 것은 우연이 아니다. 비날론은 북한의 과학기술계가 성과를 쏟아내며 순조로운 산업화의 길을 걷던 1960년대를 상징하고, 이 공장이 다시 움직인다는 것은 고난의 행군이 끝나고 좋았던 시절이 다시 오리라는 희망을 주는 것이기 때문이다.

그러나 좋았던 시절의 기술을 계승하면 그 의미도 계승할 수 있는 것일까? 기술의 역사적 의미란 사실 고정되어 있지 않다. '주체섬유'라는 비날론의 별칭도 1961년 북한 안팎의 정치적·경제적·사회적·기술적 요소들의 상호작용 안에서 의미를 갖는 것이다. 고난의 행군을 지나 2000년대에 접어드는 사이 장진호의 발전 설비는 노후하였으며, 석탄화학은 석유화학에 화학공업의 주류 자리를 내주었다. 석탄을 기본 원료 삼아 막대한 전력을 소모하는 북한의 비날론 제조 기술은, 역사적으로 불가피한 선택이기는 하겠으나 화학공업의 세계적 흐름과는 동떨어진 것으로 보인다. 비날론이라는 사물을 매개 삼아 3대를 연결하려는 북한의 시도는 그 점을 외면하고 있기에 성패를 이야기하기는 아직 섣부른 것 같다.

10

한국 최초의 노벨상 후보를 아십니까

가을이 되면 과학 담당 기자들은 바빠진다. 노벨상의 계절이 돌아왔기 때문이다. 매년 10월 스웨덴 왕립한림원이 노벨상 수상자를 발표하면 매체들은 앞다퉈 그들의 업적을 소개하고 "왜 한국인 노벨상 수상자는 나오지 않는가" 같은 토론회를 연다(행여 수상자 가운데 일본인이 있으면 토론회의 분위기는 한층 더 비장해진다).

어떤 이들은 한국에 이처럼 노벨상에 한을 품은 사람들이 많은 것을 두고 고도성장기 개발주의의 잔재라고 설명하기도 한다. 타당한 분석이지만, 노벨상에 대한 집착이 갑자기 생겨난 것은 아니다. 한국인 '노벨상 후보'에 대해 한국의 언론들이 이야기하기 시작한 것은 일제강점기까지 거슬러 올라간다.

일제강점기에도 하루가 다르게 혁명적 변화를 겪고 있던 해외의 과학계 소식이 보도되었고, 노벨상은 그 변화의 대열에서 어느 나라의 누가 앞서 나가고 있는지 보여주는 지표로 여겨졌다. 일본도 노벨상 수상자가 나오기를 간절히 바랐지만, 1949년 유카와 히데키 (1907~1981)가 노벨물리학상을 받기 전까지 몇명의 후보만 물망에 올랐을 뿐 수상과는 인연이 없었다.

비타민 E와 '킴즈 메소드'

그런데 1939년 1월 10일 『동아일보』는 「비타민 E 결정 발견 세계 학계에 대충동 – 노벨상 후보 김양하씨」라는 제목의 기사에서 일본이 그토록 바라던 노벨상을 가져올 후보가 다름 아닌 한국인이라는 주장을 폈다. 한국인 과학자와 기술자의 활동을 소개하는 연재기사 중 하나에서 "일본 학계에서 '노벨상'의 후보자로 추천한다면 단연 우리의 김씨를 꼽지 않을 수 없다"는 자신감 넘치는 논평을 실은 것이다. 지금까지 확인하기로는 이것이 한국 언론이 한국인을 노벨상 후보로 지칭한 가장 이른 예다.

여기서 김씨는 화학자 김양하(1901~?)를 가리킨다. 그리고 노벨상까지 거론하며 김양하의 주요 업적으로 소개한 "킴즈 메소드"(Kim's method), 즉 "김씨 방법"이란 그가 고안한 비타민 E의 결정을 분리하는 공정을 일컫는다.

김양하는 함경남도 출신으로, 함흥고등보통학교를 졸업하고 일본 유학길에 올라 도쿄제국대학 화학과에 진학했다. 대학을 졸업하고 1929년 일본 과학계의 핵심 기관 중 하나인 이화학연구소(리켄)의 스즈키 연구실에 연구원으로 취직했다. 스즈키 우메타로(1874~1943)는 비타민 연구에 큰 업적을 남긴 인물이다. 그는 1910년 쌀눈 추출물이 각기병을 치료하는 데 효과가 있다는 것을 알아내고, 유효 성분을 분리하여 '오리자닌'(Oryzanin)이라는 이름을 붙였다(벼의 라틴어 학명 오리자 사티바*Oryza sativa*에서 따온 이름이다). 오리자닌은 서양의 과학자들이 발견한 다른 미량영양소들과 함께 뒷날 '비타민'이라는 갈래로 묶이면서 '비타민 B'라는 이름을 얻었다. 즉 스즈키는 오늘날의 비타민 B(티아민)를 세계 최초로 발견한 사람 중 하나였으며, 리켄의 스즈키 연구실은 세계에서 가장 뛰어난 비타민 연구 집단 중 하나였다.

김양하는 스즈키 연구실의 일원으로 여러가지 비타민에 대해 연구하기 시작했다. 특히 바야흐로 존재가 알려지기 시작한 비타민 E의 정체를 밝히고 그 순수한 결정을 분리해내는 작업에 착수했다. 그는 1935년 리켄에서 발행하는 학술지에 쌀눈에서 비타민 E 결정을 추출하는 독창적인 방법을 발표했다. 이것이 일본 학계의 인정을 받았다는 소식이 한반도에도 전해졌고, 조선일보와 동아일보 등 한국계 언론들은 1935년 말부터 김양하에 대한 기사를 실었다. 동아일보는 김양하의 연구 논문을 한국어로 번역하여 네번에 걸쳐 연재하기도 했는데, 일간지에서 전문적인 학술논문을 그대로 싣는 것은 드문 일이라는 것을 생각하면 동아일보가 김양하의 연구를 매우 높이 평가했음을 짐작할 수 있다.

비타민 연구는 20세기 초반 노벨상이 쏟아져 나온 분야다. 서양에서 각종 비타민을 최초로 발견하고 분리해낸 이들 대부분이 노벨상을 받았다. 더욱이 스즈키 우메타로는 비타민 B에 해당하는 물질을 서양보다 먼저 발견하고도 그 연구 결과가 서양에 알려지지 않았다는 이유로 노벨상 공동 수상에서 빠졌고, 많은 일본인들이 그것을 아쉽게 기억하고 있었다. 이런 상황에서 김양하가 비타민 연구에서 중요한 성과를 내자 다시 일본이 비타민 연구로 노벨상에 도전할 수 있으리라는 기대가 일었던 것으로 보인다.

김양하를 노벨상 후보로 거명한 동아일보의 바람에도 불구하고, 당시 비타민 연구를 둘러싼 세계 생물학계의 경쟁이 너무도 치열하여 김양하의 연구를 넘어서는 연구들이 속속 발표되었다. 비타민의 가짓수도 점점 늘어나면서 한 종류에 대한 연구로는 노벨상을 기대하기도 어렵게 되었다. 하지만 실제로 노벨상을 받지는 못했다고 해도, 한국인 과학자가 세계적으로 경쟁이 치열한 첨단 분야에서 전세계의 과학자들과 어깨를 나란히 하고 있다는 소식은 매우 반가운 것이었다. 김양하는 이태규나 리승기 등과 함께 "과학조선의 파이오니어"로 이름을 높였다. 한편 그동안의 연구 업적을 인정받아 1943년 도쿄제국대학에서 농학박사 학위(농화학 전공)를 받기도 했다.

그의 이름은 왜 이리도 낯선가

그러나 김양하라는 이름은 우리에게 매우 낯설다. 남한에서는 이태규를, 북한에서는 리승기를 화학계의 원조로 기리고 있지만 김양하는 남에서도 북에서도 기억하는 이들이 별로 없다. 물론 그의 과학 연구가 모자라기 때문은 아닐 것이다.

김양하는 한국 현대사의 굴곡에 가려진 수많은 이름들 가운데 하나다. 그는 리켄을 떠나 한반도로 돌아와 세브란스의학전문학교에서 생화학을 가르치다가 광복을 맞았다. 한국을 대표하는 과학자였으므로 조선학술원의 서기장과 부산수산전문학교의 교장 등 조국 재건을 위한 여러 임무를 맡았다. 그러나 미군정의 고등교육 개편안이 서울에서 이른바 '국대안 파동'으로 이어지던 와중에, 부산에서도 국립부산대학교 설치에 반대하는 '부산 국대안 파동'이 일어났다. 부산수산전문학교는 통폐합의 대상 중 하나였으므로 김양하는 부산대학교 설립에 반대하는 입장에 섰고, 학교에서 파면되기에 이르렀다.

조선학술원 활동 또한 결과적으로는 김양하의 입지를 좁히고 말았다. 국대안 파동을 계기로 미군정과 지식인 사회의 관계가 악화되면서 조선학술원 원장이었던 백남운을 비롯한 학술원 주도 인사들이 하나둘씩 월북길에 올랐다. 김양하는 여운형과도 교분이 깊었고 김성수의 한국민주당에 발기인으로 이름을 올렸을 정도로 정치적으로 유연했지만 결국 북으로 떠났다(월북과 납북 여부에 대해서는 기록이 엇갈리고 있다).

그러나 북에서도 그에 대한 기록이 갑자기 끊기고 만다. 1952년 북한과학원 창립 기록 등에서 김양하의 이름이 보이지만, 1950년대 후반 숙청의 바람이 불면서 김양하의 이름도 북한의 공식 기록에서 사라졌고, 우리는 그의 생몰연도를 물음표로 끝낼 수밖에 없게 되었다. 최초로 노벨상을 기대했던 한국인 과학자는 그렇게 희미한 기록만을 남기고 잊혀갔다. 역사에 대한 기억 대신 노벨상에 대한 아쉬움이 끈질기게 살아남아 있을 뿐이다.

11

분단된 산하, 새에 실어 보낸 마음

1965년 여름, 북한의 원로 조류학자 원홍구(1888~1970)는 평양 만수대 근처에서 철새인 북방쇠찌르레기 한마리를 잡았다. 그는 새를 관찰하다가 다리에 추적용 알루미늄 가락지(인식표)가 채워져 있는 것을 발견했다. 이는 다른 연구자가 그보다 앞서 이 새를 잡았다가 인식표를 채우고 놓아주었다는 것을 뜻했다. 철새의 이동 경로를 추적하기 위해 흔히 이용하는 연구 방법이다.

그런데 원홍구는 가락지에 "農林省 JAPAN C7655"라는 일본 표식이 새겨져 있다는 데 주목했다. 북방쇠찌르레기가 일본에서 서식한다는 말은 들어본 적이 없었기 때문이다. 그는 일본의 조류학계에 이 인식표의 내력에 대해 묻는 편지를 보냈다.

원홍구는 일본 도쿄의 버드라이프 인터내셔널(Birdlife International) 아시아본부로부터 답장을 받았다. 답장에 따르면 이 인식표는 일본 농림성이 야마나시(山梨) 조류연구소에 제공한 것 가운데 하나였다. 당시 철새 인식표를 생산하지 못했던 남한의 조류 연구자들이 일본에 협조를 요청하여 야마나시 조류연구소가 인식표를 보내주었고, 그중 하나를 달고 있던 북방쇠찌르레기가 원홍구에게 포착된 것이었다.

이 답장에는 인식표를 제공받은 남한 연구자의 이름까지 적혀 있었다. '원병오'라는 이름을 읽은 원홍구는 다시 일본에 한장의 편지를 보냈다. 그 이름의 한자 표기를 확인해달라는 내용이었다. 원홍구에게는 너무나 익숙한 이름, 한국전쟁의 소용돌이 속에서 헤어진 막내아들의 이름이었기 때문이다.

일제강점기의 대표적인 조선인 생물학자

원홍구는 일제강점기의 조선인 생물학자를 대표하는 인물이다. 평안북도 삭주에서 1888년 태어난 그는 일찍부터 생물학에 뜻을 두고, 당시 한반도에서 농업과 생명과학 분야로는 가장 수준 높은 교육을 받을 수 있었던 수원농림학교에 진학했다. 1910년 수원농림학교를 졸업하고 이듬해 관비 유학생 시험에 합격하여 일본 가고시마(鹿児島)고등농림학교로 유학을 떠났다.

원홍구는 학업을 마치고 1915년에 귀국하여 모교에서 학생들을 가르치다가 1920년에는 개성의 송도고등보통학교(송도고보)에 자리를 잡고 박물학을 강의했다. 가고시마 유학 시절에는 식물학에 뜻을 두었으나, 송도고보 교장 로이드 스나이더의 권유로 조류 채집을 시작한 뒤로는 평생을 조류 연구에 몰두하여 많은 업적을 남겼다. 1932년에 발표한 논문 「내가 수집한 조선산 조류 목록」은 한반도 조류에 대한 최초의 종합 보고서로, 200여종의 자생 조류의 한국어 이름을 싣고 있어 당시 한반도의 생태 환경뿐 아니라 한국어의 모습도 알려주는 귀중한 자료로 남아 있다. 송도고보 시절 제자였던 석주명은 원홍구의 뒤를 이어 송도고보에서 학생들을 가르치면서 나비 연구로 국내외의 인정을 받기도 했다.

평안도 출신이었던 원홍구는 주로 북한 지역에서 활동했다. 송도고보에 이어 평안남도 안주공립농업학교(1931)를 거쳐 함경남도 영생여자고등보통학교(1940)와 평안남도 덕천공립농업학교(1945) 등에서 교장을 역임했다. 광복 후에는 강서농업학교 교장을 거쳐 김일성종합대학 생물학부(1947)의 교수가 되었고, 훗날 과학원 생물학연구소장을 역임하는 등 북한 생물학계의 중추적 인물로 활동하다가 1970년 10월에 사망했다. 사망 후에는 평양 애국열사릉에 안장되는 등 사후에도 높은 평가를 받고 있다.

전쟁과 이산, 그리고 재회

원홍구는 고향인 38선 이북에서 활동하다가 북한에 터를 잡은 것이므로 우리가 흔히 말하는 월북과는 다르다. 다만 그의 가족도 분단의 시련을 피해가지는 못했다. 한국전쟁이 터지자 원홍구는 부인과 두 딸과 함께 북의 터전을 지키고, 세 아들은 남쪽으로 내려 보냈다. 한곳에 모여 있다가 화를 당하느니 잠시 전란을 피해보자는 선택이었지만 그것이 영영 이별이 될 줄은 몰랐을 것이다.

전쟁이 모든 이들에게 상처만 남긴 채 끝나고 분단이 고착되면서, 월남한 원홍구의 아들들은 자력으로 앞길을 개척해나가야 했다. 아버지의 영향으로 아들들도 생물학자로 성장했다. 장남 원병휘(1911~1995)는 광복 전 이미 만주와 한반도 북부 쥐 연구로 이름을 알렸고, 월남 후 동국대학교 교수로 포유류 연구를 계속했다. 막내 원병오(1929~2020)는 아버지를 본받아 조류 연구에 뜻을 두고, 원산농업대학을 졸업한 뒤 월남하여 경희대학교 교수가 되었다.

앞서 소개한 사연은 원병오가 조류학 연구자로 성장한 뒤에 일어난 일이다. 북방쇠찌르레기를 연구하던 원병오는 새들에게 일본에서 구해온 인식표를 달아주었고, 그 가운데 1963년에 포획했던 한마리가 1965년 평양에서 아버지 원홍구의 눈에 띈 것이다. 원홍구가 1970년에 세상을 떠나는 바람에 실제 상봉으로까지 이어지지는 못했지만, 갈라져 살아왔던 아버지와 아들은 이 사건을 계기로 서로의 안부를 확인하고 편지를 주고받을 수 있었다. 당시 북한 언론은 이 기적 같은 사연을 대대적으로 다루었고, 소련과 일본 등 북한 소식을 비교적 자유롭게 전할 수 있었던 외국 언론들도 이 소식에 주목했다. 1993년에는 일본과 북한이 합작하여 「새」라는 영화를 만들기도 했다.

조선일보 이영완 기자의 취재에 따르면, 사실 이 일이 일어나기 전에도 이들 부자는 제3국의 생물학자들을 통해 간접적으로 안부를 확인하고 소식을 주고받아왔다고 한다. 그러나 서슬 퍼런 냉전 시기에는 서로의 소식을 안다 해도 그것을 밝히기는 어려운 일이었는데, 쇠찌르레기 덕분에 '새가 이어준 이산가족의 인연'이라는 아름다운 사연으로 많은 이들의 마음을 울릴 수 있었다. 영화 「새」의 결말은 국제 학술행사에 참석하려는 아들을 남한 당국이 막아서는 바람에 부자는 꿈에서 상봉하는 데 머무르고 만다는 체제 선전이기는 하지만 말이다.

한반도가 대한민국과 조선민주주의인민공화국이라는 두 나라로 갈라진 지 이미 70년이 넘었다. 이것을 '건국'이라며 추어올리려는 이들도 있지만, 이산가족의 아픔을 비롯하여 분단이 남긴 상처들을 생각하면 그런 편협한 주장에 동의하기 쉽지 않다. 원홍구-원병오 부자의 사연이 절절하게 다가오는 것은, 새는 남과 북을 가리지 않고 자유롭게 다닐 수 있는데 사람들은 그러지 못했다는 것을 누구나 가슴 아프게 여기기 때문일 것이다. 몇달 전만 해도 전쟁 걱정을 했던 한반도에 놀랄 만큼 훈풍이 불기도 했다가, 또 잠간의 기대가 무색하리만치 다시 찬바람으로 바뀌는 일이 거듭되고 있다. 국제 정세라는 것이 하룻밤 새 손바닥 뒤집듯 바뀔 수도 있는 것이기는 하지만, 사람들이 갈라놓았던 산하를 다시 사람들이 이어 하나로 되돌릴 수 있기를 희망을 담아 기원해본다.

12

전국민에게 장영실을 알린
과학사학자 전상운

세종대왕과 이순신 장군은 사극의 단골 소재로 사랑받아왔다. 대략 10년에 한번꼴로 이들을 주인공으로 한 드라마가 제작되었는데 이것들을 비교해보는 재미도 쏠쏠하다. 촬영이나 제작 기법의 발전 양상도 알 수 있을 뿐 아니라 그동안 역사학계가 쌓아올린 연구 성과가 반영되어 내용도 점점 풍성해지곤 하기 때문이다. 나중에 만든 작품일수록 등장인물이 더 많아지고 역할도 더 다양해지는데, 일부 가상의 인물도 등장하지만 역사가들이 새롭게 발굴한 인물들이 많다. 또한 인물에 대한 해석도 선인과 악인이 대립하는 단순 구도를 벗어나 점점 입체적으로 변화해왔다.

그런데 최근에 세종을 다룬 드라마의 특징 중 하나는 극중에서 과학기술의 비중이 높아져왔다는 것이다. 잘 알려진 자격루와 앙부일구 등 천문 관측기구(의기)의 발명, 그것들을 활용한 조선의 독자적 천문 관측과 『칠정산』 제작, 훈민정음 창제와 아악의 정비에 이르기까지 오늘날의 과학기술에 해당하는 내용들이 점점 중요하게 다루어져왔다. 요즘에는 정치적이거나 군사적인 업적보다 과학기술이나 문화적인 업적이 더 많이 다루어진다는 느낌이 들 정도다. KBS 드라마 「장영실」(2016)처럼 아예 장영실을 단독 주인공으로 내세운 작품도 있다.

세종은 한국과학기술한림원에서 운영하는 '과학기술인 명예의 전당'에 헌액되기도 했다. 스스로도 과학기술에 조예가 깊었을 뿐 아니라, 당대 최고의 두뇌들을 집현전에 모아 조선의 문물제도를 확립할 수 있도록 지휘했다는 점이 주요 업적이었다. 요즘 말로는 프로젝트 매니저 또는 연구소장으로서의 업적을 인정한 셈이다.

식민사학에 대한 반론으로 출발한 한국과학사

대중들이 세종을 과학 군주로 인식하게 된 것은 불과 한세대 전까지만 해도 낯선 일이었다. 일제강점기에 조선은 유학만 숭상하고 기술을 천시하여 발전하지 못했다는 식민사학의 주장이 널리 퍼졌고, 많은 이들이 일제의 침략을 규탄하면서도 패배한 조선왕조에 대한 실망을 감추지 못했기 때문에 이 주장을 알게 모르게 받아들였다. 박정희가 1968년 국민교육헌장을 만들면서 "학문과 기술을 배우고 익히며"라거나 "능률과 실질을 숭상하고"라는 말을 굳이 집어넣은 것도, 그가 식민사학적 역사인식에서 벗어나지 못했기 때문이라 할 수 있다.

일제강점기의 지식인들은 식민사학이 퍼뜨린 조선시대에 대한 부정적인 인식을 극복하기 위해 여러 갈래로 노력했다. 특히 '조선이 기술을 천시하여 쇠망했다'는 주장에 맞서기 위해 선조들이 남긴 발명과 발견의 사례를 모으기 시작했고, 이것이 한국 과학기술사의 효시가 되었다. 1930년대쯤에는 고려청자, 거북선, 금속활자, 첨성대, 석굴암 등 과학기술적 가치가 높은 문화유산들의 목록이 대략 정리되었고, 이 목록은 한국에 과학이 없었던 것이 아니라는 반론의 증거로 오늘날까지도 자주 인용되고 있다.

하지만 발명과 발견의 목록을 써내려가는 것은 과학기술사의 출발점일 뿐이다. 역사는 일관되게 흘러가는 이야기가 있어야 의미를 지닌다. 이 목록에 나열된 발명과 발견들을 묶어주는 큰 이야기의 줄기가 잡혀야 한국의 과학기술이 어떻게 발전해왔는지 설득력 있게 보여줄 수 있다.

이런 점에서 세종 시대는 한국 과학기술사에서 각별한 의미를 갖는다. 세종 시대는 조선의 문물제도가 확립된 시기일 뿐만 아니라 오천년 전통 과학기술사의 정점을 찍은 시기로 새롭게 해석되었다. 세종 시대라는 봉우리가 있었기에 전통과학사는 유물과 발명품의 목록 또는 단편적인 에피소드의 나열을 넘어서, 수천년의 전통이라는 토양에서 자라나 마침내 화려한 꽃을 피웠다는 서사를 얻게 된 것이다.

과학기술사 연구자들은 세종 시대 과학기술이 세계사적으로 어떤 수준에 도달했는지, 그리고 그 과업을 실제로 수행한 이들은 누가 있었는지 연구하기 시작했다. 일제강점기에도 홍이섭의 『조선과학사』(1944)와 같은 선구적 업적이 있었지만, 본격적인 연구 성과가 나오기 시작한 것은 광복 후 한국전쟁을 비롯한 여러 어려움을 거친 뒤인 1960년대였다. 전상운(1928~2018)이 일본에서, 박성래와 송상용 등이 미국에서 전문적인 과학기술사 연구를 익히고 귀국하여 제자를 기르고 저술과 강연을 통해 과학기술사의 저변을 넓히기 시작했다.

이들의 연구 성과가 대중들에게 알려지면서 전통과학의 성취에 대한 재평가가 서서히 이루어졌다. 그리고 장영실, 이천, 이순지, 김담, 최해산 등 세종 시대 과학기술의 일선에 서 있던 이들의 이름도 대중에게 가까이 다가갔다. 장영실이라는 이름은 1970년대까지도 역사가들만 알고 있었지만, MBC 드라마 시리즈 '조선왕조 오백년' 중 「뿌리 깊은 나무」(1983)에서 비중 있는 역할로 등장하면서 전국민에게 확실한 인상을 남겼다. 이후 장영실은 세종 시대 과학기술을 대표하는 이름이 되었고, 「대왕 세종」(2008)을 거쳐 「장영실」(2016)에서는 세계적인 천재 과학자로 묘사되기에 이르렀다. 고증에 대한 논란이 있긴 하나, 세종이 과학 군주로 재인식된 데에는 이와 같은 장영실의 이미지가 큰 역할을 한 것이 사실이다.

세종의 조선이 세계 과학계의 선두였음을 보이다

전상운은 한국과학사의 실질적인 제1세대 연구자로서, 장영실이라는 인물을 알렸을 뿐 아니라 한국 과학기술사의 중요성을 세계에 알리는 데에도 큰 업적을 남겼다. 1966년 기념비적인 통사 『한국과학기술사』를 펴내어 "우리 마음속에 도사리고 앉은 비굴한 사대주의와 오만한 과대망상증을 떨어버리고, 스스로를 정당히 평가"해야 한다고 역설했고, 이를 수정 보완하여 1974년에는 미국 MIT 출판부에서 『한국의 과학과 기술: 전통적인 도구와 기술』(*Science and Technology in Korea: Traditional Instruments and Techniques*)라는 제목으로 영문으로 된 최초의 한국 과학기술사 통사를 출간했다.

그는 한국 과학기술사를 논하며 한국인들의 자존심에만 호소하지 않았다. 세계 과학사 학계에 한국 과학기술의 성취를 당당하게 주장하고자 했다. 이를 위해 과학사 사전에 수록된 시대별 주요 업적을 비교하여, 15세기 전반기에는 조선과 관련된 항목이 다른 나라의 관련 항목을 모두 합친 것보다 많다는 사실을 강조하기도 했다. 이슬람 문화권의 과학기술이 전성기를 지나 침체기에 접어들고 중국에서는 원(元)에서 명(明)으로 왕조가 바뀌면서 혼란이 수습되지 않았던 시기에 세종의 조선은 안정된 정치를 바탕으로 세계 과학계의 선두에 설 수 있었다는 것이 전상운이 평생의 연구를 통해 보이고자 한 바였다.

한국의 과학사를 국제적으로 인정받는 하나의 당당한 학문 분야로 정립한 전상운은 2018년 1월에 세상을 떠났다. 전상운이 세운 줄기 사이에 가지와 잎을 채워 넣어 한국 과학기술사의 이야기를 더욱 다채롭게 만드는 것은 이제 후학들의 숙제로 남았다. 이 이야기가 다채로워질수록 우리 과학기술사를 즐길 수 있는 방식도 다양해질 것이다.

13

기능올림픽을 빛낸 과학 영웅들

2008년 베이징올림픽에서 한국 대표팀이 13개의 금메달을 거머쥐는 등 좋은 성적을 거두자 대한체육회는 서울 시내에서 거리 퍼레이드를 벌였다. 그런데 예정에 없던 개선 행사를 부랴부랴 준비하다보니, 메달리스트들이 퍼레이드에 다같이 참석해야 한다며 경기가 끝난 선수들의 귀국 일정을 일방적으로 바꾸는 문제가 일어났다. 이것이 논란이 되자 운동선수들의 행진을 위해 도심 교통을 통제하는 것도 시대에 맞지 않고 군사정권 시절을 방불케 한다는 비판도 있었다.

한국 사회는 참 빨리 변한다. 2008년으로부터 불과 20~30년 전만 해도 이런 식의 퍼레이드는 열띤 호응을 받았다. 1976년 몬트리올 올림픽에서 양정모 선수가 첫 금메달을 딴 뒤로 1984년 로스앤

젤레스 올림픽과 1988년 서울올림픽 등 이어진 올림픽의 메달리스트들은 영웅 대접을 받았다.

이 무렵 서울 도심을 행진한 또다른 올림픽의 입상자들이 있었다. 바로 '기능올림픽'이라는 이름으로 잘 알려진 '국제기능경기대회'의 메달리스트들이다. 1977년 제23회 대회(네덜란드 위트레흐트)에서 한국이 처음으로 종합우승을 달성했을 때 국내에 귀환한 선수단은 김포공항에서 오픈카를 타고 서울시청까지 행진했다. 이들은 박정희 대통령의 치사를 받고 영부인 고 육영수 여사의 묘에 참배하는 등 성대한 환영 행사를 치렀다. 이듬해인 1978년 제24회 대회는 부산에서 열렸고 한국 선수단은 다시 한번 종합우승을 차지하며 한국의 산업화를 선도하는 영웅으로 칭송받았다. 요즘처럼 올림픽에서 몇개씩 금메달을 따오는 것이 당연하지 않았던 시절, 기능올림픽 메달리스트들은 올림픽 메달리스트 못지않은 관심을 받았다.

냉전시대 스페인에서 탄생한 국제기능경기대회

그런데 이 기능올림픽이란 대체 어떤 행사인가? 올림픽 하면 쿠베르탱이니 고대 그리스니 바로 떠오르는 이름들이 있지만, 기능올림픽에 대해서는 잘 모르는 사람이 많다.

기능올림픽은 '국제직업훈련경연대회'(International Vocational

Training Competition)로 시작되었고, 현재 '월드스킬'(WorldSkills)이라는 이름으로 열리고 있다. 여기서도 알 수 있듯이, 대회의 정식 명칭에는 '올림픽'이라는 말이 없다. 다만 각 회원국에서 사용하는 국내용 이름은 각국의 재량에 맡기고 있는데, '올림픽'이라는 이름을 쓰고 있는 나라는 많지 않다. 한국을 제외하면 프랑스, 일본, 타이완 등이다. 프랑스를 빼면 모두 20세기에 산업화를 달성한 동북아시아 국가들이라는 점이 흥미롭다.

국제기능경기대회의 유래는 1947년 스페인으로 거슬러 올라간다. '기능' 하면 연상되는 독일이나 스위스 같은 나라가 아니라 유럽에서도 산업화가 한발 늦었던 스페인에서 이 대회가 시작되었다는 사실이 의외일 수도 있겠다. 이를 이해하기 위해서는 1940년대 스페인의 국내 상황과 1950년대 이후의 냉전체제를 고려해야 한다.

스페인은 1936년부터 1939년까지 참혹한 내전을 겪었다. 프랑코 장군을 비롯한 군부와 보수세력이 공화정을 무너뜨리고 왕정을 다시 세우는 와중에 100만명 가까운 목숨이 희생되었다. 보수파의 한 축을 차지하고 있었던 스페인 가톨릭교회는 내전으로 피폐해진 국가 경제를 재건하고 실의에 빠진 청년들의 취업을 돕기 위해 기능교육을 장려했다. 이런 분위기에서 1947년 스페인 청년들을 위한 기능경기대회가 처음으로 열렸고, 옆 나라 포르투갈도 1950년부터 참여하게 되었다.

1953년 서독, 영국, 프랑스, 스위스, 모로코 등이 참여하면서 기능경기대회는 이베리아 반도를 넘어서 크게 성장하게 되었다. 프랑코 정권은 내전 기간 중의 학살과 독재정치 등 여러 과오 때문에 국제 사회에서 외면을 받고 있었는데, 국제기능경기대회는 프랑코 치하의 스페인이 국제 사회에 다시 등장하는 계기를 마련해주었다. 프랑코의 독재정치에 비판적이었던 서유럽 국가들도 냉전체제 안에서 마냥 스페인을 외면할 수는 없었기에 이 대회에 힘을 실어주었다. 반면 사회주의권 국가들은 당연하게도 냉전체제가 무너질 때까지 국제기능경기대회에 참여하지 않았다.

국제기능경기대회의 열기를 한층 더한 것은 동북아시아 국가들이었다. 일본(1962년), 한국(1967년), 타이완(1970년) 등이 국제기능경기대회에 합류하고 웬만한 서유럽 국가들을 능가하는 규모의 선수단을 파견하기 시작했다. 앞서 썼듯이 이 나라들은 '올림픽'이라는 별칭을 고수했고, 실제로 올림픽 선수를 선발하고 훈련하듯 기능경기대회에 참가하는 선수들을 집중적으로 지원했다. 이들의 참여 덕에 프랑코 정권의 관제 행사로 머무를 수도 있었던 국제기능경기대회는 진짜 올림픽을 방불케 하는 국제 행사가 되었다.

동북아시아 국가들이 기능올림픽에 적극 참여한 것은 기능 인력의 사기를 높인다는 현실적인 필요성 때문이기도 했지만, 국가 주도 산업화 정책의 정당성을 국내외에 과시하는 무대가 필요했기 때문이기도 하다. 집중 훈련을 받은 선수들을 파견하여 먼저 산업화를 달성한 유럽의 기능공들보다 뛰어난 성적을 거두면 자국의 산업화 정책이 성공했음을 자랑할 수 있었다. 실제로 동북아시아 국가들은 성적에서 유럽 국가들을 압도했다. 1962년 일본의 첫 참가 이후 현재까지 열린 34차례의 대회에서 28번은 일본, 한국, 타이완, 중국 중 한 나라가 종합우승을 차지했다. 그중에서도 한국은 무려 19번을 우승했다.

기능올림픽 강국의 빛과 그림자

한국이 이렇게 압도적인 성적을 거둘 수 있었던 까닭은 정부가 대표선수의 선발과 훈련을 전폭 지원했기 때문이다. 특히 박정희 정권의 실세였던 김종필이 스스로 국제기능올림픽 한국위원회 위원장을 맡아 기능올림픽 참가를 진두지휘했다. 지역대회와 전국대회를 거쳐 선발한 우수한 선수들은 국가가 제공하는 최신 설비를 마음껏 쓰면서 집중적인 훈련을 받았다. 올림픽에 참가하는 선수들이 태릉선수촌에서 훈련하는 것과 똑같은 모델이었다.

그러나 기능올림픽에 쏟아지던 사회적 관심은 점점 옅어져갔다. 성적이 떨어져서는 결코 아니었다. 지금까지도 한국은 기능올림픽 최강국으로 남아 있고, 1977년 종합우승 이후 지난 2019년 대회까지 종합우승을 놓친 일은 네번밖에 없다. 그럼에도 기능올림픽은 사람들의 관심사에서 멀어져갔다. 이는 한국의 과학기술이 1980년대 이후 크게 성장하면서 숙련 기능직 노동자가 한국의 과학기술을 대표하는 자리를 내놓았기 때문이다. 한편으로는 산업 구조의 고도화로 사무직 일자리가 크게 늘면서 청년들이 숙련 노동자보다 화이트칼라를 선호하게 되었기 때문이기도 하다.

기능 인력은 한국의 기적적인 경제성장의 주역이었지만, 그에 합당한 보상을 받았는지는 의문이다. 1970년대에는 기능올림픽 금메달리스트에게 대통령 포상금으로 당시로서는 거액인 100만원이 지급되었다. 그런데 이 돈으로 자신의 기능을 살려 창업을 한 이들보다 서울에 아파트를 산 이들이 결과적으로는 더 많은 혜택을 받게 되었다. 1980년대 부동산 가격 폭등의 기회를 잡지 못한 이들은 허탈할 수밖에 없는 일이다. 한국 사회는 참 빨리 변한다.

14

우리는 아직도 과학 영웅을 기다린다

2005년 11월 황우석 연구팀의 줄기세포 연구부정행위 논란으로 전국이 달아올랐을 무렵, 인터넷 여기저기에는 재미 한인 물리학자 이휘소와 황우석을 비교하는 글이 올라왔다. 황우석 지지자들은 이휘소가 자주국방을 위한 핵무기의 설계도를 완성하여 한국에 전달하기 직전에 미국 정보기관에 의해 사고를 가장한 암살을 당했다는, 잘 알려진 소문의 구조를 그대로 빌려와서 주인공만 황우석으로 바꾸었다. 황우석 연구팀이 한국을 세계 줄기세포 연구의 선두주자로 밀어올릴 연구를 완성하기 직전에 미국의 견제와 배신으로 누명을 쓰고 인격살인을 당했다는 주장들이 인터넷을 타고 퍼져나갔다.

황우석의 연구부정행위에 대한 의혹이 대부분 사실로 판명되고 그에 대한 지지세가 꺾이면서 이 주장들 또한 자취를 감추기는 했다. 하지만 광풍이 휩쓸고 지나간 폐허에서 다시 확인된 것은 그로부터 10년 전의 송사에도 불구하고 한국 사회가 이휘소를 기억하는 방식 또한 여전히 달라지지 않았다는 사실이었다.

"존경과 흠모의 정을 불러일으킨다고 할 것이어서"

1993년 출판된 김진명의 소설 『무궁화꽃이 피었습니다』(해냄)는 사실 1년 전에 출판했다가 시장의 주목을 받지 못한 소설 『플루토늄의 행방』(실록 1992)을 개작하고 제목을 바꾸어 새로 낸 것이었다. 하지만 북핵 위기 등 시운을 잘 탄 덕에 300만부 넘게 팔려나가며

1995년에 개봉한 영화 「무궁화꽃이 피었습니다」 포스터.

베스트셀러가 되었고, 1995년에는 영화로도 만들어졌다.

이 소설은 상업적으로 큰 성공을 거두었으나 이휘소의 유가족들이 작가와 출판사를 상대로 명예훼손에 대한 손해배상을 청구하는 등 여러가지 논란을 야기하기도 했다. 유가족들은 이휘소가 박정희 정부의 독재정치에 비판적이었음에도 불구하고 그가 마치 유신독재에 협

조하여 핵무기 개발 계획을 주도했던 것처럼 그려냄으로써 이 책이 고인의 명예를 훼손했다며, 손해배상과 소설의 출판 금지 등을 요구했다.

서울지방법원은 1995년 6월 이 소송을 기각함으로써 피고 측의 손을 들어주었다. 그런데 판결문의 다음 대목에 드러난 재판부의 판단이 매우 흥미롭다. 이휘소를 모델로 한 소설의 등장인물인 "이용후"가 "외세에 대항하기 위하여 핵무기 개발을 주도하다가 의문의 죽음을 당하는 세계적인 물리학자로, 위 소설에서 전반적으로 매우 긍정적으로 묘사되어 있고, 위 소설을 읽는 우리나라 독자들로 하여금 위 이휘소에 대하여 존경과 흠모의 정을 불러일으킨다고 할 것이어서, 우리 사회에서 위 이휘소의 명예가 더욱 높아졌다고도 볼 수 있으므로" 이 소설 때문에 이휘소의 명예가 훼손되었다고 볼 수 없다는 것이다(서울지법 1995. 6. 23., 선고, 94카합9230).

요컨대 소설의 내용이 허위이더라도 그로 인해 이휘소에 대한 평판이 좋아진다면 명예훼손이라고 볼 수 없다는 말이다. 그러나 대체 무엇에 대한 "존경과 흠모"인가? 과연 '아, 사실이 아니지만 애국자였다니, 사실이 아닌 것은 알지만 존경스럽구나'라고 생각하는 사람이 정말로 있었을까? 유가족은 이 궤변 같은 판결을 받아들이지 못했고, 이후 한국 언론의 취재에도 일절 응하지 않게 되었다.

신화의 불씨는 왜 꺼지지 않는가

이휘소의 유가족이나 제자 등은 그를 둘러싼 억측과 풍설을 바로 잡으려고 오랫동안 노력해왔다. 앞의 소송이 벌어지기 전에도 비슷한 주장을 편 공석하의 소설 『핵물리학자 이휘소』(뿌리 1989)의 출판 금지를 요청했고, 그에 따라 공석하와 출판사는 책을 절판시키고 일부 수정을 거쳐 『소설 이휘소』(뿌리 1993)라는 이름으로 재출간하기도 했다. 그리고 2010년에는 미국 유학 시절 이휘소의 지도를 받은 강주상 교수가 제공한 자료를 바탕으로 KBS가 「이휘소의 진실」이라는 2부작 다큐멘터리를 방영했다. 강주상은 그 몇해 전 직접 『이휘소 평전』(럭스미디어 2006)을 펴내어, 다큐멘터리와 마찬가지로 핵무기 개발과 관련된 종래의 풍설들이 근거가 없음을 조목조목 따져 밝혔다.

그러나 정작 흥미로운 것은, 이런 속설들이 사실이 아니라는 점이 아니라, 사실이 아니라는 지적이 20년 전부터 끊이지 않았음에도 불구하고 계속 명맥을 유지하고 있다는 점, 그리고 황우석 사태의 예에서 보이듯 기회만 만나면 언제든지 다시 고개를 들 수 있다는 점이다. 왜, 그 모든 노력에도 불구하고, 이휘소 신화의 불씨는 꺼지지 않는가?

이 신화를 만들어 낸 것은 김진명도 공석하도 아니라는 사실이 한가지 설명이 될 수 있을 것이다. 이휘소의 갑작스런 죽음과 유신 정권의 핵개발을 연결하는 음모론은 일찍이 이휘소 사망이 국내에 보도된 직후부터 생겨난 것으로 보인다. 사고가 일어난 지 딱 두주 지난 1977년 6월 30일, 국회 경제과학위원회의 대정부 질문 자리에서 신민당의 고흥문 의원이 이휘소의 사망에 "어떤 흑막이 개재되어 있지 않느냐"며, "해외에 흩어져 있는 우수 두뇌, 그중에서도 세계적인 두뇌를 늘 정부는 어떻게 보호하고 있"는지 최형섭 과학기술처 장관에게 물어보았다. 이것이 이휘소를 둘러싼 음모론 중 문서로 확인할 수 있는 가장 빠른 사례다. 그후 문서에 실리지 못한 무수한 소문과 추측들이 떠돌아다녔을 것이고, 공석하와 김진명 등은 10여년 동안 항간을 떠돌던 이야기를 작품으로 가공해낸 것일 뿐이다.

고흥문은 자신의 주장에 대해 어떤 근거도 제시하지 않았고, 최형섭도 우수한 인재를 잃어 안타깝다는 지극히 원론적인 답변만을 남겼기 때문에 이 음모론의 뿌리를 더 캐고 들어가기는 어렵다. 하지만 유신정권의 친위세력도 아닌 야당 의원이 실제로는 핵무기 제조와 거의 무관한 주제를 전공했던 이휘소의 죽음을 핵무장을 지지하는 맥락에서 아쉬워했다는 사실은 이휘소 신화가 어떤 토양에서 싹을 틔우고 성장해왔는지 이해할 수 있는 단서를 준다.

결국 이휘소 신화가 오늘날까지 명맥을 유지하고 있는 까닭은 그것을 듣고 싶어하는 이들이 남아 있기 때문이다. 세계적 수준에 도달한(특히 "노벨상이 유력한") 과학자, 나라를 위해 곧바로 응용할 수 있는 연구를 하는 과학자, 나라를 사랑하여 명예와 목숨까지도 바칠 수 있는 과학자. 이런 영웅적인 과학자를 갈망하는 마음이 있는 한, 이휘소건 황우석이건 다음의 누구건 '존경과 흠모를 불러일으키는' 영웅은 계속해서 만들어질 것이다. 그런 점에서 1995년의 법원 판결은 어쩌면 '국민 정서'를 충실히 대변한 것이었을지도 모른다.

'과학 영웅'에 대한 이야기는 사실의 영역이 아니라 바람의 영역에서 만들어지고 소비된다. 따라서 과학 영웅의 서사에 대해 '과학자의 실제 모습은 그것과 다르다'고 사실의 차원에서 대응하는 것은 그다지 효과적인 전략이 아니다. 과학자가 국가와 민족을 위해 유용한 무언가를 만들어냄으로써만 존경과 흠모를 받을 수 있다는 구도 자체를 벗어나는 것이 오히려 더 나은 선택이 될 수 있지 않을까? 유용성이나 효용과 같은 낱말을 빼고, 대신 즐거움이나 보람 또는 재미 같은 낱말을 넣어 과학을 이야기하는 것이 새로운 가능성을 열어주지 않을까?

3

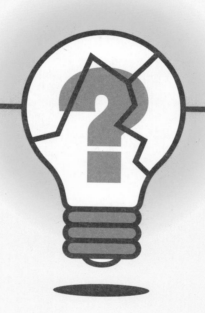

한국 과학의 과거, 현재, 그리고 미래

1

조선에 하늘을 나는 수레가 있었다고?

인간은 항상 하늘을 날고 싶어했다. 세계 어느 지역의 신화나 전설을 보아도 신들은 자유로이 하늘을 날고, 영웅들이 모험을 시작할 때면 하늘을 날게 해주는 신물을 가장 먼저 손에 넣곤 한다.

그러나 꿈과 현실 사이의 거리는 너무도 멀었다. 그리스 신화의 이카루스는 태양에 너무 가까이 올라갔다가 날개가 녹아내려서 추락했다고 하지만, 애초에 인간이 새처럼 근육의 힘으로 날개를 움직여 날아보려는 시도는 성공할 수 없는 것이었다. 뒷날 생물학이 발달한 뒤 이해하게 된 것이지만, 인간의 큰 몸체를 공중에 띄우는 데 필요한 양력(揚力)을 만들어내려면 인간의 가슴 근육으로는 어림도 없기 때문이다. 하물며 날지 못하는 새인 닭의 가슴 근육도 인간의 대흉근보다 훨씬 발달되어 있다는 점을 생각하면, 하늘을 나는 데 필요한 근육의 양을 어렴풋이나마 짐작할 수 있을 것이다.

르네상스를 대표하는 재주꾼 레오나르도 다빈치(1452~1519)도 방대한 연구 노트에 여러가지 비행 장치에 대한 메모와 스케치를 남겼다. 그는 박쥐와 새 등 하늘을 나는 동물들의 날개 구조와 나는 동작을 꼼꼼하게 관찰하여 기록했고, 이를 바탕으로 사람이 날개를 쳐서 움직이는 비행체를 설계했다. 또 위아래로 퍼덕거리는 날개 대신 나선형의 프로펠러를 수직으로 달아 사람을 위로 올리는 비행체를 구상하기도 했다.

다만 오늘날의 연구자들은 다빈치가 이런 기계들을 실제로 만들어서 시험해보지는 않았을 것으로 판단하고 있다. 날개를 쳐서 나는 것이 불가능한 것은 물론이려니와, 나선형의 프로펠러로 날아오른다는 구상 역시 그림으로는 그럴듯하지만 실제로는 작동하지 않기 때문이다(공중에 일단 떠오르게 되면, 작용 반작용의 원리에 의해 프로펠러만 돌아가는 것이 아니라 동체도 반대 방향으로 돌게 되어 비행에 필요한 추진력을 유지할 수 없다). 다빈치는 빼어난 업적을 많이 남겼지만 실은 벌여놓은 일을 제대로 끝낸 것이 매우 적기로도 유명한데, 비행 기계들도 구상 단계에 머물렀고 실제 제작으로는 이어지지 않은 것으로 보인다.

하늘을 나는 수레에 대한 기록들

능동적인 비행의 꿈을 접어둔 사람들은 수동적인 활강에 눈을 돌리기도 했다. 낙하산이나 글라이더 또는 커다란 연 등에 사람을 실어 멀리 날려 보내려는 시도가 여기저기서 나타났다. 비행은 능동적으로 에너지를 써서 자유롭게 중력을 거슬러 올라가기도 내려가기도 하는 것이고, 이에 비해 활강은 기본적으로 중력에 순응하여 낙하하는 것이지만 낙하의 속도를 줄여 천천히 내려오면서 방향을 조정하여 원하는 곳에 다다르는 것이다.

활강 비행체에 관련된 것으로 보이는 기록 가운데 흥미로운 것은 조선시대 임진왜란 때 정평구라는 사람이 만들었다는 하늘을 나는 수레 '비거(飛車)'에 대한 것이다. 신경준의 『여암전서(旅菴全書)』나 이규경의 『오주연문장전산고(五州衍文長箋散稿)』와 같은 조선 후기의 책에는 "정평구가 하늘을 나는 수레를 타고 왜병에 포위된 성 안으로 들어가, 친구를 구하여 30리 바깥으로 날아 빠져나갔다"는 이야기가 실려 있다. 이 짧은 구절은 후대 사람들의 상상력을 자극하여, 일제강점기에도 이미 '조선시대에 비행기와 철갑선(거북선)을 만들었다'는 식으로 민족의 상처받은 자존심을 북돋우려는 이야기들이 이런저런 책자에 실려 퍼져나갔고, 오늘날까지도 비거를 복원하려는 시도가 이어지고 있다.

정평구가 임진왜란 당시 진주성에서 장군 김시민을 보좌했던 실존인물이라는 것은 사실이지만, 비거에 대한 기록 가운데 그의 이름을 뺀 나머지 이야기들은 사실 별다른 근거가 없다. 신경준의 책은 임진왜란에서 약 150년 뒤, 이규경의 책은 거의 200년 뒤에 나온 것이고, 임진왜란 당시의 기록 중에는 이와 비슷한 이야기를 찾아볼 수 없다. 신경준은 모호하게 『왜사기(倭史記)』에 실린 이야기라고만 전하고 있다. 이규경의 기록도 양은 많으나 다른 나라의 이야기들을 소개한 것이 대부분이고 정평구 이야기는 사실 신경준의 기록을 그대로 인용한 것이다. 그런데 『왜사기』라는 책은 실존하지 않으므로 결국 신경준의 말도 '일본의 어떤 역사 기록에 따르면' 정도의 뜻일 뿐이다.

물론 옛 문헌을 토대로 정평구의 비거를 복원했다는 기사도 쉽게 찾을 수 있고, 그에 대한 책도 나와 있으며, 과학관에는 심지어 모형까지 전시되어 있다. 하지만 엄밀히 말하면 거기에 복원이라는 말을 쓰기는 어렵다. 우리가 갖고 있는 것은 정평구가 비거를 만들었다는, 그것도 실제 일이 벌어진 뒤 100여년 뒤에 문자로 남긴 몇 줄의 기록이 전부다. 이 정도의 정보로는 비거가 실제로 존재했는지, 존재했다면 어떤 방법으로 하늘을 날았는지, 동력을 이용한 비행인지 활강이었는지 등도 입증할 길이 없다. 우리가 잘 알고 있다고 생각하는 거북선도 오늘날 그 생김새와 구조에 대한 몇가지 설이 합의점을 찾지 못하고 있다. 비교적 자세히 묘사한 글과 그림이 남아 있는 거북선도 이럴진대, 구체적인 기록이 거의 남아 있지 않은 비거를 만들었다면? 그것은 항공공학을 이미 알고 있는 현대인들이 '이 정도라면 날 수 있지 않았을까'라는 생각에 맞춰 만들어본 상상의 산물이지, 역사적 복원이라고는 할 수 없다.

계몽의 시대를 상징한 풍선

중력을 거슬러 올라가는 비행이라면 다들 1903년 라이트 형제의 비행기 시험을 떠올릴 것이다. 하지만 에너지를 이용한 능동적인 비행이라면, 기구 비행까지 거슬러 올라갈 수 있다.

프랑스의 형제 발명가 조제프 미셸 몽골피에(1740~1810)와 자크 에티엔 몽골피에(1745~1799)는 따뜻한 공기가 위로 올라가는 현상을 응용하여 사람을 태울 수 있는 거대한 열기구를 만들었다. 양, 오리, 닭을 태운 최초의 동물 비행은 1783년 9월 베르사유 궁전의 정원에서, 루이 16세와 마리 앙투아네트가 군중과 함께 지켜보는 가운데 이루어졌다. 약 460미터 높이까지 올라갔던 동물들이 무사히 돌아온 것을 본 루이 16세는 사람을 태우고 비행하는 것을 허락했고, 10월에는 동생 에티엔이 직접 기구에 타고 수십미터를 올라가는 데 성공했다. 동력을 이용한 최초의 유인 비행이었다. 이 공로 덕분에 형제의 아버지 피에르 몽골피에는 귀족 칭호를 받았다.

내연기관을 이용한 비행기나 전기로 움직이는 드론이 새로울 것 없는 요즘에는 기구가 느리고 불편한, 그리고 위험하기까지 한 비행 수단으로 보일 수도 있다. 하지만 18세기 말 프랑스 사회에서 하늘을 나는 거대한 풍선은 자연의 한계를 돌파하는 인간 이성을 상징했다. 대혁명 직전의 프랑스에서는 낡은 사회체제와 새 철학이 대립하는 가운데, 과학이야말로 새로운 지식과 힘을 상징하는 것으로 여겨졌다. 옛날에는 기본 원소의 하나라고만 여겼던 공기가 사실은 여러가지 기체의 혼합물이었다는 것이 알려졌고, 같은 공기라도 온도에 따라 밀도가 달라진다는 사실도 과학자들의 실험을 통해 밝혀졌다. 열기구는 당시 과학의 최신 성과에 힘입어 탄생한 새 시대의 상징이었던 것이다.

2

천하제일의 조선 천문학 『칠정산』

서기 610년, 아라비아 반도 메카의 상인 무함마드는 하느님의 계시를 들었다면서 유일신 신앙에 바탕을 둔 새로운 사회를 건설해야 한다고 설파하기 시작했다. 처음에 메카의 지배층들은 무함마드를 대수롭지 않게 여기고 상대하지 않았지만 그와 추종자들의 세력이 점점 커지자 본격적으로 견제하기 시작했다.

서기 622년, 박해에 시달리던 무함마드는 뜻밖의 제안을 받았다. 지역 세력들 사이의 반목으로 몸살을 앓던 이웃 도시 메디나에서 그에게 갈등을 중재할 지도자 역할을 의뢰한 것이다. 무함마드는 추종자들과 함께 메디나로 이주하여 새로 터전을 잡았고, 거기서 힘을 길러 결국 메카를 점령하고 나아가 아라비아 반도 전역을 장악했다. 유일신에게 '복종한다'는 뜻의 아랍어 '이슬람'은 무함마드가 세운 종교의 이름이 되었고, 그 활용형 '복종하는'에 해당하는 단어 '무슬림'은 이슬람교의 신도를 일컫는 말이 되었다. 무함마드의 후예들은 아라비아와 메소포타미아는 물론 페르시아, 북아프리카, 아나톨리아, 안달루시아까지 세력을 넓혔고, 마침내 이슬람을 세계에서 가장 번성한 종교 중 하나로 만들었다.

신을 더 잘 섬기기 위해 발달한 과학

모든 무슬림은 다섯가지 의무를 지켜야 한다. 흔히 '이슬람 신앙의 다섯 기둥'이라고도 하는 이 의무는 신앙고백, 규칙적인 기도, 가난한 이를 위한 기부, 라마단 기간의 단식, 메카 순례 등이다.

그 가운데 규칙적인 기도의 의무를 다하려면 매일 다섯 차례(해뜰녘, 정오, 늦은 오후, 해질녘, 밤) 메카 방향으로 기도를 드려야 한다. 이 정도야 별것 아닌 듯 보이지만, 이슬람 문명의 영역이 애초에 무함마드가 예상했을 범위를 훌쩍 넘어서면서 여러가지 문제들이 생겨났다. 해가 뜨고 지는 위치는 매일 달라지는데, 내일의 정오, 한달 뒤의 정오, 반년 뒤의 정오는 어떻게 예측할 수 있는가? 메카는 어느 쪽인가? 메디나에서 이웃 도시 방향은 쉽게 알 수 있겠지만, 수평선 저 너머 뱅골만이나 수마트라에 사는 무슬림들은 어디를 향해 기도를 올려야 하는가? 기준으로 삼을 만한 건물도 없는 사막이나 초원을 여행하는 이들은 어떻게 시간을 재고, 어떻

이슬람 군주이자 천문학자 울루그베그와 그가 세운 천문대를 그린 구소련의 우표.

게 메카 방향을 알 수 있는가?

이슬람 천문학은 이런 문제들에 대한 답을 찾는 과정에서 발달했다. 아시아, 아프리카, 유럽 세 대륙에 걸친 광대한 이슬람 세계의 여러 도시들에서, 수많은 천문학자들이 자신이 발 디딘 곳의 정확한 위치를 측정하고 그에 바탕을 둔 정밀한 지도와 성도(星圖), 달력을 만들기 위해 하루도 빠짐없이 해와 달과 중요한 별들을 관측했다. 왕들은 유능한 관측가와 수학자들을 고용했고 학교와 도서관과 거대한 관측소를 세우는 데 투자를 아끼지 않았다. 백성들의 신앙생활을 잘 지도하기 위해서이기도 했고, 그렇게 함으로써 자신의 권위를 드높이기 위해서이기도 했지만, 더러는 왕 자신이 과학 연구를 즐기기 때문이기도 했다. 옛 티무르 제국의 수도 사마르칸트에 남아 있는 거대한 천문대는 군주 울루그베그(Ulugh Beg)가 왕세자 시절 직접 건설을 지휘한 것으로, 그의 천문학에 대한 사랑을 보여준다.

『칠정산』과 '묵적납국왕 마합마'

근대 이전의 세계에서 천문학이 가장 발달한 문명은 이슬람 세계와 중국이라고 할 수 있다. 그리고 13세기에 칭기즈칸이 중국과 중앙아시아를 아우르는 대제국을 세우면서 두 세계의 천문학이 서로 만나고 섞이게 되었다. 한반도에도 전통적인 중국 천문학에 더하여 이슬람 천문학이 알려졌다.

중국에서 '회회력법(回回曆法)'이라는 이름으로 전해진 이슬람 천문학의 이치를 완전히 깨친 것은 조선 초의 천문학자들이었다. 세종의 명으로 이순지와 김담 등이 펴낸 천문서 『칠정산(七政算)』이 바로 그 결실이다. 『칠정산』의 내편(內編)은 중국 천문학 체계에, 외편(外篇)은 이슬람 천문학 체계에 바탕을 두고 있다. 중국에서는 회회력법의 계산 결과는 활용하고 있었지만 정작 그 원리는 충분히 깨우치지 못하고 있었는데, 이순지와 김담 등이 중국에서 들여온 회회력법에서 오류를 발견하고 그것을 바로잡아 『칠정산』 외편에 반영했다. 즉 세종 시대의 천문학자들은 당시 세계 천문학의 두 최고봉을 속속들이 이해하고 있었으니, 그 실력이 세계 최고 수준이었다고 해도 지나친 말은 아니다. 『칠정산』이 세계 천문학사에 자랑할 만한 중요한 업적인 까닭이 바로 여기에 있다.

『칠정산』을 비롯하여 회회력법을 다룬 중국과 조선의 문헌들은 "회회력법은 서역 묵적납국왕 마합마(默狄納國王 馬哈麻: 메디나의 지배자 무함마드)가 만든 것"이며, 역법이 비롯된 곳은 "북극고(北極高)가 24도 반, 경도가 중국에서 서쪽으로 107도로 운남(雲南)으로부터 서쪽으로 약 8000여리"에 있다고 회회력법의 내력을 분명히 밝히고 있다. 조선의 학자들은 이슬람의 역사에 대해서도 꽤 소상히 알고 있었던 것이다.

우리는 한국사에 흔적을 남긴 외국인이나 외국 문물의 이야기에 적잖은 관심을 보인다. 조선에 표류해 들어온 얀 벨테브레이와 헨드릭 하멜, 임진왜란 당시 귀화하여 조선의 편에 서서 싸운 일본인 김충선(또는 사야카沙也可) 등의 이야기는 잘 알려져 있다. 나아가 고려가요 중 하나인 「쌍화점」에 등장하는 이슬람 상인 '회회(回回)아비'나, 서역인의 얼굴을 하고 신라 왕릉을 지키는 이름 모를 무인상까지도 상상력을 자극하는 소재로 활용하곤 한다. 하지만 우리 민족이 다른 문명과 교류해온 이야기에는 관심이 많은 데 비해서, 정작 그 다른 문명들의 특징이 무엇이며 그들이 왜, 어떻게 우리와 관계를 맺게 되었는지에 대해서는 상대적으로 관심이 적다. 한국사를 빛내줄 수 있는 외국인이나 외국 문물은 적극적으로 발굴하려 했지만 그들의 문명 자체를 이해하고 존중하려는 노력은 소홀했다고도 할 수 있다.

나를 알리고 싶다면 남을 이해해야 하고, 남에게 영향을 미치고 싶다면 내가 남에게 받은 영향도 제대로 알아야 한다. 『칠정산』은 한국사시험 문제의 단골손님이지만, 이슬람 천문학이 세계 최고 수준이었다는 것을 가르치지 않는 한 학생들은 『칠정산』이 왜 전통과학의 자랑스러운 성과인지 알 길이 없고 단지 '내편은 중국 천문학, 외편은 이슬람 천문학'이라고 외워서 답을 적을 뿐이다. 다른 문명과 무엇을 주고받았는지 알려면 다른 문명을 제대로 익히고 존중해야 한다. 그래야 다른 문명과의 교류를 통해 성장해온 우리 문명도 진정으로 자랑스러워할 수 있을 것이다.

3

미신은 달력이 아닌 우리 마음속에

우리의 일상생활에서 이제 옛 달력은 거의 존재감을 잃어버렸다. 설과 추석의 연휴 계획을 세우거나 조상 제삿날을 확인하기 위해 들춰보는 정도다. 아직도 살아남아 있는 요소가 있다면 24절기일 것이다. 날씨예보에서도 여전히 절기를 중요하게 이야기하고, 절기가 바뀔 때마다 피부로 느끼는 감각이 달라짐을 실감한다. 이를 두고 '절기에 따라 계절이 바뀌는 것을 보면 음력에도 다 이치가 있다'는 말을 종종 듣게 되는데, 사실 이것은 옛 달력에 대한 오해에서 비롯된 생각이다.

동북아시아의 옛 달력은 태음태양력

동북아시아의 옛 달력은 이슬람 문화권의 순태음력과는 달리, 음력(태음력)에 양력의 요소를 가미한 태음태양력이다. 동북아시아에서는 음력을 바탕으로 하면서도 계절의 변화를 반영할 수 있도록 태양의 움직임을 나타내는 지표를 덧붙였다. 그 지표가 동지, 춘분, 하지, 추분과 같은 24절기다.

양력은 태양의 위치를 기준으로 삼으므로 1년의 길이도 일정하고 날짜에 따른 계절의 변화도 일정하다. 그러나 양력 날짜를 파악하는 일은 생각보다 복잡하다. 현대인은 날짜와 시간을 알려주는 정보에 늘 둘러싸여 살고 있으므로 날짜를 직관적으로 따질 필요를 느끼지 못하고 살아간다. 그러나 태양만 보고 오늘이 몇월 며칠인지 알아내려면, 최소한 1년 이상 매일 해가 뜨고 지는 것을 측정해서 데이터를 쌓아야 한다.

모든 사람이 이런 일을 할 수는 없었으므로, 많은 문명권에서 누구나 고개만 들면 밤하늘에서 볼 수 있는 달이 일차적인 달력의 역할을 했다. 달이 보이지 않으면 그믐이고, 꽉 차면 보름이고, 중간의 반달이면 약 이레가 지난 것이다. 그믐에서 다음 그믐까지는 대략 29.5일이므로 한달의 길이도 달을 보면 쉽게 알 수 있다(실제 달력에서는 29일짜리 '작은달'과 30일짜리 '큰달'을 번갈아 배치한다).

그런데 음력에는 한가지 문제가 있다. 달과 지구의 관계에 대해서는 많은 정보를 알려주지만 지구와 해의 관계, 그리고 그로부터 일어나는 계절의 변화에 대해서는 충분한 정보를 알려주지 못한다는 것이다. 달이 차고 이지러지는 주기는 약 29.5일인데 이렇게 열두달이 지나면 약 354일이 된다. 지구가 태양 주위를 한바퀴 도는 시간, 즉 우리가 알고 있는 한해의 길이인 약 365.25일과는 11일 정도의 차이가 난다. 다시 말해 양력의 한해와 음력의 한해는 약 3년이면 한달 정도 어긋나게 된다.

따라서 동북아시아에서는 순태음력의 한계를 보완하기 위해 한편으로는 윤달(19년에 일곱번)을 적절히 넣어 한해의 길이를 맞추고, 다른 한편으로는 태양력에 바탕을 둔 24절기를 추가하여 계절의 변화를 가늠했다. 이를 태음태양력이라 한다. 일상생활의 날짜는 달을 보고 따지지만 계절을 파악하려면 책력을 보고 음력 몇월 며칠에 어느 절기가 오는지 따지는 것이다.

과학도 미신도 모두 인간이 만든 것

이처럼 옛 달력은 음력과 양력을 절충하여 직관적으로 날짜를 파악할 수 있고 계절의 변화도 따라갈 수 있다는 점에서 매우 과학적인 달력이다. 오늘날의 양력 1월 1일이 천체의 운동과는 아무 상관이 없는 날이라는 점을 생각하면, 옛 달력이 더 합리적으로 보이는 면마저 있다. 서양에서도 실제로 태양의 운행에서 의미가 있는 날인 동지나 춘분을 한해의 기점으로 삼자는 주장이 있었다.

그럼에도 옛 달력은 근대로 넘어오면서 미신의 온상으로 손가락질 받는 신세가 되었다. 점을 치고 복을 비는 따위의 문화가 이 달력에 바탕을 두고 있었기 때문이다. 예를 들어 일제강점기에는 '가장 미신이 성행하는 날'인 정월대보름을 전후하여 국민계몽운동의 일환으로 미신 타파에 관한 선전 삐라를 수만장 살포하고 '미신 타파 강연회'를 여는 일들이 잦았다. 1929년 2월 23일자 『동아일보』에서는 신간회가 정월대보름을 맞아 벌인 미신 타파 행렬과 강연회를 자세히 소개하는 기사를 싣기도 했다. 빈곤에서 벗어나지 못하는 처지에 음력 정월에 새해 운세를 묻기 위해 무속인이나 맹인 점술가들에게 적잖은 돈을 쓰는 것이 사회적 낭비라는 인식에서 비롯된 운동이었다.

　미신적 행위의 책임은 사실 달력이 아니라 그것을 사용하는 사람에게 있다. 점을 치고 복을 빌 사람은 양력을 쓰든 음력을 쓰든 그리할 것이기 때문이다. 하지만 숨 가쁘게 근대로 넘어오는 과정에서 옛 달력, 특히 음력이 모든 비난을 뒤집어쓰고 말았다. 나라의 공식적인 달력이 1896년 양력으로 바뀌고 나서 약 90년 동안, 설과 추석은 공식적으로 인정받지 못하는 명절이 되었다.

　비록 나라에서 인정해주지도 않아도 구정과 추석은 끈질기게 살아남았다. 사람들은 휴일도 아닌 설과 추석에 기어이 차례를 지내고 음력 생일과 제삿날을 챙겼다. 마침내 1985년, 전두환 정부는 국민의 환심을 사기 위한 유화책으로 음력설에 '민속의 날'이라는 애매한 이름을 붙여서 하루 휴일로 인정해주었다. 이어 1989년 노태우 정부에서 '설날'이라는 이름을 되살리고, '신정'이라고 불리던 양력설의 사흘 연휴를 음력설로 옮긴 것은 앞서 언급한 바 있다.

우리가 현행 양력을 버리고 옛 달력으로 돌아갈 일은 아마 없을 것이다. 그러나 옛 달력이 쉬이 사라지지도 않을 것이다. 중국의 14억 인구가 춘절(설)과 중추절(추석)을 성대하게 쇠고 있기 때문이다. 국제적으로 유례가 없다거나 비과학적이라거나 미신적이라는 등, 옛 달력을 없애려던 명분들이 오히려 근거를 잃은 것이다. 그렇다면 지난 한세기 동안 옛 달력에 씌웠던 선입견을 벗겨내고 옛 달력의 장단점을 차분히 생각해보는 것은 어떨까? 온가족이 함께 명절을 준비하고 한가위 달을 보면서, 언제나 하늘에서 날짜를 확인할 수 있는 옛 달력의 편리함을 새삼 느끼고 우리 전통사회의 과학 수준에 대해서도 새롭게 생각해볼 수 있을 것이다.

4

서양 선교사를 늦게 만나
일찍 근대화를 하지 못했다는 착각

네덜란드 덴하그(헤이그)의 국립문서보관소에는 네덜란드 동인
도회사(VOC)의 각종 문서들이 고스란히 보관되어 있어서 해양
강국으로 큰 부를 쌓아올렸던 네덜란드의 호시절을 엿볼 수 있다.
17~18세기의 항해용 해도 대부분은 인도양을 그린 것이다. 북서유
럽에서 남아프리카를 거쳐 인도양에 이르는 항로에 대한 정보가
네덜란드의 무역 활동의 핵심을 이루고 있었기 때문이다.

해도들이 다루는 지역은 오늘날의 인도네시아와 필리핀에 해당
하는 수천개의 섬들을 지나 남중국해를 거쳐 중국의 남부 해안 도
시들과 일본의 규슈 지역까지 뻗어 있다. 그러나 그보다 좀더 북쪽,
즉 한반도와 중국 북부, 일본 혼슈 지역 등은 좀처럼 네덜란드 사
람들의 해도에 등장하지 않는다. 네덜란드 동인도회사의 관심사였

던 향신료가 나지 않는 지역이기도 했고, 세 나라 모두 강력한 중앙정부가 외국과의 교역을 그다지 원치 않았기 때문일 것이다.

뒷날 영국이 아편전쟁에서 모두의 예상을 깨고 청에 일방적인 승리를 거두기 전까지만 해도 유럽인들은 중국과 같은 강대한 나라를 무력으로 좌지우지하는 것이 불가능하다고 믿었다. 따라서 유럽의 강대국들은 17~18세기에 동남아시아와 남아시아를 유린하며 큰 부를 쌓아올리면서도 동북아시아에 대해서는 큰 욕심을 내지 않았다. 도자기와 차 등 중국과 일본에서만 구할 수 있는 특산품을 거래하기 위해 유럽의 배들이 오가기는 했으나, 중국과 일본의 중앙정부는 정해진 장소에서만 교역을 허가하는 등 교역의 주도권을 놓치지 않기 위해 최선을 다했다.

아쉬움의 근원은 무엇인가

조선은 도쿠가와 막부와 청 제국보다도 더 소극적이었다. 조선 정부는 해금(海禁) 정책을 펼쳐 대양 항해를 철저히 금지했으므로, 배들은 조선의 강역을 벗어나지 않고 연안과 강을 오르내렸을 뿐이다. 따라서 하멜처럼 '운 나쁘게' 조선 땅에 표착한 이들의 기록을 빼고는 조선에 대한 정보가 유럽에 거의 알려지지 않았다. 이는 유럽이 조선에 관심이 적었기 때문이기도 하지만 조선이 사대교린의 세계 이외의 바깥에 관심이 적었기 때문이기도 하다.

그럼에도 불구하고 한국의 사학계나 독서대중은 일찍부터 서양인과 조선인의 만남, 또는 서양 문물의 조선 전래에 대해 대단히 관심이 많았다. 쉽게 짐작할 수 있듯이, 그 배경에는 조선이 자생적인 근대화를 이루지 못했다는 아쉬움이 깔려 있다. '왜 자생적인 근대화를 이루지 못했는가'라는 질문을 던지고 나니 '서양의 과학기술을 일찍 받아들이지 못해서'라는 답이 나오고, 그 까닭을 다시 물으니 '서양인과 너무 늦게, 드물게 만나서'라는 답이 따라 나오는 것이다. 때로는 '서양 선교사가 진작 조선에도 왔다면 좋았을 텐데'라는 아쉬움을 드러내는 이들도 있다.

서양인과 일찍 또 자주 만나서 서양 문물을 잘 받아들이면 근대화로 이어지는가? 사실 논리적으로 필연적인 귀결은 아니지만, 적잖은 사람들이 그렇게 믿고 있다. 다름 아닌 일본을 의식해서다. 막부가 제한적으로나마 나가사키 등을 통해 네덜란드의 문물 과학과 의학을 받아들이고, 그것이 메이지유신 이후에 서양 과학기술을 효과적으로 익히고 나아가 일본이 아시아의 유일한 제국주의 열강으로 성장하는 밑거름이 되었다는 생각은 일본에서뿐만 아니라 한국에서도 많은 이들이 사실처럼 받아들이고 있다.

그런데 이와 같은 서사는 일본에서도 먼 훗날 자신들의 '성공'을 어떻게든 설명해야겠다는 목표 아래 구성된 것이다. 일본 사학계 안에서도 19세기 말 일본의 급성장은 국내외적으로 여러가지 행운이 겹쳤기 때문이라고 보는 주장 또한 만만치 않다. 행운도 실력이라고 인정하더라도, 서양인과 얼마나 자주 또는 일찍 접촉했는지가 과연 그렇게 결정적인 요인이었는지는 의문의 여지가 많다.

'잘못된 만남'을 피했다면 기뻐할 일이 아닌가?

가령 높은 주거 비용에 지친 오늘날의 청년 세대가 아버지 또는 할아버지에게 "40년 전에 강남에 땅도 안 사두고 뭐 하셨어요"라고 불평한다고 상상해보자. 당연하게도, 역사의 결과를 미리 알고 있지 않는 한 이런 주장은 성립하지 못한다. 19세기 중반 이전의 세계에서는 유럽인들조차 유럽이 동아시아를 쉽게 압도할 수 있으리라고 생각지 못했다. 그러니 망국의 한을 거꾸로 대입하여 "왜 그때 더 열심히 배우지 않으셨나요"라고 조상들을 원망한들 부당한 질문이 될 수밖에 없다.

더구나 일본처럼 서양과의 만남이 좋은 결과를 불러온 것은 아주 예외적인 일이다. 일본이나 중국보다 일찍 유럽과 만났던 동남아시아의 여러 나라들은 모두 식민지로 전락하여 가혹한 수탈을 감내해야 했다. 네덜란드의 군대가 몰려가서 격렬한 전쟁으로 수많은 선주민의 목숨을 빼앗고 바타비아(오늘날의 자카르타) 식민지를 건설한 역사를 생각하면, 군대를 실은 멀쩡한 배가 들어오지 않고 하멜이나 벨테브레이 등이 도움이 필요한 처지로 떠내려온 것은 조선에 오히려 행운이 아니었겠는가?

역사는 과거를 탓하기 위해 공부하는 것도, 마음의 위안을 찾으려고 공부하는 것도 아니다. 이루지 못한 근대화에 대한 아쉬움은 한국인 누구나 느낄 수밖에 없는 것이겠지만, 그렇다고 당시 일어나지 않았고 예상할 수도 없었던 미래에 끼워 맞춰 과거의 일을 재단하는 것을 정당화해주지 않는다.

정작 던져야 할 질문은 '얼마나 일찍 서양 선교사를 만났는가' 또는 '얼마나 일찍 자명종을 들여왔는가' 같은 것이 아니라, 당시 조선 사람들은 무엇을 알고 싶어했는지 또는 당시 조선 사람들은 어떤 문제를 가장 먼저 해결하고자 했는지 같은 물음이 아닐까? 이렇게 우리의 시각에서 질문을 새롭게 던질 때, 조선과 유럽 간 교류의 역사도 주체적인 관점에서 새롭게 쓸 수 있을 것이다.

5

되찾은 한글, 어떻게 쓸 것인가

최초의 한글 타자기는 세로로 쓰는 타자기였다. 가로로 쓰도록 만든 로마자 타자기를 구태여 개조하여, 구태여 옆으로 누운 한글 글씨를 찍은 뒤, 구태여 그것을 다시 돌려서 읽게끔 만든 것이다.

어쩌자고 이렇게 많은 '구태여'를 무릅쓰고 세로쓰기 타자기를 만들었을까? 한글은 원래 세로로 쓰는 문자였기 때문이다. 돌돌 말려 있는 얇은 종이에 붓으로 글씨를 쓰던 동아시아에서는 두루 마리를 왼쪽으로 펴면서 오른쪽부터 세로로 글씨를 쓰는 문화가 자리를 잡았다. 훈민정음도 이 문화 안에서 생겨난 문자였으므로 당연히 오른쪽 위부터 세로로 썼다. 가로쓰기가 일상의 대세가 된 오늘날에도 서예는 세로쓰기가 보통인 것도 이와 무관하지 않다. 뒷날 궁체(宮體)라고 불리게 되는 한글 붓글씨가 수백년에 걸쳐 형성되어오면서 모음의 세로획들이 시각적인 뼈대를 이루었다. 자연히 음절을 세로로 이어 썼을 때 더 보기 좋다.

받침을 아래가 아닌 옆으로 옮겨 적어

글을 가로로 쓰는 서쪽 나라에서 온 이방인들도 이 사실을 잘 알고 있었다. 기록이 남아 있는 가장 오래된 한글 타자기는 사실 미국인이 만든 것이다. 1913년 프랭크 앨러드가 미국 특허청에 언더우드(Underwood)타자기 회사를 대표하여 한글을 찍을 수 있는 타자기의 특허를 출원, 1916년 승인을 받았다(재미교포 이원익이 1914년 무렵 만들었다는 타자기보다 1년가량 앞선다). 그런데 미국인이 만들고 미국에 특허를 신청한 이 타자기도 세로쓰기 타자기였다. 한글 자모가 반시계 방향으로 90도 돌아가 있어서, 가로쓰기 타자기를 찍듯이 글씨를 찍고 나서 종이를 시계 방향으로 돌리면 세로로 쓴 것과 같은 문서를 만들 수 있다. 여담이지만 언더우드타자기 회사가 한글 타자기의 특허를 출원한 까닭은, 회사의 설립자이자 사장인 존 토머스 언더우드가 한반도에서 원두우(元杜尤)라는 이름으로 선교를 하던 호러스 그랜트 언더우드의 형이었기 때문이다.

한반도에 온 서양 사람들이 무조건 관행에 맞추기만 한 것은 아니었다. 특히 선교사들은 성서와 각종 종교 서적들을 한글로 번역하면서 왼쪽부터 가로쓰기를 하는 서양식으로 책에 담아내려고 시도하기도 했다. 로마자나 아라비아 숫자와 어울려 쓰려면 아무래도 가로쓰기가 나았기 때문이다. 이 과정에서 영어의 영향을 받아 구두점이나 띄어쓰기와 같은 새로운 요소들이 도입되었다. 마찬가지 이유로 서양 학문인 수학과 과학을 담은 교과서들도 더러 가로쓰기를 시도했다.

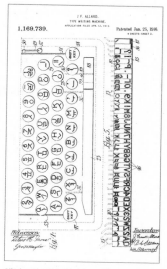

앨러드가 만든 언더우드 한글 타자기 특허 문서.

그러나 미국은 멀고 일본은 가까워서, 일제강점기가 끝날 때까지도 글은 세로로 쓰는 것이 당연하게 여겨졌다. 기술적으로도 세로쓰기에 맞춰 발달한 일문의 활자와 조판 및 인쇄 시스템에 한글을 추가해서 쓰는 상태를 벗어날 수 없었다.

여기에 문제를 제기하고 일문이나 한문과 구별되는 한글 고유의 쓰기 문화를 만들어내고자 했던 사람들이 바로 한글운동가들이다. 지금의 눈으로는 놀랍게 보일 만한 일이지만, 그들은 한글이 한자나 가나보다는 같은 소리글자인 로마자에 가깝다고 생각하고, 새 시대의 한글은 한자 문화의 영향에서 벗어나 로마자를 쓰듯이 써

최현배가 주시경에게 받은 한글학교 졸업장. 풀어
쓰기로 써 있다. 음가가 없는 초성 이응(ㅇ)을 아
예 빼고 쓰는 것이 특징적이다.

야 한다고 주장했다. 가로로 쓰고, 띄어 쓰고, 그리고 풀어쓰자는
것이 그들의 바람이었다.

가로로 띄어 쓰는 것이야 이상할 것이 없지만, 굳이 풀어서까지
써야 하는가? 현대인의 눈에는 지나쳐 보이겠지만, 주시경과 최현
배 등 한글운동의 선구자들은 가로쓰기와 풀어쓰기를 사실상 구
별하지 않았다. 세로로 모아쓴 한글을 가로로 고쳐 쓰면서 받침을
아래가 아니라 옆으로 옮겨 적는다면 이미 절반가량 풀어쓴 것이
나 다름없기 때문이다. 이들은 모아쓴 한글이 네모 안에 부수를
욱여넣는 한자 문화의 잔재라고 보고, 이 속박에서 해방된다면 우
수한 소리글자인 한글의 잠재력이 자유롭게 꽃필 수 있을 거라고
생각했다.

컴퓨터 한글은 풀어쓰기 절반의 성공

한글 타자기를 더 쉽게 만들 수 있다는 것은 (가로)풀어쓰기를 주장한 이들에게 또 하나의 매력이었다. 일본과 중국에서 쓰던 기계식 타자기는 1000여자의 한자를 담아야 했기에 로마자 타자기와는 전혀 다른 구조를 가질 수밖에 없었다. 속도도 너무 느려 타자기라기보다는 간이 인쇄기에 가까운 느낌이었다. 만일 로마자 타자기처럼 빠르고 효율적인 한글 타자기를 만들 수 있다면, 그것은 동아시아에서 유일한 소리글자인 한글의 우수성을 만천하에 보여주는 살아 있는 증거가 되리라는 것이 한글운동가들의 생각이자 바람이었다. 그렇게 빠르고 효율적인 타자기를 만들려면 아무래도 풀어쓰기 쪽이 유리했으므로, 한글 기계화에 유리하다는 장점은 컴퓨터 시대가 오기 전까지 풀어쓰기를 옹호하는 주요 논리 가운데 하나가 되었다.

이 모든 것은 한글 전용을 전제로 한다. 한자는 풀어쓰기와도, 빠르고 효율적인 타자기와도 전혀 어울리지 않기 때문이다. 즉 한글 풀어쓰기를 주장하는 이들은 이미 한자는 더이상 쓰지 않는 것으로 당연하게 전제하고 이야기를 시작하는 것이다. 그리고 바로 그런 이유로 이들의 주장은 한국 사회에서 한동안 비주류로 몰릴 수밖에 없었다. 광복 후에도 1980년대 후반까지 신문이나 공문서 등에 한자를 섞어 쓰는 것을 당연하게 여겼고, 그에 따라 풀어쓰기는 일부 과격한 이들의 망상 정도로 치부되었다. 한글 타자기도 중요한 문서를 준비할 때는 뒷전으로 밀려나곤 했다. 1988년 창간한 『한겨레』가 순한글 가로쓰기로 신문 전체를 편집한 것이 많은 독자들에게 충격적인 실험으로 다가왔다는 사실은 한글을 어떻게 쓸 것인가에 대한 오랜 논쟁의 역사를 반영한다.

풀어쓰기 자체는 널리 퍼지지 못하고 말았지만, 풀어쓰기를 주장했던 이들의 정신은 살아남았고 마침내 승리했다고도 볼 수 있다. 오늘날 컴퓨터 등에서 한글을 다루는 방식은 '입력은 풀어쓰기, 출력은 모아쓰기'라고 할 수 있다. 낱글자의 크기와 모양이 어떻게 달라지는지 전혀 생각할 필요 없이 풀어쓰듯 글쇠를 누르면, 전자회로가 알아서 모아써주기 때문이다. 그리고 한글 전용은 이제 되돌릴 수 없는 대세가 되었다.

현재 젊은 세대에게 한자를 섞어 세로로 쓴 1970년대의 신문은 1910년대의 신문이나 별반 다를 바 없는 고문서로 다가올 것이다. 이런 면에서, 한국어는 동북아시아 언어 중 쓰기 문화에서 가장 큰 변화를 겪었다고도 할 수 있다. 약 2000년 동안 지속되어온 한자의 영향을 완전히(어쩌면 지나치게) 털어버렸기 때문이다. 20세기 초에 동아시아의 지식인들이 이웃 나라의 언어를 잘 몰라도 한자가 많이 들어 있는 문서는 대충 읽을 수 있던 것에 비해, 오늘날의 한국인들은 일본과 중국의 언어를 따로 공부하지 않으면 전혀 읽을 수 없다.

이런 변화가 저절로 일어난 것은 아니다. 아직도 한자에 깊이 의지하는 일본과 비교해보면, 한글이 한자와 결별한 것은 당연히 일어날 일이었다기보다 여러 사람들이 의식적으로 노력한 결과라고 보아야 할 것이다. 일본에서도 한자를 쓰지 말고 가나만으로 글을 쓰자는 주장이 더러 있었으나, 큰 지지를 얻지 못하고 사라지고 말았다는 점을 생각하면, 한글 전용의 성공은 오히려 놀라운 일이라고 할 수 있다. 한글이 한자나 가나와 본질적으로 달랐다기보다는, '달라야 한다'는 믿음을 간직한 이들이 달라지는 방향으로 한글과 한국어를 갈고 닦은 것이 결국 이러한 차이를 낳은 것은 아닐까?

6

외래 기술 연탄, 한국인의 추억이 되다

"연탄재 함부로 발로 차지 마라. 너는 누구에게 한번이라도 뜨거운 사람이었느냐." 안도현의 시 「너에게 묻는다」의 전문이다. 많은 사람들이 이 시를 기억하는 것은 간결하면서도 주제가 분명하기 때문일 것이다. 그리고 주제가 분명하게 드러나는 것은, 한국인이라면 연탄재와 그것을 발로 차는 행위가 무엇인지 설명할 필요가 없을 정도로 잘 알고 있기 때문이다.

집에서 연탄을 때던 기억이 남아 있는 세대는 모든 빛을 빨아들이는 것 같은 연탄의 검은 표면을, 추운데 밖으로 나가 연탄을 갈아야 하는 번거로움을, 아궁이를 열 때 확 풍겨오는 가스 냄새를, 의외로 쓰임새가 많던 연탄집게를 기억한다. 또 겨울에 골목길이 얼면 연탄재를 부수어 흩뿌리던 모습과 발아래 부스러지는 감각도 기억한다. 물론 이 기억을 모든 세대가 공유하는 것은 아니지만.

군함의 기관실에서 서민의 부엌으로

석탄은 수억년 전의 식물들이 땅속에 묻혀 생겨난 것이다. 인간은 수천년 전부터 석탄을 캐서 연료로 써왔다. 산업혁명 이후 증기기관에 물을 끓여 대기 위한 석탄의 수요가 엄청나게 증가했고, 기술자들은 예전에는 잘 쓰지 않던 질이 낮은 석탄도 가공하여 쓸 수 있는 방법을 연구하기 시작했다. 곱게 간 석탄 가루에 소석회(수산화칼슘)를 비롯한 첨가제를 섞고 풀 역할을 하는 물질(점결제)을 넣어 굳히면 일정한 크기와 품질의 연료를 얻을 수 있다. 석탄을 그냥 때는 것에 비해 연소 효율도 높고, 첨가제가 석탄 속의 황 성분을 고정시켜 연소 가스의 냄새도 줄어들기 때문에 사용이 편리해졌다. 유럽에서는 19세기 말 벽돌 모양의 성형탄(석탄 브리켓)을 만드는 기술이 정착되어, 엄청난 양의 성형탄을 실은 상선과 군함들이 바다를 누비기 시작했다.

근대기술 도입과 근대적 군사전력 확충에 박차를 가하던 일본에서도 발 빠르게 이 기술을 받아들였다. 특히 군함의 연료로 성형탄을 사용하기 위해 많은 궁리를 했다. 벽돌형 성형탄뿐 아니라 우리나라에서 '조개탄'이라는 이름으로 부르는 조약돌 모양의 성형탄도 널리 이용되었다.

그런데 일본산 석탄은 영국이나 미국의 석탄과 비교하여 연소할 때 검댕이 많이 나오고 화력이 약하다는 등의 단점이 있었다. 이를 개선하기 위해서는 성형탄에 공기가 드나들 수 있는 구멍을 많이 만드는 방법을 생각해볼 수 있다. 이렇게 하면 연소가 활발해지고 화력이 높아져 완전연소에 가까워진다. 우리에게 친숙한 원통형의 연탄은 이 단점을 개량하기 위해 노력하는 과정에서 탄생했다.

원통형 연탄을 개량하여 가정용 연료로 보급하는 데 이바지한 사람은 오노자와 다쓰고로였다. 그의 고향 군마현은 양잠으로 유명한 고장이었는데, 오노자와는 겨울에 누에의 보온을 위해 석탄을 때다가 더 효과적인 방법을 궁리한 끝에, 원통형 연탄의 형태에 맞추어 토기로 만든 원통형 도가니와 덮개 등을 개발했다. 오늘날 우리가 알고 있는 연탄 곤로(焜爐의 일본어 발음)는 오노자와가 발명한 모습에서 크게 바뀌지 않았다.

오노자와는 연탄도 가정에서 쓰기 편하도록 개량했다. 당시 가정에서는 연탄이 불붙이기도 어렵고 냄새가 많이 나서 쓰기를 꺼렸는데, 석회를 혼합하여 황산화물의 발생을 억제하고, 목탄으로 만든 착화제(오늘날 우리가 '번개탄'이라고 부르는 것과 같은 성분이다)를 이용하여 성냥 하나로 불을 붙일 수 있도록 개량한 것이다. 오노자와가 개량한 연탄과 연탄 곤로는 1930년대부터 큰 인기를 끌었다. 이 연탄은 아홉개의 구멍이 뚫려 있어 '구혈탄' 또는 '구공탄'이라는 별명으로 불리게 되었다.

서민의 애환이 서린 땔감

일제강점기에는 광산 개발이 활발하게 이루어졌으므로 한반도 북부 지방의 석탄을 이용한 연탄 생산도 늘어났다. 신문에도 1930년 대에 이미 '구혈탄'이라는 이름이 심심찮게 등장하기 시작한다. 인구가 늘고 도시화가 진척되면서, 농경사회에서처럼 장작을 연료로 쓰는 일이 점점 어려워졌다. 땔나무를 구하기도 어려웠고, 밀집된 도시의 좁은 주택에서 장작을 땔 수도 없었기 때문이다. 도시에 모여 살게 된 사람들은 언제고 간편하게 사서 쓸 수 있는 연탄을 때어 방을 데우기도 하고 음식을 조리하기도 했다. 공짜에 가까웠던 장작과 비교하면 돈이 적잖이 들었지만, 먼 나라에서 수입하는 석유보다는 어쨌든 싸고 구하기도 편했다.

광복 후에도 연탄은 도시 서민의 땔감으로 요긴하게 쓰였다. 집이 넓은 이들은 겨우내 쓸 연탄을 창고에 쟁여두었고, 그럴 여유가 없는 이들은 저녁 찬거리로 콩나물이나 두부를 사듯 그날 쓸 구공탄을 귀갓길에 한두개씩 사들고 가기도 했다. 1960년대 후반부터 석유 곤로가 조금씩 보급되기 시작했고, 1970년대부터는 서울의 신축 아파트에 도시가스도 시범적으로 공급되기 시작했지만, 1980년 대까지도 연탄으로 난방을 해결하는 단독주택이 많았다.

연탄도 십오공탄, 십육공탄, 십구공탄 등으로 점점 개량되었다. 구멍이 늘어나면 연소 효율이 높아지고 화력도 좋아지지만 그만큼 연탄이 빨리 타 없어진다. 따라서 연탄의 구멍이 늘어나는 것은 어떤 면에서는 한국의 경제성장을 반영하는 것이기도 했다. 덜 따뜻하더라도 연탄 한장을 오래 태우는 것이 중요하던 시기에 비해, 지속 시간이 짧더라도 더 따뜻한 연탄을 선호하는 사람들이 늘어났다는 뜻이기 때문이다.

하지만 연탄은 자주 크나큰 아픔을 안겨주기도 했다. 완전연소하지 않은 탄소는 유독 가스인 일산화탄소가 되어 사람들을 습격했다. 구혈탄이 처음 소개된 1930년대 초에도 이미 연탄가스 중독으로 아이들이 목숨을 잃었다는 안타까운 소식이 신문 지면에 오르내리곤 했다. 1960년대 급속한 도시화가 진전되고, 이촌향도로 도시 서민 인구가 급증하면서, 연탄가스 중독 사고도 그에 비례하여 급속히 늘어났다.

연탄가스 중독은 한국에서만 독특하게 일어나는 사고여서 해외의 발달된 의술의 도움을 받기도 쉽지 않았다. 원통형 연탄을 쓰는 나라가 일본과 한국뿐인데다, 바닥을 데우기 위해 밤새 연탄을 때는 곳은 한국 말고는 없었기 때문이다. 그래서 1970년대 서울대학교병원의 의사들은 독자적으로 일산화탄소 중독 응급환자를 치료하기 위한 고압 산소 탱크를 개발하기도 했다.

낭만적인 과거가 아닌, 살아 있는 현재

수도 체계가 완비된 요즘 한옥집 마당에 펌프를 박아 물을 퍼올리는 풍경이 낯설듯이, 도시가스 망이 도시 대부분을 가로지르는 요즘에는 집집마다 연탄을 들이는 모습도 흔히 보기 어렵다. 대도시에 도시가스 공급망이 갖춰진 뒤 성장한 세대의 기억 속에서, 난방이나 온수는 벽에 붙어 있는 스위치를 누르면 알아서 해결되는 '인프라'의 일부분일 뿐이다.

그러나 오늘날에도 연탄은 적지 않은 가구의 겨울을 책임진다. 단지 도시의 인프라를 당연히 누리고 사는 사람들의 눈에 잘 띄지 않을 뿐이다. 도시 생활은 수많은 네트워크를 밑바탕에 깔고 이루어진다. 전기, 전화, 상하수도, 가스, 유무선 인터넷 등 각종 네트워크로 가득 찬 세계는 편리하지만, 그 편리함은 공짜가 아니다. 네트워크의 효용을 누릴 수 있는 크지 않은 대가가 누군가에게는 네트워크로 들어가기 어렵게 만드는 진입 장벽이 되기도 한다. 추운 겨울이 올 때마다 추위를 면하는 것을 넘어서 더 많은 사람들이 따뜻함과 편리함을 나눌 수 있는 방법은 무엇일지 다시 생각해본다.

7

우리 근현대사의 애환, 리어카

　1만원권 지폐 뒷면에는 한국 과학기술의 과거와 현재를 상징하는 세 가지 물건이 그려져 있다. 천상열차분야지도(국보 제228호), 혼천의 및 혼천시계(국보 제230호), 보현산 천문대의 1.8미터 광학 망원경이다. 이 가운데 혼천시계는 조선 현종 때인 1669년 홍문관 천문학자 송이영이 만든 것으로 밝혀져 있는데, 서양의 정교한 자명종 기술을 소화하여 동아시아식으로 시간과 천체 운행을 표시하도록 만든 독특한 기계다.

　혼천시계는 지금은 국보가 되어 고려대학교 박물관에 보존되어 있지만, 세상에 널리 알려진 지 얼마 안 된 물건이다. 아무도 알아보지 못하던 이 물건이 1930년대에 어떻게 궁 밖으로 흘러나왔는지 모르겠지만, 그것을 고물장수가 리어카에 싣고 가는 모습을 인촌 김성수가 인사동 거리에서 우연히 보고는 양옥집 한채 값을 주고 사들인 덕에 세상에 남아 각광받게 되었다.

이밖에도 가늠하기 어려울 만큼 많은 물건들이 광복과 분단, 전쟁으로 이어지던 혼란한 시기 이곳저곳으로 흩어졌다. 더러는 누군가가 빼돌렸을 테고, 더러는 가치를 알아보지 못한 이들이 내버렸을 터이다. 경성제국대학을 접수하여 한국인의 대학으로 재건하기를 꿈꾸던 한국인 과학기술자들은, 양주 공덕리(현 서울 노원구 공릉동)의 이공학부 건물을 미군이 사용하게 되면서 유리기구나 실험장비들을 거추장스럽다며 내다 버리는 모습을 보고 절망감을 느꼈다. 이런 좋지 않은 일에도, 일일이 기록에 남지는 않았지만, 리어카는 항상 어딘가에 있었을 것이다.

서울대학교 설립 초기에 교수로 일했던 수학자 이임학(1922~2005)은 1947년 남대문시장 한편의 쓰레기더미에서 『미국수학회보』를 발견했다. 그는 리어카에 실려 폐지로 팔려갈 수도 있었던 학술지들을 들여다보다가, 세계적인 수학자 막스 초른이 알 수 없다고 남겨둔 문제에 주목했다. 그리고 이 문제를 풀어 학회 편집인에게 편지를 보냈다. 그 결과는 2년 뒤 『미국수학회보』에 정식으로 실려 한국에도 뛰어난 수학자가 있음을 세계 수학계에 알리는 효시 노릇을 했다(그러나 이임학이라는 이름이 낯선 까닭은, 그가 캐나다 유학 중 정부의 무조건적인 귀국 강요를 거부하고 결국 캐나다로 망명했기 때문이다).

근대 산업사회의 손수레, 리어카

짐을 수레에 싣는 것은 당연한 일 아닌가, 인간이 바퀴를 발명한
이래로 늘상 해오던 일 아닌가 의아하게 여길 수도 있을 것이다. 하
지만 수레 중에서도 리어카는 엄연히 근대의 발명품이다. 심지어
일상에서 당연히 여기는 물건치고는, 유별나게도 발명한 때와 발
명자의 이름이 정확히 기록으로 남아 있다. '리어카'라는 말은 '뒤
(rear)에서 미는 수레(car)'라는 뜻이라지만, 영어 낱말이기는 한데
어딘가 어색한 느낌을 지울 수 없다. 이런 느낌을 주는 낱말들이
대부분 그렇듯 리어카도 일본에서 발명되었다. 일본 시즈오카현의
모치즈키 도라이치라는 이가 1921년 무렵 철근과 고무 타이어 같
은 소재를 이용하여 나무 손수레를 개량했고, 당시 일본에 막 수
입되기 시작했던 사이드카(sidecar)에서 유추하여 리어카라는 이
름을 붙였다고 한다.

리어카는 비교적 흔한 자재를 이용하여 싸게 만들 수 있었고, 그
러면서도 볼베어링 같은 부속을 이용한 덕에 많은 짐을 효과적으
로 실어 나를 수 있었다. 전통사회에서 근대사회로 급속하게 넘어
가던 동아시아의 대도시들에서 리어카는 서민들의 짐을 날라주며
물자 유통에 큰 몫을 떠맡았다. 연탄이, 이삿짐이, 김장용 배추가,
쓰레기와 고물이, 리어카를 타고 자동차가 다니기 어려운 골목 사
이사이를 드나들었다. 마치 적혈구와 백혈구가 모세혈관을 타고 몸
속 구석구석까지 돌듯.

한편 리어카는 동력이 없이도 무거운 짐을 안정적으로 싣고 다닐 수 있었기 때문에, 잘 궁리하면 바퀴 달린 주방을 만들 수 있었다. 군고구마니 풀빵이니 냉차니 하는 군것질거리를 파는 행상들이 리어카를 개조하여 취사 설비를 싣고 길가를 누볐고, 이들은 주기적으로 '불량식품 퇴치'를 내세운 단속 공무원과 실랑이를 벌이곤 했다.

한반도의 신문에도 1930년대부터 '리야카' '리아카' 등의 이름이 눈에 띄기 시작한다. 초창기에는 그래도 꽤 값이 나가는 물건이라 도난 사건에 대한 기사 같은 것이 많았지만, 차차 우리 일상의 배경을 채우는 당연한 물건으로 녹아들어갔다. 경제가 성장하고 서울 등 대도시의 인구가 폭발적으로 늘어나는 1960년대 이후 리어카가 신문에 나오는 횟수도 급격히 늘어난다. 새마을운동이 한창 기세를 올리던 1972년에는, 김현옥 내무부장관이 기자간담회에서 지게부대를 리어카부대로 바꾼 것이 새마을운동의 성과이며, 나아가 리어카 부락을 삼륜차 부락으로 바꾸는 것이 새마을운동의 장래 목표라고 말하기도 했다.

리어카에 새겨진 노동의 흔적

요즘에는 골목길에서 리어카를 마주치는 일이 많이 줄었다. 좀 넓은 길은 자동차, 좁은 길은 전동카트 등이 나눠 맡으면서 가파른 골목길을 사람의 근력에만 의지해 올라가는 일이 줄어들었다. 그뿐만 아니라 대도시의 재개발이 활발해지면서 가파른 골목길 자체가 많이 줄어들기도 했다. 예전의 가파른 동네 골목길들은 상당수 단지 안의 길이 되어서 이제 주위를 다니는 사람들의 눈에는 잘 띄지 않게 되었다.

그러나 여전히 노동의 중요한 도구로서 리어카는 우리 곁에 있다. 우리가 낮에 도심에서 보지 못한다 해도, 밤에, 새벽에, 변두리의 길가에서, 여전히 리어카를 밀고 끌며 다른 이들에게 꼭 필요한 노동을 공급하는 이들이 있다.

리어카는 손수레의 연장선 위에서 태어난 기술이지만, 산업사회의 생산력이 비약적으로 높아진 덕에 오늘날과 같은 모습을 갖추게 되었다. 리어카의 부속들은 비싸고 귀한 것들은 아니다. 산업 현장에서 남는 쇠파이프와 철근, 남는 타이어와 나일론 밧줄 같은 것들을 조합하면 리어카를 만들 수 있다. 그런데 이런 물건들이 부산물로 싸게 나올 수 있는 사회란 이미 산업화를 경험한 사회일 수밖에 없다. 농경사회 어디에서 잉여분의 철근과 고무 타이어를 찾을 수 있겠는가?

그런 의미에서 리어카는 이른바 인류세(anthropocene)의 고유한 유물 중 하나로 남을 수도 있다. 나무 손수레가 썩어 자연으로 돌아간 뒤에도 오랫동안, 산업사회에서 태어난 강철과 합성수지는 지구상에 남아 거기 아로새겨진 인간의 노동을 증언할 것이다.

8

아파트에 김치냉장고를 두고 살기까지

한반도 최초의 아파트는 일제감점기인 1930년대 일본인 노동자의 집단 숙소로 지은 것이다. 광복 이후로 한정하면 1958년 종암아파트가 건립되었고, 1962년에는 대한주택공사가 마포 일대에 최초의 대단지 아파트를 짓기 시작함으로써 한국인의 주거 문화에 큰 변화를 가져왔다. 아파트에 대한 인식도 노동자의 집단 거주지에서 중산층의 고급 주택으로 바뀌었고, 1980년대의 부동산 투기 열풍 덕분에 아파트는 재산 축적과 증식의 가장 확실한 지름길이 되었다.

'2019 인구주택총조사' 자료에 따르면 한국인의 절반 이상이 아파트에서 살고 있다. 새로 공급하는 주택도 아파트가 절대적으로 많다는 점을 감안하면 아파트가 한국의 주거 문화를 대표하는 현상은 앞으로 더욱 뚜렷해질 것이다.

그런데 아파트는 원래 서양의 주거 문화에 뿌리를 두고 만든 것이었으므로, 한국인이 아파트에 들어가서 살자니 뭔가를 얻는 대신 뭔가를 포기해야 하는 상황이 되었다. 초창기 마포 아파트 단지에서 이미 이런 문제들이 불거져나왔다. 서구식 생활에 가까워지겠다는 기대를 안고 입주한 이들이 이내 하나둘씩 불편을 호소하기 시작했는데, 대표적인 것이 난방과 장류의 보관 문제였다.

구들장 없는 온돌

전통 가옥에 살던 한국인들은 온돌로 바닥을 데우는 난방 방식에 익숙해져 있었다. 그러나 초창기의 아파트는 서양식을 그대로 들여왔기 때문에 벽에 설치한 라디에이터로 공기를 데워 대류시키는 난방 방식을 채택했다. 바닥은 싸늘하고 공기는 쉬이 건조해지는 이런 난방은 한국인들에게 별 소용이 없었다.

생활의 근대화를 주창하던 이들은 서양식 난방이 온돌 난방보다 열효율이 높기 때문에 기술적으로 더 뛰어나는 등의 이야기로 사람들을 설득하려 했다. 그러나 추운 겨울날 당장 내 등 따뜻한 것이 중요한 사람에게 공학자가 계산한 열효율 같은 숫자를 들이밀어봐야 무용지물이었다. 새로 짓는 아파트들은 사람들의 불만을 반영하여 한국인이 선호하는 난방을 최대한 구현하고자 했다. 아파트에 층층이 구들장을 만들 수는 없는 일이었지만, 온돌과 비슷한 효과를 내기 위한 여러가지 궁리가 이어졌다.

1960년대 후반부터 선을 보인 연탄보일러를 활용하면, 방바닥에 온수파이프를 깔고 연탄불로 데운 온수를 방으로 순환시켜 바닥을 데울 수 있었다. 들어가 사는 사람 입장에서는 사실상 온돌과 같은 효과를 내는 셈이었다. 연탄보일러는 1970년대 새마을운동의 바람이 불면서 '새마을 보일러'로 이름을 슬그머니 바꾸어 보급되었고, 석유보일러가 연탄을 대체할 때까지 꽤 널리 사용되었다. 이 때문에 1970년대 지은 아파트 중에는 층마다 복도 끝에 각 가구의 연탄아궁이가 옹기종기 모여 있는 구조를 한 것도 자주 볼 수 있었다.

그런데 이렇게 바닥에 온수를 순환시켜 온돌과 같은 효과를 내는 난방 방식을 발명한 것은 외국인이었다. 바로 '낙수장'으로 유명한 현대 건축의 거장 프랭크 로이드 라이트(1867~1959)다. 라이트는 일본의 부호 오쿠라 기하치로에게 설계 의뢰를 받고 1914년 겨울 도쿄를 방문했는데, 오쿠라의 조선식 별채(사실은 경복궁의 동궁 건물을 뜯어다 지은 것이다)에서 차를 마시며 온돌 난방을 처음으로 경험하게 되었다. 라이트는 눈에 보이는 난방 시설이 없는데도 갑자기 봄이 된 것처럼 따뜻해지는 이 경험에 깊이 감동하고, 이후 자신이 설계하는 건물에 온수파이프를 바닥에 까는 난방 방식을 종종 활용했다. 이 기술이 뒷날 한국에 역수입되어 아파트의 온돌이 된 것이다.

장독대와 김치는 어디에?

한편 식생활에서의 큰 문제는 김치와 장류의 보관이었다. 아파트에는 마당이 없으므로 김칫독을 묻을 곳도, 장독을 늘어놓을 곳도 없었다. 장독을 고이 아파트까지 챙겨 간 입주민들은 궁여지책으로 베란다에 장독을 늘어놓았지만, 베란다에 지나친 하중이 실리는 데 따른 안전 문제가 제기 되었고, "도시 미관을 해친다"는 비판을 하는 이들도 있었다. 베란다에서 햇볕을 받으면서 김치나 장이 금세 쉬어버리는 것도 문제였다.

요즘의 감각으로는 장류와 김치를 보관할 수 있는 기술을 개발하는 것이 먼저일 것 같지만, 근대화와 서구화가 같은 것이라고 믿었던 당시의 개발주의자들은 생각의 방향이 달랐다. 박정희 정부의 서울개발계획을 진두지휘하여 '불도저 시장'이라는 별명으로 유명했던 김현옥 당시 서울시장은 1969년 '장독대 없애기'를 목표로 야심찬 계획을 발표했다. 아파트에 들어가 사는 사람들은 공동주택의 취지에 맞게 생활 습관도 바꾸어야 하는데, 집집마다 장독을 갖고 들어가 장을 담가 먹는 것은 시대착오적이라는 것이 그의 주장이었다. 서울시에서 장류 공장을 짓고 서민들을 위한 장류를 싸게 공급할 테니, 아파트로 이사 갈 때 장독은 버리고 홀가분하게 장류를 사 먹는 새 시대의 생활로 갈아타라는 것이었다. 김현옥은 이와 함께 장기적으로는 김치도 공장에서 만든 것을 사 먹을 수 있도록 정책을 추진하겠다는 청사진도 밝혔다.

결국 오늘날 대부분의 한국인들은 장류와 김치를 사 먹게 되었다. 하지만 김현옥과 같은 성급한 근대화론자들이 추진한 정책이 성공해서는 아니다. 사람들의 삶을 무시한 탁상공론은 현실에서는 힘을 쓰지 못했고, 1980년대 후반까지도 아파트의 베란다에는 장독대가 건재했다.

김치 보관 문제는 김치전용 냉장고가 발명되면서 극적으로 출구를 찾았다. 한국의 중산층이 성장하면서 기존의 냉장고 외에 가전제품을 한대 더 들일 수 있는 소비 여력을 갖춘 가구가 늘어났다. 이를 감지한 금성사(현 LG 전자), 삼성전자 등이 1980년대 중후반 김치전용 냉장고를 내놓았지만 큰 주목을 받지는 못했다. 그런데 1994년 만도(현 위니아)가 '딤채'라는 이름의 김치냉장고를 내놓아 엄청난 성공을 거두면서 김치냉장고가 대중화되었다. 이들은 아파트 거주 중산층을 표적으로 삼고, 아파트 반상회 등에서 입소문 홍보에 주력했다. 그 전략이 주효하여, 불과 10년 안팎이 지나자 김치냉장고는 한국인의 새로운 필수 가전제품이 되었다.

의식주는 사소한 것 같지만, 인간의 일상 감각에 깊이 결부되어 있기 때문에 가장 바꾸기 어려운 것이기도 하다. 아무리 국가가 서구화와 근대화를 부르짖으며 논리적으로 설득하려 해도, 개인의 일상은 생각보다 쉽게 바뀌지 않는다. 서구형 아파트에 살아도 바닥은 따뜻해야 하고 김치는 부엌 뒤에서 (이제는 거의 사온 것이기는 하지만) 바로 꺼내 먹을 수 있기를 기대하는 것이 한국인의 삶이다.

9

그 많던 포마토는 누가 다 먹었을까

세대마다 공유하는 경험이 있고, 그 경험들을 대표하는 지배적인 이미지가 있다. 과학기술을 대표하는 이미지도 시대별로 조금씩 차이가 있다.

사실 1960년대까지는 뚜렷하게 과학기술을 대표하는 이미지라고 할 만한 것이 없었다. 굳이 꼽자면 미국이 주도한 원자력 관련 기술 원조 덕에 "제3의 불"이라는 별명이나 원자 모형의 그림 등이 대중에게 알려지기는 했다. 그러나 최초의 원자력발전소인 고리 1호기는 1978년에야 운전을 시작했으므로 1960년대에 원자력에 대한 이미지는 막연한 이야기 수준에 머물러 있었다. 그밖에 1969년 아폴로 11호의 달 착륙 소식도 큰 뉴스가 되기는 했지만 대다수의 한국인들에게는 머나먼 남의 나라 이야기였다.

과학기술의 이미지가 형성되기 시작한 것은 1970년대 무렵부터라고 할 수 있다. 유신정부가 1973년 "전국민의 과학화 운동"을 전면적으로 추진하면서 전국적으로 여러가지 과학 전시와 교육 프로그램이 줄을 이었다. 다만 그 내용은 대체로 '과학이 중요하다'거나 '우리 생활 속에 미신과 비과학적 요소가 이렇게 많으니 개선해나가자'는 계몽에 머물렀다. 1970년대 후반 국제기능올림픽 입상자들에 대한 거국적 환영 행사와 1979년 시작된 전국학생과학발명품경진대회 등의 행사에서도 비슷한 분위기를 읽어낼 수 있다. 과학기술이 개인의 성장과 국가의 발전에 중요하다는 인식은 사회적으로 확산되기 시작했으나, 정작 각종 사업에서 강조한 것은 과학기술의 탐구 자체보다 그것의 응용이었다.

1980년대를 지배한 키워드들

1980년대는 구체적인 이미지가 풍성해졌다는 점에서 이전 시기와 구별된다. KBS는 1983년에만 "우주박람회"와 "83로보트과학전" 등 두개의 대형 전시를 열었다. 우주박람회는 아폴로 계획과 제미니 계획에서 실제 사용한 우주선 캡슐 등을 전시했고, 83로보트과학전은 악기를 연주하거나 춤을 추는 로봇 등 다양한 볼거리로 관람객의 상상력을 자극했다. 대체로 일본 전시를 들여온 것이고 부실한 운영으로 말도 많았지만, 이런 대형 전시는 우주나 로봇 등이

83로보트과학전 풍경을 보도한 대한뉴스 장면.

83로보트과학전을 관람하는 어린이들.

막연한 구호가 아니라 실체를 갖춘 기술이라는 인식을 심어주는 데 기여했다.

또한 미래학자 앨빈 토플러의 『제3의 물결』도 1980년 출간과 동시에 한국에 소개되었다. 토플러를 통해 한국에 '정보화 사회'라는 개념이 알려졌고 미래를 위해 컴퓨터를 배워야 한다는 인식이 퍼져나갔다. 아직은 놀랄 만큼 비싼 가격에도 불구하고 개인용 컴퓨터가 조금씩 팔리기 시작했고, 전국의 타자학원들은 하나둘씩 컴퓨터학원으로 탈바꿈했다.

1980년대를 풍미한 또 하나의 이미지로 '포마토'(pomato)가 있다. 뿌리에는 감자가, 열매로는 토마토가 열리는 이 신기한 작물은 1978년 독일에서 개발한 것인데, 전두환 정부가 '유전공학'을 국가적으로 진흥하기로 결정한 무렵인 1981년부터 국내 언론에 대대적으로 소개되었고 이윽고 1980년대 내내 초등학교(당시 국민학교) 과학의 달 포스터 그리기의 단골 소재가 되었다. 신문과 잡지들은 첨단 유전공학 기술을 이용하여 포마토와 같은 새로운 작물을 만들어내면 인구 폭발에 따른 식량 위기를 해결할 수 있다는 장밋빛 미래를 그리곤 했다.

그런데 생명체의 물질대사에는 한계가 있기 때문에 한그루의 식물에서 토마토와 감자가 같이 열린다고 해서 생산량이 두배로 늘어날 수는 없다. 과채 농사를 지으면서 큰 열매를 얻기 위해 작은 열매를 솎아 개수를 조절해본 적이 있다면 쉽게 이해할 수 있을 것이다. 사실 포마토를 개발한 이들도 새로운 기술을 응용하면 어떤 일을 할 수 있는가를 보여주고자 한 것이지, 이것으로 세계의 기아 문제를 해결할 수 있다는 허황된 주장을 하려던 것은 아니었을 것이다.

범람하는 이미지에 끌려갈 것인가

그럼에도 불구하고 포마토의 이미지가 계속 유행했던 것은 그것을 원하는 사람이 있었기 때문이다. 앞서 말했듯 유전공학 진흥은 정부 과학기술 정책의 핵심으로 결정되어 있었고, 포마토는 유전공학의 중요성을 국민들에게 알리는 선봉장 역할을 했다. 전자공학과 컴퓨터 관련 산업의 육성도 정부의 과학기술 청사진의 중요한 부분을 차지했다. 주요 언론들이 토플러의 "제3의 물결"이 번역도 되기 전부터 그 내용을 앞다퉈 소개한 것도, 마찬가지로 미래에 대한 이미지를 선점하기 위한 것이었다.

이렇게 1980년대에 형성된 과학기술의 이미지들은 사실 조금씩 모습을 다듬어가면서 오늘날까지도 살아남아 있다. 포마토가 상징했던 유전공학은 수정란에 피펫을 찔러 넣는 모습으로 대표되는 '바이오테크놀로지'로 조금 세련되어졌고, '정보화 사회'는 '테크노피아'와 '인터넷 코리아'를 거쳐 바야흐로 '4차 산업혁명'이라는 희대의 유행어로 진화했다.

물론 국민들에게 미래에 대한 비전을 제시하는 것은 국가가 응당 해야 할 일 중 하나다. 하지만 이렇게 국가가 앞장서서 과학기술의 이미지를 형성한 결과 한국에서는 과학기술의 한가지 측면만 지나치게 부각되어온 것도 사실이다. 과학기술을 부국강병의 도구로 여기고, 군사작전처럼 국가가 설정한 목표를 향해 돌진함으로써 과학기술을 발전시킬 수 있다고 믿어온 것이다. 이는 20세기 한국 과학기술 발전의 비결이기도 하지만 동시에 한계이기도 하다.

국가가 목표를 제시하고 자원을 집중하는 과학기술 정책의 기본 틀은 정치적 민주화 이후에도 바뀌지 않았다. 구체적인 목표와 그것을 상징하는 이미지들만 바뀌어왔을 뿐이다. 포마토가 잊힌 자리에 이제는 4차 산업혁명이 들어와 있다. 이 이미지는 누가 만들었으며, 누구에게 도움이 되며, 누구의 양보나 절제를 요구하는가? 새 정부가 들어설 때마다 과학기술정책의 틀을 다시 잡고 막대한 예산이 그에 맞춰 움직이곤 한다. 이렇게 수시로 바뀌는 현란한 이미지를 쫓아가는 데 급급할 것이 아니라 그 이면을 주시해야 범람하는 이미지에 휩쓸리지 않을 수 있다.

10

우표 속의 과학자들

북한 과학기술자 중 가장 유명한 이를 꼽으라면 비날론을 발명한 리승기가 빠지지 않는다. 리승기의 권위를 보여주는 것 중 하나가 리승기를 주제로 한 우표다. 리승기의 사후인 1998년에는 "비날론의 발명가"라는 우표가 발행되었다. 이 우표는 연구 중인 만년의 리승기의 모습과 비날론 구조식을 함께 담고 있으며, 우표를 둘러싼 시트에는 길게 뻗은 비날론의 고분자 구조 모형 뒤로 인공위성과 한반도 지도를 그렸다. 인공위성은 물론 비날론과는 별 관계가 없으며, 화면 아래의 전자회로 기판을 연상시키는 문양과 함께 다분히 전형적인 과학의 상징으로 차용된 것으로 보인다. 하지만 이들 요소와 어울려 화면을 채움으로써, 비날론은 북한(또는 한반도)을 대표하는 첨단과학의 성과로 자신을 웅변하고 있다.

북한에서 발행된 1998년 "비날론의 발명가" 리승기 기념우표(왼쪽)와 2011년 국제 화학의 해 기념우표(오른쪽).

비날론 발명한 리승기, 북한서 온갖 영예

전세계가 기념한 '국제 화학의 해'인 2011년에 북한에서 나온 기념우표에도 역시 리승기와 비날론이 들어갔다. 마리 퀴리, 라듐과 우표 지면을 나눠 쓰기는 했지만 비날론 구조식과 분자 구조 모형을 합치면 리승기가 퀴리보다도 넓은 자리를 차지하고 있다. 비날론 공장은 이른바 '고난의 행군' 시기에 전력 부족 등으로 가동을 멈추고 방치되어 있었는데, 국제 화학의 해를 앞둔 2010년 3월 복구를 마쳤고 김정일 국방위원장이 오랜 은둔을 깨고 복구 기념식에 참석하여 국제적 뉴스가 되기도 했다. 그 때문인지 리승기 사후 15년이 지났고, 세계 화학공업의 조류는 하루가 다르게 바뀌고 있지만, 북

2015년에 발행된 "한국을 빛낸 명예로운 과학기술인" 우표.

한에서 리승기와 비날론의 지위는 오히려 더욱 확고해지고 있다.

영국에서 1840년 발행한 최초의 우표에는 빅토리아 여왕의 얼굴을 그려넣었다. 이후 여러 나라에서 왕과 영웅들의 얼굴로 우표를 만들다가, 20세기로 넘어오면서 유명한 과학자와 발명가들을 주인공으로 삼기 시작했다. 폴란드는 1923년 코페르니쿠스를, 미국은 1926년 발명가 존 에릭슨을, 프랑스와 독일은 1934년 각각 발명가 조제프 마리 자카르와 페르디난트 폰 체펠린 등을 기념하는 우표를 냈다. 20세기 중반 이후로는 자기 나라의 유명한 과학자들을 우표에 실어 국가의 자존심을 높이는 것이 흔한 일이 되었다. 근대과학을 주도한 유럽과 미국뿐 아니라 전통과학에 자부심을 지닌 중국, 인도, 중동 지역의 여러 나라들, 그리고 비서구 국가로서 근대과학에서 두각을 나타낸 일본 등이 앞다퉈 과학자 우표를 발행했다.

그러면 한국에서 우표에 나온 과학자는 누가 있는가? 약간 뜻밖이지만 최초의 과학기술자 우표는 2015년에야 나왔다. 2015년 4월 과학의 달을 기념하여 이론물리학자 이휘소(1935~1977), 동물분류학자 석주명(1908~1950), 전기공학자 한만춘(1921~1984) 세 사람을 묶어 "한국을 빛낸 명예로운 과학기술인" 우표가 발행되었다. 이듬해인 2016년에는 두번째 묶음으로 장영실, 허준, 이태규 세 사람의 초상이 우표로 나왔다. 조선 말인 1884년 우정총국이 우리나라 최초의 우표를 발행한 뒤 130여년 지난 뒤의 일이다.

물론 과학기술을 주제로 한 우표가 전혀 없었던 것은 아니다. 한국의 우표에는 과학기술을 담당한 사람은 잘 보이지 않지만, 사람이 지워진 과학기술의 상징들은 상당히 자주 등장한다. 충주비료공장(1961년 준공) 건설을 기념하여 충주우체국에서 1958년 제작한 관광우편 날짜 도장은 당시 고장의 주산물이었던 담배와 함께 미래의 산업화를 기약하는 상징으로서 거대한(사실 국제적으로는 규모가 크

1958년 충주우체국에서 제작한 관광우편 날짜 도장. 충주비료공장과 담뱃잎(엽연초)이 그려져 있다.

지 않은 편이었다) 공업 설비를 보여주고 있다. 박정희 정부는 경제 개발 5개년 계획을 추진하면서 1962년부터 기념우표를 매년 2종씩 발행했는데, 주로 댐이나 변압기처럼 국민의 생활을 바꿀 수 있는 기술들을 경제개발계획이 약속하는 미래상으로서 보여주었다.

이휘소, 석주명, 한만춘 2015년 첫 등장

1967년 과학기술처가 발족하고 과학기술진흥 5개년 계획이 수립 되었다. 이듬해에는 "과학기술 진흥"을 주제로 한 우표가 발행되었 는데, 여기에서도 산업 생산을 통한 물질적 풍요를 과학기술과 등 치시키는 당시의 관념이 그대로 드러난다. 과학기술의 진흥은 원자 구조와 같은 자연의 이치를 탐구하는 데서 출발하지만, 그 귀결은 기계공업, 농업, 수산업 등의 실질적인 산업 발전으로 이어질 것이 라는 바람이 그 시대를 지배했다.

이렇게 과학기술을 그 효과(구체적으로는 물질적 풍요 또는 효 용)로 번역해서 이해하는 한국 특유의 과학 문화는 사실 오늘날까 지도 튼튼하게 살아남아 있다. 효용 중심의 과학관이 가장 노골적 으로 드러난 것은 2005년 황우석 연구팀의 복제 배아줄기세포 연 구 성공(좀더 정확하게는 『네이처』 논문 게재)을 기념하는 우표일 것이다. 뒷날 황우석 연구팀의 연구부정행위가 드러나면서 이 우표 는 전량 회수되었고, 그 바람에 희소성이 높아져 우표수집가들 사이에서는 액면가보다 비싼 가격에 거래되고 있다는 이야기도 들린다. 하지만 이 우표가 전달하는 메시지는 과학기술은 나라를 부강하게 해줄 때 의미가 있다는 개발독재 시기의 과학관을 답습하고 있다. 일어서서 가족의 품에 안기는 난치병 환자의 모습은 이른바 "수백조원의 국익"에 대한 허황된 기대감을 인도주의적 포장지로 감싼 것에 불과하다.

앞서 언급했듯 과학기술의 결과나 효용이 아니라 과학기술을 연구하고 실행하는 사람을 주인공으로 삼은 우표는 결국 2015년이 되어서야 첫선을 보였다. 한국 사회가 많은 대가를 치른 뒤에야 비로소 과학기술이 약속하는 열매만 쳐다보는 것이 아니라 사람에 눈을 돌린 것인지도 모른다. 물론 누구의 얼굴을 실을 것인가, 그것은 또 누가 어떻게 결정하는가, 과학자의 얼굴을 우표에 싣는 이들이 전달하고자 하는 메시지는 무엇인가 등의 문제들은 그와는 별개로 따져보아야 할 것이다.

그러나 또 하나의 아이러니는, 한국의 우표가 비로소 과학기술자들의 얼굴을 싣게 된 지금, 우표와 그것을 사는 행위가 예전의 의미를 잃어버렸다는 사실이다. 이제 종이에 편지를 써서(또는 인쇄해서) 부치는 이는 거의 없다. 편지를 부치더라도 우체국에서 뽑아주는 바코드를 붙이면 그만이다. 우표는 이제 편지를 부치기 위해 사는 것이라기보다는, 수집가들의 취미생활에 가까운 지난 세기의 유물이 되었다. 그렇다면, 지금 이 시대에 과학자의 얼굴을 구태여 우표에 싣는 것은 누구를, 무엇을 위한 것인가? 19세기 후반부터 확립된 기념우표라는 양식을 통해 사회적으로 인정받고 싶은 과학기술자들의 집단적 욕구가 21세기에 결실을 맺은 것은 아닐까?

11

4차 산업혁명, 번역 속에서 길을 잃다

지난 2017년 유행하기 시작한 낱말 중 가장 강한 생명력을 얻은 것이 '4차 산업혁명'일 것이다. 전현직 대통령부터 동네 학원에 이르기까지 너 나 할 것 없이 4차 산업혁명을 거론하며, 서둘러 여기에 대비하지 않으면 시대에 뒤처져 큰 낭패를 볼 것 같은 분위기를 만들고 있다. 대전광역시는 대덕연구단지가 자리잡은 이점을 살려 4차 산업혁명 특별시를 자처하고 나서기도 했다. 사설 학원은 물론 지방자치단체나 관공서의 공식 문서에서도 '4차 산업 전문가 양성 과정' 같은 문구를 어렵지 않게 볼 수 있다. 심지어 '4차 혁명'이라는 말을 쓰는 곳도 종종 보인다. '4차 산업혁명' '4차 산업' '4차 혁명' 비슷하지만 달라 보이는 이 낱말들은 각각 다른 것인가? 서로 섞어 써도 괜찮은 것인가?

'제4차'와 '4차'

우선 '4차 혁명'부터 따져보자. 이 낱말은 간간이 앞의 둘과 섞어 쓰기는 하지만 자주 눈에 띄지 않는다. 그도 그럴 것이 아무 뿌리가 없는 말이기 때문이다. '4차 혁명'이라는 말은 한국 안팎에서 이론적 토대를 갖추고 쓴 적이 없는 말로서, 단지 '4차 산업혁명'이라고 쓰기가 귀찮아서 또는 실수로 줄여 쓴 것에 지나지 않는다.

그렇다면 '4차 산업혁명'과 '4차 산업'은 어떤 관계인가? '4차 산업혁명'이라는 말이 처음으로 등장한 것은 의외로 오래전 일이다. 멀리 거슬러 올라가면 1940년대부터, 뭔가 새로운 기술적 변화가 눈에 띄면 이것이 바로 네번째 산업혁명이라고 부르짖는 이들이 있었다. 하지만 요즘 회자되는 '제4차 산업혁명'이라는 말은 잘 알려져 있다시피 클라우스 슈바프가 다보스포럼에서 제안한 개념이다. 지금도 확실하게 합의된 개념은 없지만, 요즘 이 말을 쓰는 사람들은 대체로 인공지능의 발달로 지금까지와는 다른 차원으로 생산성이 도약하리라는 전망을 공유하고 있다. 이것은 18세기 증기기관과 기계화, 19세기 전기와 화학, 20세기 정보화에 이은 네번째 (fourth) 산업혁명이라는 뜻이므로, 엄밀하게 번역하자면 '제4차 산업혁명'이라고 해야 맞다.

한편 4차 산업에서 '4'라는 숫자는 네번째를 뜻하는 것이 아니다. 1차(primary) 산업은 자연의 산물을 얻는 농림수산업을 말하고, 2차(secondary) 산업은 1차 산업의 산물을 활용하여 더 부가가치를 높이는 생산업(광업, 공업, 건설업 등)을 뜻하며, 3차(tertiary) 산업은 1차 산업과 2차 산업의 결과를 필요한 곳에 공급하여 새로운 부가가치를 창출하는 운수업, 상업, 서비스업 등을 의미한다. 즉 여기서 '-차'라는 것은 단순히 시간적 또는 공간적 순서를 뜻하는 것이 아니라 무엇이 기본이고 무엇이 그 위에 쌓아올린 것인가라는 추상적인 차원을 뜻한다.

4차(Quaternary) 산업이란 선진 산업국가에서 3차 산업이 경제의 대부분을 차지할 만큼 비중이 커져서 더이상 하나의 분류군으로서의 효용을 잃게 되자 3차 산업을 세분화하자는 취지로 제안된 개념이다. 기존의 3차 산업 중에서도 지식 또는 정보와 관련된 산업을 따로 떼어 4차 산업으로, 인간의 정서와 관련된 휴양이나 치유 관련 산업을 5차 산업으로 분류하자고 몇몇 학자들이 제안했으나, 아직까지 일반적으로 받아들여진 개념이라고 보기는 어렵다. 한국에서 4차 산업이 사람들의 귀에 익게 된 것은 실은 제4차 산업혁명과 혼용된 덕분이라고 할 수 있다.

제4차 산업혁명과 4차 산업이라는 말은 결과적으로는 정보산업이라든가 인공지능과 같이 비슷한 대상에 대해 이야기하고 있다. 하지만 두 말의 뿌리도 다를 뿐 아니라, 번역하기 전의 영어 단어도 다르다. 제4차 산업혁명의 '제4차'와 4차 산업의 '4차'는 각각 영어로는 fourth와 quaternary라는 분명히 다른 단어다. 하지만 한국어로는 둘 다 '4차'라고 옮기는 바람에 같은 말인 것인 양 헷갈리게 되어버렸다.

'4차 산업'이 은근슬쩍 '제4차 산업혁명'과 혼용되면서 사람들을 의아하게 만드는 또다른 낱말이 '6차 산업'이다. 6차 산업은 농수 산업을 부흥하자는 기획에 요즘 단골로 등장하는 말로, 도쿄대학 교수였던 농업경제학자 이마무라 나라오미가 제안한 개념이다. 이 마무라는 침체된 일본의 1차 산업을 일으켜 세우려면 농어촌에서 식품가공업(2차 산업)과 운송 및 판매업(3차 산업)을 함께 병행하 여 그 과정에서 발생하는 부가가치를 농어촌에 되돌려주어야 한다 고 주장했다. 그렇게 하면 농업은 종래의 1차 산업을 뛰어넘어 1차, 2차, 3차를 합한 '6차 산업'으로 거듭날 수 있다는 것이다.

그렇다면 '6차 산업'에서 말하는 '6차'는 순서인가, 차원인가? 1차, 2차, 3차 산업이라 할 때 숫자들을 차원의 뜻으로 쓴 것이므 로 6차 산업도 산업의 차원을 뜻하는 이름일 것이다. 굳이 번역한 다면 'Senary Industry'가 될 테지만, 사실 이것은 일본과 한국 밖 에서는 전혀 통용되지 않는 개념이므로 번역할 이유도 별로 없다 (실제로 senary industry를 구글에 검색했을 때 나오는 결과들은 거의 다 한국에서 만든 웹문서들이다).

이름이 중요한 것이 아니라지만

그런데 이 정도까지 시시콜콜 따지고 들 필요가 있겠는가? 말귀 가 중요한 것이 아니라 뜻이 중요한 것 아니냐고 반문할 수도 있겠다. "제4차"인지 "4차"인지 중요한 것이 아니라 4차가 됐든 44차가 됐든 과학기술로부터 시작되어 사회적으로 큰 파장을 미치는 변화가 이미 일어나고 있다는 게 중요한 것 아닌가, 또한 6차가 됐든 66차가 됐든 침체된 농업을 살릴 수만 있다면 그것으로 좋은 것 아닌가, 생각할 수도 있겠다.

하지만 말은 생각을 규정한다. 뭔가를 진흥하려고, 살리려고 달려들기 전에 우리가 진흥하려는 것, 살리려는 것이 무엇인지는 똑똑히 알아야 하지 않는가?

당장 수많은 보고서와 계획서를 쓰면서 제4차 산업혁명에 '대비'할 것인지, 4차 산업을 '진흥'할 것인지, 4차 혁명을 '선도'할 것인지, 어휘 선택에 고심하는 연구자들이 전국에 적지 않다. 현재 한국의 분위기에서 실제 연구의 내용이 무엇이든 이런 낱말을 앞장에 넣지 않는다면 연구계획서나 보고서를 받아줄 곳이 없기 때문이다. 이들이 같은 듯 다른 말들 사이의 모호한 경계에서 고민하는 사이, 정작 중요한 연구에 써야 할 시간을 허비하고 있는 것은 아닐까? 모든 것이 연결되어 중심과 말단의 구별이 무의미해지는 초연결 사회를 대비하자는 말이 무색하게, 컨트롤타워를 자임하는 정부에서 제시하는 유행어나 그 말을 사용하는 사람조차 스스로 헷갈리는 단어들에 이리저리 휘둘리는 일선 연구자들을 보는 마음이 마냥 편하지는 않다.

12

이과 감성이 따로 있을까

인터넷에서 "문과 이과 구별법" 따위 제목을 단 유머를 쉽게 찾아볼 수 있다. 예컨대 '정의'라는 말을 듣고 justice를 떠올리면 문과, definition을 떠올리면 이과라는 식이다.

그런데 이런 농담이 세계 누구에게나 우스운 것은 아니다. 우리가 이것을 농담으로 받아들일 수 있는 것은 실은 한국이라는 독특한 맥락 덕택이다. 특정한 집단의 속성을 농담거리로 삼으려면, 그 집단이 사회 다른 부분과 또렷이 구별되는 독특한 집단이라는 공감대가 있어야 한다. 즉 이공계 정체성을 소재로 한 농담에 한국인 대부분이 반응한다는 것은, 이공계가 특수한 집단이라고 인식하고 있다는 것, 그리고 모두가 자연스럽게 떠올리는 이공계 공통의 특징이 있다는 것을 의미한다.

문과와 이과의 구분은 어디서 비롯되었는가

그러면 이과와 문과가 각각 구별되는 특징을 지닌 별도의 집단이라는 생각은 언제 어디서 비롯된 것일까? 당연한 이야기지만 근대과학이 뿌리내리기 전까지 이런 구별은 없었다. 중세 유럽의 대학에는 전공이 세가지(법학, 의학, 신학)밖에 없었고, 모든 학생들은 전공 과정으로 올라가기 전에 일곱가지 교양 과목을 들어야 했다. 그 가운데 오늘날의 문과에 해당하는 과목이 세가지(문법, 논리학, 수사학)였고 이과에 해당하는 과목은 네가지(산술, 기하, 천문학, 음악)였다.

과학혁명을 거쳐 근대과학이 모습을 갖춘 뒤에도 한동안 문과계 사람과 이과계 사람을 나누어 생각하지 않았다. 뉴턴이나 로버트 보일과 같은 근대과학의 선구자들은 본인들이 하는 학문이 철학의 일종인 '자연철학'이라고 생각했다. 프랑스의 계몽사상가들도 인간의 앎을 '기억에 대한 것(역사)' '이성에 대한 것(철학)' 그리고 '상상력에 대한 것(문학)'으로 크게 나누었는데, 오늘날의 생물학과 많이 겹치는 자연사는 기억에 대한 학문으로 분류된 반면, 수학과 물리학은 철학의 하위 분야로 분류되었다. 오늘날 역사·철학·문학은 문과로, 자연과학과 공학은 이과로 나누는 것과는 사뭇 다르다. 현대 대학의 원형이 확립된 독일의 대학 개혁도 문과와 이과를 나누지 않았고, 오히려 전인적 교양(Bildung)의 일부분으로서 과학교육을 중시하는 편이었다.

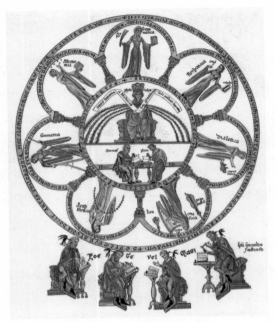

중세 유럽 대학의 일곱개 교양과목을 표현한 그림(12세기). 유럽의
모든 대학생들은 인문학과 자연과학을 아울러 익혔다.

한국의 문과와 이과 구분은 아무래도 일본의 영향을 받았다는
사실을 인정하지 않을 수 없다. 일본은 1918년 제2차 고등학교령에
서 "고등학교는 문과와 이과로 나눈다"는 규정을 두고, 문과와 이
과를 각각 '갑류'와 '을류'로 나누었다. 당시 일본에는 서양의 근대
문명을 따라잡으려면 서양에서도 가장 앞서 나가던 영국이나 독
일의 원어로 학문을 익혀야 한다는 인식이 퍼져 있었다. 이에 따

라 영어 문헌을 주로 읽는 학생들은 갑류, 독일어로 공부하는 학생들은 을류로 분류되었다. 따라서 대학 진학을 목표로 하는 최상위권 학생들은 고등학교 본과 때부터 문과 갑류, 문과 을류, 이과 갑류, 이과 을류 등으로 나뉘어 공부하는 것을 당연하게 받아들이게 되었다. 뒷날 미국이 세계 학문을 지배하게 되면서 갑류와 을류 등 언어에 따른 구분은 사실상 의미를 잃게 되었지만, 문과와 이과의 구분은 오늘날까지도 일본 학교제도에 남았다. 그리고 일제강점기에 일본 교육제도가 이식된 한국도 이 구분을 오늘날까지 답습하고 있다.

왜 구태여 이와 같이 학생들을 나누어야 했을까? 일설에 따르면 문과와 이과를 나눈 이유 중 하나가 교육 예산에 여유가 없었기 때문이라고 한다. 이공계 교육에는 실험 실습 비용이 많이 들어가므로, 고등학교 진학 시점에 수학 시험을 실시하여 이과에 소질 있는 학생들을 가려낸 뒤 그들에게 우선 예산을 집중 투입하는 것이 효율적이라는 계산이 깔려 있었다.

어찌 보면 이런 조치는 문·이과 모두에 대한 편견에서 비롯된 것이라고도 볼 수 있다. 한편으로 문과는 칠판과 공책만 있으면 할 수 있는 공부라는 생각이 깔려 있고, 다른 한편으로 이과는 국가의 자원을 투입하여 진흥하고 국가의 이익을 위해 활용하는 학문이라는 생각이 깔려 있다. 하루빨리 부국강병의 길을 재촉하고 싶으나 자원이 충분치 않은 나라들의 조급함이 느껴지는 태도이기도 하다.

13

문·이과의 '두 문화'를 넘어서려면

광복 후 한국 교육제도에서 문·이과의 구분이 사라지지 않았을 뿐 아니라 오히려 더욱 강화되어온 것은 피하기 어려운 일이었을지도 모른다. 경제 발전이 가장 중요한 목표였고 전인적 교양은 배부른 소리처럼 들리던 시절, 사실상 문과는 방치되었고 이과는 경제 발전의 도구로만 여겨졌다. 오늘날 한국의 인문계와 이공계가 서로를 낯설게 여기는 것은 그 때문이 아닐까?

문과 이과 구분의 폐해를 이야기할 때면 늘 인용되곤 하는 찰스 스노의 『두 문화』(1959)에는 다음과 같은 일화가 나온다. 스노가 과학자들의 무식함에 대한 유감을 신이 나서 표명하는 사람들의 모임에 참석했다. 그가 그들에게 얼마나 많은 사람이 열역학 제2법칙을 설명할 수 있는지 물었을 때 되돌아온 것은 싸늘한 반응뿐이었다. 하지만 과학자의 입장에서 이 질문은 마치 셰익스피어의 어떤 작품을 읽었냐고 묻는 것만큼이나 기초적인 질문이었다는 것이 스노가 느낀 두 문화의 간극이었다.

오늘날 한국의 두 문화 사이의 거리는 얼마나 될까? 인문계와 이공계가 서로를 잘 이해하지 못하는 것은 아무래도 고등학교 시절부터 문과와 이과를 나누어온 탓일 것이다. 하지만 더 근원적인 문제도 생각해볼 필요가 있다. 스노의 책 제목은 당시 영국인들에게는 상당히 도발적이었다. 그들이 생각하는 '문화'란 셰익스피어의 희곡 같은 문학이나 철학을 뜻하는 것이었는데, 스노는 책 제목에서부터 그것만이 문화가 아니라 과학도 이제 또 하나의 문화가 되었다는 주장을 펴고 있었기 때문이다. 즉 '두 문화'라는 말은 누구나 공감하는 하나의 문화가 있음을 전제해야 비로소 거기에 기대어 성립할 수 있다.

한국에서 '두 문화'를 이야기하려면, 우선 한국인 모두가 공감하는 하나의 문화가 있는지 돌아봐야 하지 않을까? 고유의 학문 전통을 세우지 못한 사회에서 문화로서의 과학을 이야기하고 문과와 이과의 융합을 이야기하는 것이 지나친 꿈은 아닐까?

'이공계 위기'와 '문송합니다' 사이에서

대략 1990년대 중반까지 한국의 최상위권 대학 또는 연구소에 소속된 과학기술자와 공학자들은 상당히 자부심이 높았다. 지속적인 호황 속에서 과학기술계 직종들은 경제성장의 주역으로 인정받아 사회적 위상이 높아졌고 비교적 안정된 일자리가 꾸준히 공급되었다. 지금은 상당히 낯설게 들릴 테지만, 학력고사 또는 대학수학능력시험의 이과 수석은 진학 희망 학과를 묻는 질문에 대체로 물리학과 또는 전자공학 계열의 학과라고 답하곤 했다. 전자공학 계열 학과의 입학 성적 커트라인이 의예과보다 높은 경우도 있던 시절이었다.

좋았던 옛 시절을 돌아갈 수 없는 과거로 만들어버린 것은 1997년 한국 사회를 강타한 외환위기였다. 국제통화기금(IMF)이 요구한 구조조정의 와중에 상당수의 기업 부설 연구소들이 정리해고를 단행했다. 같은 이공계 출신이라도 의사와 한의사 등이 독립사업자로 살아남을 수 있었던 데 비해, 기업의 피고용인인 연구원들은 감원의 칼날을 맨몸으로 받아낼 수밖에 없었다.

이른바 '이공계 위기론'은 이를 계기로 처음 불거졌다. 외환위기 직후 몇해 동안 대학 이공계 학과의 입시 경쟁률이 크게 낮아지고, 의대나 한의대에 비해 커트라인도 크게 떨어진 것이다. 의대에 진학하고도 남는 성적으로 물리학이나 공학을 전공하는 것이 더이상은 훌륭한 선택이 아니라는 학생과 학부모들의 판단이 반영되었던 것으로 보인다.

이공계 대학 교수들이 앞장서서 정부의 대책을 촉구했다. 이들은 각종 대중매체에 한국 경제의 고속 성장을 이끌어온 고급 이공계 인력의 수급이 어그러질 수도 있다는 우려를 쏟아냈고, 그에 따라 이공계 위기 해결을 목표로 내건 각종 토론회와 공청회 등이 각지에서 개최되었다. 이들이 바랐던 것은 대체로 좋았던 과거, 즉 전국에서 가장 성적이 높은 학생들이 최상위권 이공계 대학과 대학원에 진학하고자 줄을 서던 시절로의 회귀였다. 따라서 정부에 요구한 대책도 주로 대학과 대학원에 학생들이 많이 들어오도록 장학금 혜택을 늘려달라는 것이었다. 정부가 1999년부터 총 3조원이 넘는 예산을 들여 '두뇌한국(BK) 21' 사업을 추진한 것은 이에 대한 응답이었다.

그런데 또다른 당사자인 학생과 학부모들의 생각은 달랐다. 안정적인 전문직 이공계 일자리가 줄어드는 상황에서 학교 다니는 동안 장학금을 늘리는 것은 문제의 본질이 아니었다. 대학생과 대학원생들은 또다른 지점을 주목하고 있었다. 그들은 장학금도 모자라고 안정적인 일자리도 적다면 차라리 유학이라도 쉽게 갈 수 있게 해달라고 요구했다. 이 때문에 이공계 병역특례제도의 개편에 대해 교수와 학생들은 사실상 서로 반대되는 목소리를 냈다. 교수들은 대학원생들이 해외로 빠져나가 국내 연구 인력이 부족해지는 것을 막기 위해 병역특례제도를 확대해야 한다고 주장했던 반면, 학생들은 병역에 묶여서 유학을 포기하는 일이 줄어들도록 병역특례제도를 간소화해야 한다고 주장했다.

이렇게 엇갈린 시선들을 비교하다보면, 이공계 위기의 본질이 무엇인지 다시 한번 생각해보게 된다. 누구의, 무엇이, 왜 위기였다는 것인가? 교수들에게 위기란 학생이 줄어들어 연구실을 정상적으로 운영하기 어렵게 됨을 의미했을 것이다. 한편 학생들에게 위기란 학위를 마친 뒤에도 좋은 일자리, 더 구체적으로는 의대나 치대를 선택한, 나와 성적이 비슷했던 친구와 동등한 수준의 보상과 안정성을 기대할 수 있는 일자리가 지극히 제한되어 있거나 유학파와의 자리 경쟁에서 이기기 어려웠음을 뜻했을 것이다. 국가나 기업에게 위기란 학부나 석사 수준의 훈련을 마치고 대학이 아닌 직장을 찾는 이들의 숫자가 줄어드는 상황을 의미했다. 이렇게 현상에 대한 인식이 다르니 각기 다른 주체가 제시하는 해법도 제각각일 수밖에 없었다.

말할 기회도 못 얻고 뒤편에 있는 이들

이것이 다일까? 여기에서도 목소리를 내지 못한 이들이 있지 않을까? 본교 출신인지 또는 성적이 좋은지 등을 따져가며 대학원생을 받을 수 있는 교수도, 뒷날 대학이나 대기업 연구소에 자리를 잡으려면 유학을 가야 하나 심각하게 고민하는 학생도, 사실은 한국의 이공계 인력 전체를 놓고 보면 아주 작은 부분이 아닐까? 이보다 훨씬 많은 교수들이 연구실을 운영할 수 있는 최소한의 학생을 영입하기 어려워 노심초사하고 있으며, 훨씬 많은 학생들이 지금 나를 지도하는 교수와 같은 자리에 내가 언젠가 설 수 있으리라는 생각은 접어둔 채 하루하루를 견디고 있다. 이른바 최상위권 대학의 학생들은 유학이라도 가서 자신에게 유리한 기회를 찾아볼 수 있었을 테고, 그 대학의 교수들은 빠져나간 학생들을 아쉬워하면서도 큰 어려움 없이 다른 학생들을 그 자리에 받을 수 있었을 것이다. 그러나 이공계 위기가 국가적 문제로 회자되고 사방에서 토론회가 열릴 때, 정작 자신들의 문제는 의제에 포함되지도 못했던, 그래서 발언권도 얻지 못했던 이들은 어떤 생각을 하고 있었을까?

그리고 10여년의 세월이 흐르자, 이번에는 인문학의 위기에 대한 이야기가 항간에 돌기 시작했다. 사실 한국에서 인문학이 탄탄대로를 걸었던 적도 딱히 없지만, 2010년대의 인문학 위기론은 취업 시장에서 인문계 학과 출신자들이 배제당하다시피 하는 문제와 맞물려 부각되었다. 인문계 출신의 대부분은 놀고 있다는 '인구론'이 횡행했고, 문과라서 죄송하다는 '문송합니다'라는 말이 유행어가 되었다. 이어서 인문계 학부와 대학원 교육이 무너진다는 교수들의 호소가 신문 지면을 채웠고, 정부는 이에 대응하여 인문계 학과를 위한 여러가지 지원 사업을 시행했다.

규모는 훨씬 작지만, 인문학 위기를 둘러싼 움직임들은 이공계 위기가 입에 오르내릴 때와 여러모로 판박이다. 따라서 이공계 위기론에 대한 논의를 다시 생각해보는 것은 인문학 위기론을 이해하는 데에도 도움이 될 것이다. 첫째, '이공계 위기'라는 깃발을 들고 있었던 사람들은 사실 한덩어리가 아니라 교수, 학생(과 학부모), 기업, 정부 등 다양한 입장이었다. 둘째, 이들은 각자 입장에 따라 이해관계가 달랐으며 위기의 본질과 해법에 대한 생각도 달랐다. 셋째, 이 논의 자체가 한국의 대학 서열에서 이른바 최상위권 대학을 중심으로 전개되었기 때문에 그밖의 대학에 속한 이들에게는 각종 해법이라고 제시된 것들이 별반 도움이 되지 않았다. 오히려 이른바 최상위권 대학을 살리기 위해 다른 대학의 인적·물적 자원을 희생하는 구조가 새롭게 형성되어버렸다.

이 모든 것들이 지금 인문학을 위기에서 구하자는 명분 아래 똑같이 되풀이되고 있다. 이른바 상위권 대학 교수의 입장, 상위권 대학 학생의 입장, 이른바 중하위권 대학 교수의 입장, 중하위권 대학 학생의 입장 등이 엇갈리는 와중에, 정부 예산은 여기저기 풀리고 있으나 그 덕에 위기를 탈출했다는 사람은 내가 과문한 탓인지 아직까지 한명도 만나본 적이 없다.

이해 당사자가 이렇게 많은 문제를 쉽게 해결하는 묘책은 아마 없을 것이다. 그러나 이공계 위기든 인문학 위기든, 거기에 몸을 담고 있는 사람들에게 상처를 주지 않고 풀어내기 위해서는 숫자가 아니라 사람에 눈을 돌려야 한다. 또한 각 학교나 세부 전공의 다양한 사정을 고려하지 않고 이공계나 인문학계를 뭉뚱그려 단일한 이해관계를 가진 집단인 양 말하는 이들을 경계해야 한다. 나의 이해관계가 집단 전체를 대표한다고 외치며 누군가 깃발을 들고 나설 때, 자신의 문제는 말할 기회도 얻지 못한 채 뒤편에 가려져 있는 이들도 늘 있기 때문이다.

14

과학을 즐거운 문화로 누릴 수 있을까

　18세기 영국의 화가 조셉 라이트(1734~1797)는 산업혁명의 정신을 표현한 최초의 화가라고 일컬어진다. 에이브러햄 다비가 코크스 제철법을 개발한 것이 1709년, 제임스 하그리브스가 제니방적기(Spinning Jenny)를 발명한 것이 1764년, 제임스 와트가 개량된 증기기관을 시장에 내놓은 것이 1776년, 리처드 트레비식이 증기기관차의 시험 운행에 성공한 것이 1801년의 일이었으니, 라이트가 활동했던 시기 영국은 산업혁명의 절정을 향해 내달리고 있었다.

　공업도시 더비에서 살았던 라이트는 부유한 사업가들의 후원을 받았으며, 산업혁명의 주역이 된 실업가와 과학자, 발명가들의 모임인 월광협회(Lunar Society)에도 참여했다. 이런 인연을 바탕으로 라이트는 서구 세계 산업의 변혁을 선도하던 영국인들의 자신감과 낙관, 그리고 과학과 기술에 대한 경외 등을 표현한 그림을 남기게 되었다.

계몽의 시대, 새로운 교양

가장 잘 알려진 라이트의 작품 중 하나는 1766년 무렵 완성한 「태양계 모형에 대해 강의하는 자연철학자」(A Philosopher Lecturing on the Orrery)이다. 화폭 가운데를 차지하고 있는 물건은 태엽과 톱니바퀴로 움직이는 정밀한 태양계 모형이다. 태양 대신 중심에 놓인 촛불이 모형의 천체들과 화면 속 인물들의 얼굴을 밝게 비추고 있다. 붉은 옷을 입은 과학자가 태양계의 구조에 대해 강의하고 있고, 어른과 아이들 모두 흥미진진한 표정으로 그의 이야기에 집중하고 있다. 지구가 태양의 주위를 도는 행성 가운데 하나일 뿐이라는 것은 18세기 대부분의 서양 사람들이 사실로 받아들이게 되었지만, 그래도 정밀하게 움직이는 모형을 눈앞에 두고 과학자의 생생한 설명을 듣는 것은 흥미로운 경험이었을 것이다.

라이트의 작품 가운데 이와 쌍을 이루는 유명한 그림이 1768년 작 「진공 펌프 안의 새에 대한 실험(An Experiment on a Bird in an Air Pump)」이다. 중세까지 유럽을 지배했던 아리스토텔레스의 자연철학은 '자연은 진공을 싫어한다'고 가르쳤다. 물질이 빠져나간 빈자리는 항상 다른 물질이 밀려들어와 메우게 되어 있으므로 진

조셉 라이트의 「태양계 모형에 대해 강의하는 자연철학자」(위)와 「진공 펌프 안의 새에 대한 실험」(아래).

공은 존재할 수 없다는 것이다. 그러나 18세기에 여러가지 기체를 활발히 탐구한 결과, 근본 원소인 줄 알았던 공기는 사실 한종류가 아니었다는 것이 알려졌고, 적절한 도구를 사용하면 진공 상태도 만들어낼 수 있다는 것이 밝혀졌다. 이는 결국 산소의 발견으로 이어졌고, 라부아지에가 원소 이론을 처음부터 새로 쓰는 화학혁명의 토대가 되었다.

따라서 진공 펌프는 태양계 모형 못지않게 당시 사람들에게 신기한 볼거리였다. 펌프를 돌려 공기를 빼낸 공간 안에는 정말로 아무것도 없는지, 그리고 공기가 빠져나간 공간에 촛불을 넣거나 심지어 살아 있는 생물을 넣으면 어떻게 되는지, 많은 이들이 궁금해했다. 과학자를 불러 강연을 들을 여력이 있는 신흥 중산층과 상류층 사이에서 그림과 같은 시연이 성행했다. 진공 펌프로 유리공 안의 공기를 빼내면 새는 결국 산소가 모자라 숨을 거두게 된다. 어떤 이들은 그림 속 소녀처럼 차마 그 모습을 지켜볼 수 없었겠지만, 또다른 이들은 그림 속 소녀의 아버지처럼 공기와 호흡과 생명의 상관관계를 눈앞에서 확인하고는 자연의 신비에 한걸음 가까이 다가간 듯 느끼고 경탄했을 것이다.

물론 당시 영국의 모든 사람들이 이처럼 과학을 문화로서 향유할 수 있었던 것은 아니다. 라이트의 그림 속에 등장하는 이들은 대체로 한 가족 정도의 규모인데, 이는 이들이 과학 강연과 시연을 위해 자기 집에 따로 가정교사를 부를 정도로 부유했다는 것을 말해준다. 과학이 문학이나 역사와 같은 전통적인 교양에 더하여 새롭게 떠오르고 있던 분야라는 것을 감안하면, 이들이 과학 가정교사만 두었을 리도 없다. 즉 라이트의 그림에 묘사된 이들은 대중을 위한 공공교육보다는 가정교사를 통한 사적 교육으로 지식과 교양을 쌓았던 부유층이라고 할 수 있다.

그러나 문화란, 그 미덕을 알아보는 이들이 늘어나면 차차 확산되기 마련이다. 라이트가 그림을 그리던 때로부터 두 세대 정도가 지난 1827년, 마이클 패러데이(1791~1867)가 왕립과학연구소에서 크리스마스 강연을 시작했다. 가난한 직공의 아들로 변변한 학교도 다니지 못했지만 비범한 노력으로 영국 최고의 과학자가 된 패러데이는 어찌 보면 영국 산업혁명이 아니었다면 나타날 수 없는 인물이었다. 패러데이는 대중과 소통하는 법을 잘 알았고, 1860년까지 오랫동안 크리스마스 강연을 맡으며 이를 런던의 명물로 만들었다. 30년이 넘는 세월에 걸쳐 수많은 이들이 패러데이의 강연을 들었고, 과학이 알려주는 세계의 새로운 모습에 눈을 뜨게 되었다.

배움의 고통이 아니라 즐거움을 되찾으려면?

패러데이의 인생이 바뀌게 된 계기는 화학자 험프리 데이비(1778~1829)의 강연이었다. 부유한 후원자들이 좋은 강연의 표를 사서 가난한 이들에게 나눠주는 관습 덕에 패러데이는 당대 최고의 화학자 데이비의 강연을 들을 수 있었다. 강연에 감동한 패러데이는 데이비에게 편지를 보냈고, 패러데이가 강연을 듣고 정리한 두 툼한 노트를 받아 본 데이비는 이 청년의 천재성을 알아보고 조수로 삼기에 이르렀다.

스무살 남짓한 가난한 직공이었던 패러데이는 왜 그다지도 열정적으로 과학 강연을 들으러 다녔을까? 좋아서, 재미있어서, 너무나 궁금해서 등등 여러가지 답을 상상해볼 수 있겠지만, 어쨌든 현실적 타산으로는 답할 수 없는 질문이라는 것은 확실하다. 그리고 그처럼 현실적 타산과는 동떨어진 동기들이야말로 인류의 학문이 발전하는 밑거름이 되었다는 것도 확실하다.

과학이 발전하다보면 산업과 경제에 이바지하는 일도 생기지만, 과학이 그런 목적을 위해 존재하는 것은 아니다. 과학은, 다른 학문도 마찬가지지만, 그 자체를 목적으로서 즐기지 않으면 발전할 수 없다. 한국에서 근대화나 부국강병과 같은 목적을 위한 수단으로서 과학과 기술을 받아들였다는 역사적 배경은 그래서 뼈아프다. 숫자로 된 지표들만 놓고 보면 한국의 과학은 세계적으로 손색이 없는 수준에 올라섰지만, 과학을 바라보는 사회의 시선은 아직도 무언가를 위한 수단이라는 데 머물러 있다. 과학자와 과학 정책가들이 과학을 경제를 위한 수단으로 여기는 한, 과학을 배우는 학생들도 과학을 진학과 취직을 위한 수단으로 여길 수밖에 없다. 배움이 고통이 아니라 즐거움으로 다가오려면, 먼저 과학 자체를 즐길 수 있는 환경을 만들어야 할 것이다.

4

과학도 사람이 하는 일이라

1

황금돼지해를 만들어서라도 바라는 마음

지난 2018년은 음력으로 무술(戊戌)년이었다. 신문과 방송 등에서 "황금개띠해"라며 특별한 의미를 붙이려는 호들갑스러운 기사들이 많이 나왔다. 간지를 따지면 무술년이 '누런 개의 해'는 맞다. 십간에서 무(戊)와 기(己)는 노란색에 해당하며, 십이지에서 술(戌)은 개를 뜻하기 때문이다. 그러나 '무'와 '기'가 노란색인 것은 이들이 오행(五行) 가운데 토(土)와 대응하기 때문이다(열 천간 중 갑과 을, 병과 정, 무와 기, 경과 신, 임과 계가 각각 오행 중 목, 화, 토, 금, 수에 대응한다). '금 강아지'의 해를 굳이 찾자면 무술년이 아니고 경술(庚戌)년일 것이다. 오행 중 금(金)은 색으로는 흰색에 대응하므로 황금 강아지가 아니고 플래티넘 강아지라고 해야 하겠지만. 그런데도 '누렁개'를 '황금개'라고 슬쩍 눙치고 싶어하는 것은 인간의 속된 욕심일 뿐이다.

오행은 미신이 아니라 자연을 이해하려는 노력의 흔적

이렇게 정색을 하고 나서면 어차피 오행 같은 것 미신일 뿐인데 그리 까다롭게 따지고 들 필요가 있냐고 되묻는 이도 있을 것이다. 사실 속신의 세계에서는 오행도 결국 사람들이 듣고 싶어하는 이야기를 해줄 핑곗거리일 뿐이다. 예컨대 2007년 정해(丁亥)년에 황금돼지해를 내세워 온갖 장삿속이 판을 쳤지만, 정(丁)은 오행 중 불(火)에 해당하므로 사실은 누렁 돼지도 아니고 붉은 돼지의 해였을 뿐이다. 2020년대 중반 유달리 심한 입시 경쟁을 겪게 될 황금돼지띠 아이들은 그 내막을 알고 나면 허탈해할지도 모르겠다.

그렇지만 오행이라는 사고 체계 전체를 단지 미신이라며 웃어넘기는 것도 너무 가벼운 처사다. 오행은 자연을 합리적으로 이해하고자 옛사람들이 기울인 지난한 노력의 결실이다. 그들이 가진 정보는 오늘날 우리가 축적한 것에 비해 턱없이 적었다. 따라서 그들이 수립한 체계도 현대인의 눈에는 헐거워 보일 수밖에 없겠지만 그렇다고 무의미한 것은 아니다.

인간은 세계에서 질서를 읽어내고 싶어한다. 쉽게 읽히지 않으면 질서를 부여해서라도 자연에서 의미를 찾고자 한다. 광활한 세계의 혼돈과 무한을 그대로 맞닥뜨리고 감당하는 것은 너무 힘든 일이기 때문이다. 분류는 세계에 질서를 부여하는 가장 간편하면서도 효과적인 수단이다. 삼라만상의 복잡다단함을 다섯갈래로 묶을 수 있다면 그나마 세상을 이해하기가 한결 편해지지 않겠는가?

오행은 이른바 '상관적 사고'를 통해 물질·색깔·방위·오장·육부·도덕 등 서로 다른 범주들을 연결하여 힘을 발휘한다. 이들 각각을 우주를 구성하는 목(木)·화(火)·토(土)·금(金)·수(水)의 다섯 원소와 짝지어 상생과 상극의 원리를 적용하면 자연세계에 대한 상당히 정교한 수준의 설명을 구축할 수 있다. 예컨대 간(肝)은 오행 중 나무(木)에 해당하므로, 간이 좋지 않아 생긴 병에는 나무를 살리는 물(水)의 성질을 지닌 약재를 처방하는 식이다.

이런 사고방식은 동아시아에만 보이는 것도 아니었고 언제나 옳은 결과를 낳지도 않았을 것이다. 하지만 아무런 체계도 이론도 없는 것보다는 불완전하나마 체계와 이론에 입각하여 행동하는 것이 대체로 더 합리적인 결과를 낳을 가능성이 높다.

과학 발전은 오답 축적의 과정

그래봐야 오행 같은 이야기는 이미 기각된 오류에 불과하다는 반론이 다시 나올 수 있다. 옛사람들의 노력은 인정하더라도 흘러간 시행착오일 뿐인데, 이미 현대과학의 '정답'을 알고 있는 우리가 구태여 거기에 신경 쓸 필요가 있냐는 입장일 것이다.

물론 오행 체계가 그려내는 자연상은 현대과학이 보여주는 것과는 큰 차이가 있다. 적어도 우리가 학교 교과서에서 배우는 정답과는 거리가 있다. 하지만 오답이 헛수고와 같은 뜻은 아니다. 다년간의 시험공부로 단련된 우리는 이것이 무엇을 의미하는지 금세 알 것이다. 백지 답안지를 내면 아무 변화도 성장도 일어나지 않지만, 최선을 다해 자신의 답을 제시해보고 어디가 틀렸는지 검토해보는 과정은 성장의 밑거름이 된다.

　현대화학의 기본이 되는 주기율표의 발견을 예로 들어보자. 오늘날 학교에서 배우는 주기율표는 1869년 드미트리 멘델레예프(1834~1907)가 완성한 것이다. 라부아지에가 1789년 『화학원론』에서 근대적인 원소 개념을 정립한 이래 80년 동안, 수십개의 원소들을 분류하고 질서를 부여하기 위해 여러 과학자들이 다양한 생각을 내놓았다. 요한 볼프강 되베라이너(1780~1849)는 화학적 성질이 비슷한 원소를 세개씩 묶어서 '세쌍 원소의 법칙'(1817)을 제안했고, 존 뉴랜즈(1838~1898)는 원자량 순서대로 여덟개씩 원소를 묶어보자고 '옥타브의 법칙'(1864)을 제시하기도 했다. 그러나 이들의 이론은 이미 알려진 일부 원소에는 잘 적용되었지만, 19세기 화학이 비약적으로 발전하면서 새로운 원소들이 계속 발견되자 힘을 잃고 말았다. 멘델레예프는 이들의 업적을 바탕으로 당대의 새로운 발견을 아우를 수 있는 체계를 궁리한 끝에 현대적 주기율표를 만들 수 있었다. 즉 제한된 정보를 바탕으로 과감한 이론을 내놓은 선구자들의 오답 노트가 없었다면, 뒷날 더 풍부한 설명력을 갖는 멘델

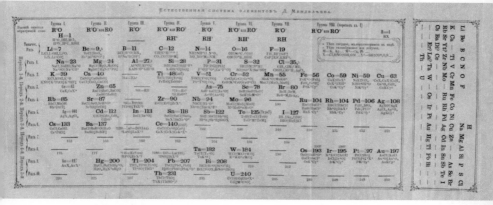

1871년 출판한 멘델레예프의 주기율표.

레예프의 주기율표도 세상에 나오기 어려웠을 것이다.

우리가 오늘날 누리는 과학도 모두 오답에서 출발했다. 아무리 뛰어난 천재들도 자연의 복잡함을 혼자 힘으로 꿰뚫어 볼 수는 없다. 과학사의 수많은 천재들이 다음 세대에 자신의 어깨를 내어준 덕에, 과학은 한발씩 더 높이 올라가 오늘날과 같은 거대한 체계를 이룰 수 있었다.

그런 의미에서 오행 이론과 같은 동아시아의 전통과학도 흘러간 옛이야기라고 웃어넘길 것은 아니다. 그 결론이 현대과학과 다른 점이 있다 해도, 우리는 선현들이 쌓아올린 사유의 토대 위에서 출발했고, 그 토대는 다른 문명과 비교해도 결코 허약하지 않았다.

2

부처님은 1년에 몇번이나 오시나

2019년의 부처님 오신 날은 일요일(양력 5월 12일)이었다. 5월에 휴일 하나가 줄어든 셈이라 아쉬워하는 사람들이 많았다. 특히 최근 몇년 사이 부처님 오신 날이 절묘하게 주말 앞이나 뒤에 걸려서 연휴가 되곤 했던 터라 그 빈자리가 더 커 보였던 것 같다.

부처님 오신 날은 음력 4월 8일이어서, 관습적으로 '사월초파일'이라고도 불렸다. 음력 4월 8일은 대체로 양력 5월 초순 또는 그 언저리에 돌아오는데, 한국에서 양력 5월 초는 노동절과 어린이날 등 다른 휴일도 함께 끼어 있으므로 부처님 오신 날과 함께 연휴를 이룰 가능성이 꽤 높은 편이다.

음력 4월 8일에 부처님의 탄생을 기리게 된 것은 동북아시아에 전해진 초기 불교 경전들에 싯다르타 가우타마(석가모니)가 4월

8일에 태어났다고 기록된 데서 비롯되었다. 다만 초기 불교 경전이라 해도 석가모니가 열반한 뒤 적어도 두세기가 지난 뒤에 문자로 정착된 것이므로, 그 기록은 엄밀한 역사적 사실이라기보다 이미 석가모니가 성인 또는 신으로 추앙받게 된 뒤 여러가지 이야기들을 모아 적은 것으로 보아야 할 것이다. 따라서 정말로 석가모니의 생일이 4월 8일인지는 아무도 알 수 없다고 말하는 편이 정직하겠다. 다만 이들 초기 경전이 동아시아 전체로 퍼져나간 결과 불교를 믿는 나라의 사람들 대부분이 석가모니가 4월에 태어났다고 믿게된 것은 엄연한 사실이다. 지역에 따라 생일이 8일이라는 설과 보름날이라는 설이 갈리기는 하지만 말이다.

부처님의 생일은 여러개?

부처님이 4월에 태어나셨다는 믿음은 하나더라도, 실제로 언제 그것을 기리는지는 나라마다 여러갈래로 나뉜다. 각 지역의 달력이 다르기 때문이다. 한국과 몇몇 화교 문화권 국가의 음력은 시헌력(時憲曆)을 현대에 맞춰 조금씩 고쳐가며 쓰는 것이다. 동북아시아의 음력(태음태양력)은 천체의 움직임을 정확하게 반영하기 위해 여러 차례 개력(改曆)을 했는데, 시헌력은 그 가운데 가장 마지막으로 중국의 명청 교체기에 만든 달력이다. 이것은 조선 후기에 한반도로 전래되어 공식 달력이 유럽의 태양력(그레고리력)으로 바꾸기 전까지 사용되었다. 따라서 한국과 중화권 나라들(타이완 제외)의 부처님 오신 날은 모두 시헌력의 4월 8일이다.

이에 비해 상좌부 불교가 융성한 동남아시아 나라들은 자신들의 불교력을 사용한다. 불교력 역시 태음태양력의 일종이지만, 한 해의 기점이나 날짜를 세는 방식이 동북아시아의 태음태양력과는 다르다. 불교력을 썼던 동남아시아 나라들이나 힌두력을 썼던 인도에서는 부처님의 탄생을 와이사카(Vaisakha, 또는 위사카 Visakha) 달의 보름날에 맞춰 기려왔다(이들 나라에서는 부처님의 깨달음과 열반도 같은 날짜에 일어났다고 믿는다). 와이사카는 달을 세는 방식에 따라 두번째 달 또는 네번째 달이 되기도 하므로, 동북아시아에서는 경전 해석을 통해 자신들 달력의 네번째 달이라고 받아들였을 것이다. 이 전통을 따라 남아시아와 동남아시아, 그리고 몽골 등에서는 음력 네번째 달의 보름날을 웨삭(Vesak)이라는 이름의 명절로 지내고 있다.

다만 서구 문명의 영향으로 태양력을 받아들이게 되면서 '음력 네번째 달의 보름날'이라는 규정은 여러가지로 불편해졌다. 이에 대응하는 방식도 나라마다 가지각색이었다. 서구화를 가장 중요한 과제로 삼았던 일본은 음력을 전면 폐지하면서, 부처님 오신 날도 양력 4월 8일로 못박아버렸다. 타이완도 음력은 폐지했지만 (양력) 5월에서 4월로 바뀌는 것은 어색했기에, 양력 5월의 두번째 일요일로 절충하여 기념하고 있다. 한국을 비롯한 동북아시아 나라들은 음력(시헌력) 4월 8일을 고수하고 있다. 남아시아와 동남아시아에서는 옛 음력을 폐지하면서 '와이사카의 보름날'이라는 규정이 의미를 잃게 되자, 1956년 네팔 카트만두에서 열린 세계불교도대회에서 양력 5월 15일을 부처님 오신 날로 정했다. 하지만 수천년 동안 보름달이 뜨는 데 맞추어 기념하던 명절을 양력 15일로 바꾸는 것은 여러 이유로 어색한 일이어서, 1998년 스리랑카에서 열린 세계불교도대회에서는 다시 '양력 5월의 보름달이 뜨는 날'로 남방불교권 전체의 웨삭 날짜를 통일했다.

이렇게 달력이 바뀌면서 축일과 기념일이 바뀌는 일은 드물지 않다. 인류가 세운 수많은 문명들은 수많은 달력을 만들어왔고, 전 세계의 달력이 사실상 하나로 통일된 것은 100여년 남짓밖에 되지 않은 일이기 때문이다. 심지어 유럽 기독교 문명 안에서도 크리스마스의 날짜가 하나가 아니다. 로마 가톨릭교회는 1582년 그레고리력을 선포하지만, 바티칸의 권위를 인정하지 않았던 동방정교회 쪽에서는 옛 율리우스력을 계속 사용했고, 그뒤로 두 지역의 종교가 따르는 각각의 전례력을 비교한 결과 약 열흘 정도의 시차가 생겨났다. 오늘날에도 러시아 정교회와 세르비아 정교회는 1월 7일에, 아르메니아 정교회는 1월 6일에 예수님의 탄생을 기념하고 있다.

좁아지는 세계, 다른 문화에 대한 이해와 배려가 필요

문명 간 교류가 활발하지 않았던 시절에는 이런 일들에 신경을 쓸 필요도 없었을 것이다. 하지만 모든 것이 점점 더 긴밀하게 연결되고 세계가 좁아져가는 지금은 다른 문화에 대한 이해와 배려가 필요하다. 무지는 편견을 낳고, 편견은 혐오와 차별을 낳기 때문이다.

미국의 동부와 서부를 잇는 대륙횡단철도가 개통된 것이 지금으로부터 약 150년 전인 1869년이다. 인적이 드문 황무지를 가로질러 철도를 까는 일을 떠맡은 것은 태평양 건너 중국에서 온 노동자들이었다. 즉 미국 서부개척의 역사는 아시아 이민의 역사이기도 하다. 이후 1903년에는 하와이의 사탕수수 농장에 한국인들이 발을 디디면서 한국의 이민 역사도 시작되었다.

아시아계 이민자들은 오랜 세월 인정받지 못하면서도 자신들의 문화와 풍습을 지켜나갔다. 미국인들이 이해하지 못하는 음력에 바탕을 둔 설과 추석도 그 중요한 일부분이었다. 그리고 한세기 넘게 흐른 뒤에야, 미국에서도 '중국 설'(Chinese New Year)이라는 이름을 아는 사람이 많아졌다. 특히 아시아 이민자가 많은 대도시에서는 설과 추석이 동북아시아 음력을 쓰지 않는 이들에게도 즐거운 축제일이 되고 있다.

타향살이를 견뎌내던 한국 이민자에게 '너희들은 음력 새해에 떡국이라는 것을 먹는다면서?'라고 알아주고 관심을 보여주는 미국인 친구가 있었다면, 무척 고맙고 반가웠을 것이다. 시선을 돌려보면, 같은 부처님을 믿지만 시헌력의 4월 8일이 아니라 5월의 보름날 웨삭을 기념하는 이들도 이미 우리와 어울려 살고 있다. 그것을 이상하거나 불편하다고 받아들일 것이 아니라 우리 문화의 다양성을 높여주는 새로운 변화로 받아들이면, 함께 살아가는 재미가 더 커지지 않을까?

3

평양의 시계가
서울보다 30분 더디 갔던 까닭

2015년 8월 15일, 북한 정부는 기존의 동경(東經) 135도 표준시를 버리고 그보다 30분 늦은 평양표준시를 채택한다고 발표했다. 한국과 일본의 시계로 8월 15일 0시 30분, 평양의 시계는 30분을 되감아 자정으로 돌아갔다. 이때부터 2018년 5월 5일 자정까지 약 3년 동안 북한은 한국보다 30분 늦은 시간대에서 살게 되었다. 2018년 4월 판문점 남북정상회담에서 남북의 시간을 맞추기로 합의하면서 평양표준시의 짧은 역사도 막을 내렸다.

세계의 표준시간대는 대부분 정시 단위로 구분되어 있다. 대양에 외따로 떨어진 작은 섬들이 30분 차이 나는 시간대를 쓰기도 하지만, 구태여 30분 또는 45분 차이로 시간대를 나누는 것은 대부분 정치적인 선택이다. 여러 이웃 나라들과 국경선을 맞대고 지내면서도 자기 나라의 독자성을 강조하려는 의미가 크다. 이란과 아프가니스탄 등은 인접국과 30분 차이 나는 시간대를 고수하고 있으며, 중국과 인도 사이에 낀 네팔은 인도와 15분 차이 나는 시간대(GMT+5:45)를 사용하기도 한다. 인도가 정시 단위가 아닌 30분 단위의 GMT+5:30 시간대를 쓰기 때문에 어쩔 수 없는 선택이기도 하다.

한반도는 그리니치표준시(Greenwich Mean Time)보다 9시간 빠른(GMT+9) 시간대와 8시간 빠른(GMT+8) 시간대의 거의 중간에 놓여 있다. 일반적인 국제관례를 따르자면 두 시간대 중 하나를 골라 표준시간대로 삼으면 된다. 남한은 일본이 채택한 GMT+9 시간대를 선택했고, 북한도 2015년 8월 14일까지는 그렇게 했다. 굳이 30분 차이를 두어봐야 남북 교류 등에 불편만 늘어날 텐데, 북한은 왜 갑자기 평양표준시를 선포한 것일까?

시간을 정하는 것은 정치적 행위

사실 김정은 정권이 전혀 명분 없는 소동을 벌인 것은 아니다. 북한 당국은 평양표준시를 선포하면서 "일제의 100년 죄악을 결산하고 일제 식민통치의 잔재를 흔적도 없이 청산하겠다"고 주장했는데, 실제로 이들이 새로 채택한 동경 127.5도 표준시는 실은 1908년 대한제국이 채택한 표준시이기도 했다. 동경 120도 표준시

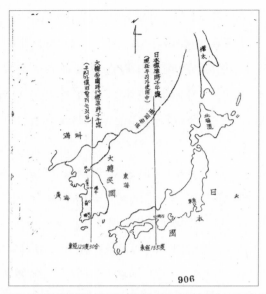

1954년 제15차 국무회의 자료 「표준시간 복구에 관한 이유서」에 첨부된
시간대 지도. 국가기록원 소장(관리번호 BA0084195).

는 중국의 시간대였고, 동경 135도 표준시는 일본의 시간대였으므
로, 두 큰 나라 사이에서 독립을 지향하던 대한제국은 둘 중 하나
를 택하기를 거부하고 자신들의 시간대를 선포한 것이다.

일제에 국권을 빼앗기고 대한제국이 사라지면서 1912년 조선총
독부 고시에 따라 한반도의 시간대도 일본과 통합되었다. 광복 후
이승만 정부에서 이것을 되돌리고자 했으나, 한국전쟁 중에는 주일
미군과 합동작전을 펼쳐야 했기 때문에 시간대에 손을 댈 수가 없
었다. 휴전협정 체결 후 1954년 3월 21일부터 대통령령 제876호로

동경 127.5도를 기준으로 하는 서울표준시를 선포했다.

하지만 식민잔재를 청산하겠다는 의지는 현실과 여러곳에서 부딪쳤다. 무엇보다 분단과 한국전쟁을 거친 남한은 미국의 세력권 안에서 일본과 얽혀 살아갈 수밖에 없는 처지가 되었다. 30분이라는 애매한 시차는 일본과의 무역이나 통신에도 걸림돌이 되었고, 주일 미공군과 사실상 보조를 같이했던 한국 공군의 작전에도 큰 불편을 끼쳤다. 게다가 한국에서 일광절약시간(서머타임) 제도를 시행하면 일본보다 30분이 늦었던 것이 30분 빨라지기도 하는 등, 여러가지 혼동의 소지가 많았다.

이에 따라 4·19혁명 직후인 1960년 7월, 공군이 표준시간대를 동경 135도 기준으로 복원할 것을 발의했고 국방부가 이를 국무회의에 제안하여 논의가 시작되었다. 이듬해인 1961년, 5·16쿠데타 후 국가재건최고회의의 결정에 따라 "표준자오선 변경에 관한 법률"(법률 제676호)이 제정되었고, 8월 10일부터 한국은 다시 일본과 같은 표준시를 쓰게 되었다.

우주에서 읽는 위도, 인간이 긋는 경도

노파심에 짚고 넘어가자면, 일본이 국제적 로비를 벌이거나 해서 동경 135도 표준시가 일본을 지나게 된 것은 아니다. 동경(東經) 135도란 경도의 단위이니, 일본의 수도 도쿄(東京, 동경)와도 물론 아무 관계가 없다. 지구는 동경 180도, 서경 180도, 합쳐서 360도이 니 그것을 24시간으로 나누면 경도 15도 차이가 날 때마다 1시간 의 시차가 생기게 된다. 따라서 정시 단위로 시간대를 나누면 경도 는 15의 배수가 되고, 한반도에 가까운 경계선은 동경 120도(중국 산둥반도 부근) 아니면 동경 135도(일본 효고현 아카시)가 되는 것 이다. 한국이 국력이 약해서 정시에 떨어지는 시간대를 받지 못한 것은 아니라는 말이다.

하지만 '어째서 한반도는 동경 120여도에 걸쳐 있는가?'라는 질 문은 흥미로운 역사를 되돌아보게 한다. 사실 경도는 결국 인간이 정한 것이기 때문이다. 위도는 지구의 적도와 남북극에 따라 정해 지는 것이므로 인간이 임의로 기준을 정할 필요가 없다. 남북 방 향으로 지구의 가운데는 누가 봐도 적도다. 이에 비해 경도의 기준, 즉 동서 방향으로 지구의 가운데는 자명하지 않다. 사실 어디에 금 을 긋고 경도 0도로 선언한다고 해도 별 차이가 없는 것이다.

따라서 대부분의 문명사회에서는 자기네 문명의 중심을 기준으 로 경도를 측정했다. 예컨대 조선시대에는 한양과 베이징의 시간이 약 42분 차이가 난다는 것을 알고 있었다. 하지만 교통과 통신의 발달로 인간이 느끼는 세계가 급속도로 좁아지면서, 경도에 대해 서도 보편적인 기준을 세워야 한다는 요구가 높아졌다. 이것은 국 가적 자존심의 문제이기도 했다. 영국의 그리니치 천문대와 프랑스 의 파리 천문대가 치열하게 경쟁했지만, 결국 1884년 미국 워싱턴 에서 열린 국제경도회의에서 표결을 통해 그리니치가 세계의 경도

전세계 경도의 기준이 되는 영국 그리니치 천문대의 본초자오선. 그리니치가 세계 경도의 기준이 될 '자연적'이거나 '과학적'인 이유는 사실 없다.

기준 자리를 공인받았다. 오늘날에도 그리니치를 찾는 이들은 세계의 시간의 기준이 되는 경도 0도를 가리키는 표지를 볼 수 있다.

이처럼 시간은 우주의 운행 이치를 반영하는 것이지만, 그것을 읽어내는 인간의 사정에 따라 해석되고 전달되는 것이기도 하다. 결국 시간이라는 제도는 일정한 시공간을 차지하고 사는 인간이 주변 세계와 관계를 맺기 위한 하나의 약속이라고 할 수 있다. 그 약속이 얼마나 효과적인 것인지도 인간이 세계와 맺은 다른 약속들과의 관계 속에서 종합적으로 판단할 수밖에 없다.

아마도 그리 오래지 않아 대다수의 사람들은 평양표준시라는 것이 따로 존재했었다는 것조차 기억하지 못할지도 모른다. 하지만 평양표준시의 짧은 역사는 인간이 자연과, 또다른 인간과 맺는 약속들이 얼마나 복잡한 역사적·사회경제적·문화적 맥락 안에서 형성되는 것인지 보여준다. 우리는 과학과 정치를 나누어 생각하고 하나가 다른 하나에 영향을 미치는 일이 특별한 사건이라도 되는 것처럼 이야기하곤 하지만, 둘 사이의 경계는 사실 우리가 믿는(또는 믿고 싶어하는) 만큼 뚜렷하지 않다.

비타민으로 공습에 대비한다?

일제강점기 조선총독부 기관지 『매일신보』의 1944년 3월 4일자에는 「방공(防空)과 비타민의 관계」라는 기사가 실렸다. 비타민 A를 충분히 먹는 사람은 그렇지 않은 사람에 비해 사물을 식별할수 있는 거리가 3000미터까지 더 길어지므로, 비타민 A의 공급이적기(敵機)의 공습을 미리 알아차리고 방비하는 데 도움이 된다는것이 기사의 요지였다. 기사는 심지어 일본이 "방공 비타민 전쟁에서도 적 미국과 영국을 훨씬 압도하고 있다"고까지 주장했다. 일본근해에서 잡은 대구 간유(肝油)의 품질이 세계적으로 뛰어날뿐더러, 전쟁 중 새로 점령한 동남아시아에서 들여온 팜유를 섞어 비타민 보충제를 만들기 때문에 비타민 A와 카로틴 등이 풍부하다는것이다.

이런 이야기는 말장난에 지나지 않았다. 태평양 건너편 미국의 폭격기가 일본 영공까지 넘어와 공습을 하고 있다는 사실 자체가 이미 전세가 손쓸 수 없을 정도로 기울었음을 보여주기 때문이다. 일본이 미드웨이 해전에서 패배하고 태평양의 제해권을 잃어버린 것이 1942년 6월의 일이고, 1944년 6월부터는 최신 대형 장거리 폭격기 B-29가 일본 본토 폭격을 시작했다. 이 기사는 B-29가 일본 전선에 배치되었다는 정보를 알게 된 일본 제국주의 정부가 일본과 한반도의 주민들을 안심시키기 위해 뿌린 일종의 선동문이라고 보아야 할 것이다.

공습, 새로운 형태의 전쟁

일제가 제2차 세계대전 중 불리한 소식은 전혀 보도하지 않았다는 사실을 생각하면, 이렇게 공습이라는 말을 꺼낸 것 자체가 이례적이다. 비록 일본의 우수한 간유 덕택에 공습에 잘 대처할 수 있을 것이라는 궤변으로 글을 맺기는 했지만, 이 기사는 독자들에게 공습이 임박했으니 대비하라는 메시지를 분명히 전하고 있다. 공습이 그만큼 두려운 일이었음을 보여주는 간접 증거라고 볼 수 있다.

공습은 대단히 새로운 전술 형태다. 폭탄을 가득 실은 비행기가 참호에 웅크리고 대치한 보병의 머리 위를 훌쩍 넘어 날아가 후방의 민간인을 곧장 공격할 수 있게 되면서, 전선이라는 개념이 크게 흔들렸고 전방과 후방의 구별도 흐려졌다. 근대 산업사회에 바탕을 둔 '총력전'이라는 개념은, 이윽고 후방에서 군수 생산으로 전쟁을 뒷받침하는 민간인들도 공습 앞에 목숨을 걸어야 한다는 것까지 뜻하게 되었다. 제공권은 전쟁의 판세를 가르는 가장 중요한 요인이 되었다.

1903년 미국의 라이트 형제가 최초의 동력 비행에 성공한 이래, 이 새로운 기술은 여러곳에 응용되며 눈부신 속도로 발전했다. 1911년에는 최초로 비행기를 이용한 정찰이 이루어졌다. 제1차 세계대전 중에는 비행기끼리 총격을 주고받으면서 '공중전'의 역사가 시작되었고, 큰 짐을 실을 수 있는 비행선들은 적진에 폭격을 시도하기도 했다.

제2차 세계대전 중에는 항공기술이 비약적으로 발전했고, 본격적인 공습이 시작되었다. 기관총으로 무장한 비행기들이 공중에서 곡예비행을 하며 전투를 벌였고, 땅 위의 사람과 기계에 총알과 폭탄을 퍼부었다. 항공모함이 출현하면서 해전의 승패도 전투기가 좌우하게 되었다. 폭격기를 이용한 영국의 공습에 맞서 독일군은 장거리 탄도미사일로 런던과 주요 도시들을 공격했다. 이제 전쟁에서 안전한 곳이란 남아 있지 않았다.

공습의 민간인 사망자는 제2차 세계대전을 거치면서 천명 단위에서 만명 단위, 십만명 단위로 늘어났다. 최전선의 군인들이 총칼을 주고받으며 싸울 때보다 훨씬 많은 인명이 스러져갔다. 파블로

피카소의 유명한 그림 「게르니카」도 공습을 다룬 작품이다. 피카소는 스페인 내전 초기인 1937년 우익 프랑코 정부군이 북부의 소도시 게르니카를 무차별 폭격하여 1000여명의 민간인 사상자를 낸 것에 충격을 받아 이 그림을 만들었다고 한다. 1940년대에는 더 많은 폭탄을 싣고 적군의 방공포를 피해 더 높고 빨리 날 수 있는 폭격기들이 개발되었고, 이들은 파괴력과 살상력을 한층 높인 폭탄을 싣고 적국의 도시를 덮쳤다. 목표 지점에 폭탄을 촘촘히 깔아 빠짐없이 파괴한다는 '융단 폭격'이라는 말이 생겨난 것도 이때의 일이다. 전쟁 막바지인 1945년 2월의 드레스덴 공습에서는 2만 5000여명이, 3월의 도쿄 대공습에서는 10만여명이 목숨을 잃었다.

그리고 1945년 미국은 완전히 새로운 형태의 폭탄을 만들어냈다. 우라늄 원자핵이 분열할 때 발생하는 에너지를 이용한 이 폭탄은 일본으로 향하는 B-29 폭격기에 실려 8월 6일 히로시마에, 8월 9일 나가사키에 투하되었다. 단 두발의 폭탄으로 약 20만명이 목숨을 잃었고, 많은 이들이 방사선의 후유증에 시달렸다.

소리로 공습 기종을 구별하는 훈련도

독가스를 사용했던 제1차 세계대전이 '화학자의 전쟁'이라는 별명을 얻었던 데 비해, 제2차 세계대전은 레이더와 원자폭탄 등을 낳았기에 '물리학자의 전쟁'이라고 불렸다. 이 두가지 발명도 공습과 관계가 깊다. 원자폭탄은 뒷날 대륙간탄도미사일(ICBM)이 개발되기 전까지는 공습을 통해서만 적진에 보낼 수 있었다. 한편 레이더는 전파를 이용하여 적기가 가까이 다가오는 것을 발견할 수 있게 해주어 공습에서 공격과 수비의 균형을 맞추는 데 큰 역할을 했다. 레이더와 방공포의 조합은 공습에 대한 가장 효과적인 저지 수단이 되었다.

그러나 군사용 레이더는 고도의 과학기술 지식과 막대한 예산이 있어야 갖출 수 있는 장비였다. 제2차 세계대전이 시작할 무렵 레이더 기술을 보유한 나라는 영국, 미국, 독일, 소련, 일본 등 여덟곳에 불과했다. 레이더가 개발되기 전에는 공습을 알아차리려면 눈과 귀의 감각에 의존할 수밖에 없었다. 멀리 높이 나는 적기의 소리를 듣기 위해 '청음기'라는 거대한 나팔 같은 장비가 개발되기도 했다.

일본에서는 1943년 일본 육군의 감수를 받은 「적기폭음집」이라는 음반이 시판되기도 했다. 음반에는 보잉 B-17D 중폭격기, 록히드 허드슨 중폭격기, 커티스 P40 전투기, 버펄로 전투기 등 네종류의 미 공군기가 각각 고도 1000미터, 3000미터, 5000미터로 날아올 때 지면에서 들을 수 있는 소리를 녹음해놓았다. 일본의 한 시각장애인 단체는 이 음반을 활용하여 비장애인보다 청각이 뛰어난 시각장애인을 '인간 레이더'로 훈련시키겠다고 자청하기도 했다.

그러나 간유도, 「적기폭음집」도 일제의 패망을 막는 데는 도움이 되지 않았다. 제국주의 국가는 어리석은 전쟁을 일으키고 국민들을 속였고, 일부 과학자들은 국민들을 속이는 궤변을 만들고 보급하는 데 협력했다. 전쟁은 인간 사회의 가장 어두운 부분을 드러내 보여주는 시금석이 되기도 한다. 과학 발전의 이면도 예외는 아닐 것이다.

5

일본 의사들의 각기균 찾기 소동

감염병은 오랫동안 인류가 가장 두려워하는 것 중 하나였다. 한 집단의 사람들이 남녀노소, 선한 사람 악한 사람, 건강한 사람 병약한 사람을 가리지 않고 줄줄이 쓰러지고 목숨을 잃는 광경은 그야말로 죽음의 신이 낫을 휘두르고 다니는 것처럼 보였으리라. 옛날 사람들은 감염병이 독한 기운이나 오염된 공기 같은 것이 특정한 장소에 퍼져 일으키는 것이라고 믿어왔다.

감염병의 원인이 사실은 아주 작은 다른 생명체라는 것이 알려진 것은 1880년대가 되어서였다. 독일의 로베르트 코흐(1843~1910)는 콜레라와 결핵을 일으키는 미생물을 분리해내었고, 이 병원체가 몸속에 들어가야만 병에 걸린다는 것을 실험으로 보여주었다. 비슷한 시기 프랑스의 루이 파스퇴르(1822~1895)는 미생물의 접촉을 막으면 유기물의 부패가 일어나지 않는다는 것을 보여주었다. 네덜란드의 안톤 판 레이우엔훅(1632~1723)이 현미경을 만들고 조그만 생명체를 눈으로 본 지 200여 년이 지나서, 인류는 감염병을 이해할 수 있는 실마리를 쥐게 되었다.

이 소식을 들은 전세계의 과학자들은 앞다퉈 미생물 사냥에 나섰다. 세상의 모든 감염병에는 저마다 원인이 되는 미생물이 있을 것 같다는 믿음이 과학계를 휩쓸었다. 그 경쟁에는 독일에서 유학하여 세계 과학의 최첨단을 경험한 일본 학자들도 뛰어들었다. 기타자토 시바사부로(1853~1931)는 코흐의 결핵균 분리 실험과 항디프테리아 혈청 연구에 함께 참여했고, 하타 사하치로(1873~1938)는 파울 에를리히(1854~1915)와 함께 페스트 예방법을 연구했다. 이들은 모두 노벨상 후보로도 선정되어, 비록 수상에는 이르지 못했지만, 일본 과학계의 자신감을 높여주었다.

일본 군대에 만연한 '도쿄 부자들의 병'

그런데 일본 과학자들의 관심을 끌기 딱 좋은 병이 나타났다. 군대에 만연한 '각기(脚氣)'라는 병이었다. 각기병 환자는 다리가 붓고 심하게 아프며, 근육이 허약해져 걷기 어려워진다. 병이 심해지면 심장 기능이 떨어져 죽음에 이를 수도 있다. 오늘날 우리는 각기병이 비타민 B_1(티아민)의 결핍증이라는 것을 잘 알고 있지만, 당시 사람들은 이를 알지 못했다. 아니, 각기병에 대한 연구가 비타민의 존재를 세상에 알리는 계기가 되었다.

예로부터 쌀을 주식으로 하던 아시아에서 각기병은 드물지 않게 나타나는 병이었다. 다만 19세기 말 일본 과학자들이 각기병에 새삼 관심을 갖게 된 것은 그 발병 양상이 달라졌기 때문이었다. 근대 이전에 민중은 흰쌀밥을 좀처럼 먹을 수 없었던 덕분에(?) 전체 칼로리는 모자랄지언정 비타민 부족은 겪지 않았다. 삼시세끼 흰쌀밥을 먹을 수 있었던 부자들이 오히려 다리가 붓고 힘이 없어지는 이상한 병에 걸리곤 했다. 이 때문에 각기병은 에도(도쿄의 옛 이름)의 부자들이나 걸리는 병이라 하여 '에도병'이라는 별명으로 불리기도 했다.

각기병이 전국적인 문제가 된 것은 메이지유신 이후 징병제를 실시하면서부터였다. 군대에 들어간 농촌 청년들은 평소에는 잘 먹지 못했던 흰쌀밥을 급식에서 배불리 먹을 수 있게 되었다. 그런데 이상하게도, 흰쌀밥을 양껏 먹은 장병들이 각기병에 걸리면서 군대의 전력이 뚝 떨어지고 말았다.

일본 과학자들은 이를 해결하기 위해 각기병에 대한 다양한 이론들을 제시했다. 규율이 심한 집단생활에서 비롯된 스트레스라는 정신과적 설명도 있었고, 심지어 군대 내 동성애나 지나친 자위 행위가 원인일 것이라는 근거 없는 주장도 있었다. 하지만 일본 과학계의 주류들은 집단생활에서 나타나는 병이니 각기병도 당연히 감염병일 것이라고 생각했고, 다른 감염병을 연구하던 방법을 그대로 적용하여 각기균을 찾아내고 백신을 만들고자 했다.

심지어 연구 성과도 있는 것처럼 보였다. 각기병 환자의 혈액을 분석하여 각기균을 현미경으로 확인했다는 논문이 출판되었고, 각기병이 만연한 인도네시아의 실태를 조사하러 다녀온 연구팀은 '각기병을 일으키는 무언가'를 찾은 것 같다는 보고서를 내기도 했다.

쌀눈에서 추출한 오리자닌

하지만 각기병 세균설을 믿던 과학자들의 흥분이 무색하게도 해결책은 뜻밖의 곳에서 나타났다. 해군 군의총감이었던 다카키 가네히로(1849~1920)는 장병의 식단을 바꾸면 각기병을 예방할 수 있음을 깨닫게 되었고, 이유는 알지 못했지만 일단 급식을 보리밥으로 바꾸고 야채 반찬을 늘렸다. 야채를 싫어하는 젊은 장병들에게 야채를 많이 먹이기 위해 카레라이스를 급식에 넣기도 했다. 다카키는 '보리밥 남작'이라는 달갑지 않은 별명을 얻기도 했지만, 그의 조치 덕분에 러일전쟁 당시 육군의 각기병 환자가 약 20여만명에 달했던 데 비해 해군에서는 100명도 되지 않았다.

음식 속의 어떤 물질이 각기병과 관련이 있는지 밝혀낸 것은 1910년 스즈키 우메타로의 연구였다. 그는 쌀눈과 쌀겨 추출물 속의 성분이 각기병을 예방하거나 치료할 수 있다는 것을 알아냈다. 스즈키는 벼의 라틴어 학명인 '오리자 사티바'를 따서 이 물질을

'오리자닌'이라고 이름 짓고 약으로 만들어 팔기 시작했다. 국제적으로는 오리자닌 대신 캐시미어 풍크(1884~1967)가 제안한 '비타민 B'라는 이름이 널리 쓰이기는 했지만, 이로써 비타민이라는 존재가 세상에 알려지게 되었다.

오늘날의 시선으로 보면, 당시 일본 과학자들이 각기균을 찾겠다고 벌인 일들은 한바탕 우스운 소동으로 보일지도 모른다. 하지만 한번 더 생각해보면, 이 이야기는 그다지 낯설지 않다. 전세계를 놀라게 한 새로운 혁신이 일어나고, 과학계의 주류들이 그 대열에 합류하려 발 벗고 나서는 가운데, 그와 다른 목소리를 내는 이들이 과학계에서 찬밥 신세가 되는 일은 오늘의 한국 과학계에서도 흔히 보는 모습이 아닐까? 정부가 뽑아주는 키워드를 집어넣어 연구계획서를 쓰지 않으면 연구비 수령을 기대하기 어렵다는 것은 이미 너무나 잘 알려진 사실이다. 키워드는 시대마다, 심지어 정부가 바뀔 때마다 바뀌지만, 2020년대라면 "4차 산업혁명"이니 "빅데이터"니 "인공지능"이니 하는 말이 들어가야 연구계획서의 모양이 난다는 것 정도는 다들 피부로 느끼고 있을 것이다.

만일 미생물학의 혁신이 요즘 한국에서 일어났다면 어떤 일들이 벌어졌을까? 대통령 직속 '병원균발견위원회'가 꾸려지고, '세계 5대 미생물 강국' 실현을 위한 로드맵이 발표될 것이다. 그리고 독일이 아닌 영국에서 유학한 다카키 가네히로 같은 이들의 주장은 무시되지 않았을까? 하지만 역사가 말해주듯, 과학은 반드시 그런 식으로 발전하지는 않는다.

6

추억의 알약 '원기소'에 담긴 역사

미국의 화학자 윌버 애트워터는 1896년 야심찬 실험을 벌였다. 단열 밀폐된 방에 들어간 사람이 하루에 어느 정도의 열을 내는지 측정한 것이다. 애트워터와 동료들은 인간이 하루에 얼마나 많은 열량의 음식을 섭취해서 얼마나 많은 열을 호흡과 배설 등으로 내놓는지 500번이 넘는 실험을 통해 꼼꼼하게 기록하여 평균을 냈다.

그 결과 인간의 생명 활동도 숫자로 표현하게 되는 혁명적 변화가 일어났다. 시대에 따라 구체적인 값은 조금씩 바뀌었지만, 모든 성인은 신진대사를 통해 하루에 2500~3000킬로칼로리의 열을 내놓으므로 적어도 그만큼의 에너지를 음식물로 섭취해야 생명을 유지할 수 있다는 생각이 상식으로 받아들여졌다. 얼마나 많은 칼로리를 공급할 수 있는지에 따라 음식의 가치도 매겨졌다. 1906년에

애트워터의 실험 장비. 이 설비에서 반복된 측정을 통해 얻은 평균값이 오늘날까지 우리를 지배하는 '권장 칼로리'의 토대가 되었다.

는 급기야 하루에 먹어야 할 음식의 양을 구체적인 식품이 아니라 칼로리 값으로 표현하는 글이 등장했다.

　이렇게 식품의 가치를 모두 칼로리로 환산하자, 한동안 채소와 과일이 인기가 없어지는 일이 벌어졌다. 고기나 곡물과 비교하면 같은 양을 먹었을 때 낼 수 있는 열량이 턱없이 낮았기 때문이다. 영국 등에서는 노동자 계급의 보건 정책을 세울 때 쓸모없는 채소는 빼고 생각하자는 주장이 나올 정도였다.

비타민의 발견과 제국주의

그런데 이렇게 위기에 빠진 채소와 과일이 다시 각광받게 된 계기가 비타민의 발견이었다. 아니, 비타민이라는 이름은 어차피 나중에 붙인 것이니, '영양소 결핍증에 대한 연구'가 계기였다고 하는 것이 맞겠다.

사실 오늘날 우리는 비타민이라는 한 무리의 영양소가 한 무리로 발견되었다고 착각하기 쉽다. 교과서에서 비타민 A, B, C, D 등의 특징과 결핍증(야맹증, 각기병, 괴혈병, 구루병 등)을 한꺼번에 묶어서 배우기 때문이다.

그러나 여러가지 미량영양소에 비타민이라는 이름을 붙여 하나의 영양소 집단처럼 취급하자는 생각은, 중요한 비타민들이 발견되고 난 다음인 1910년대 중반에야 비로소 고개를 들었다. 비타민 B_3를 분리하여 훗날 노벨상을 받은 풍크가 1912년 제안한 '비타민'(vitamin, 처음에는 vitamine)이라는 이름도 '생명(vita) 현상에 필수적인 아민(amine)계 화합물'이라는 뜻 이상의 의미를 담고 있지 않다.

괴혈병이나 각기병은 인류 역사상 늘 존재해왔다. 그런데 비타민이라고 묶여 불리게 된 미량영양소들(micronutrients)이 비교적 짧은 시간 동안에 한꺼번에 발견되고 묶여서 이름 붙은 것은, 실은 서구의 제국주의적 팽창과 무관하지 않다.

첫째, 영양소 결핍증이 집단적으로 나타날 조건이 제국주의 팽창기에 갖춰졌다. 영국이나 네덜란드 등 제국주의 국가들은 넓은 바다를 누비는 수병(水兵)이 많았다. 이들은 극도로 종류가 제한된 음식물에 의지하여 몇달씩 단체 생활을 했으므로, 영양소 결핍증에 걸리기도 쉬웠을 뿐 아니라 그 증상이 매우 쉽게 눈에 띄었다.

둘째, 제국주의의 발호와 더불어 전세계적인 과학 연구 네트워크가 성립되었다. 영국 해군이 라임주스를 배급하여 괴혈병을 예방하게 되었다는 소식은 금세 네덜란드나 프랑스 해군에 전해졌다. 인도네시아의 네덜란드 과학자가 닭에게 현미를 먹여보고 각기병을 치료했다는 소식도 곧장 논문의 형태로 발표되고 전세계로 퍼져나갔다.

이렇게 하여 1920년대 중후반쯤에는 비타민을 비롯한 미량영양소의 개념이 자리잡았고, 미량영양소 결핍증을 예방하기 위해서는 평소 식단에도 영양소의 균형을 맞춰야 한다는 생각이 보급되었다.

사지 않아도 되는 것을 사도록

비타민이라는 존재가 널리 알려지자, 자연히 이것을 제품으로 만들어 판매하려는 이들이 나타났다. 그런데 새로운 시장을 열기 위해서는 비타민에 대한 소비자들의 인식을 바꿀 필요가 있었다. 밥에 현미를 조금 섞는 것만으로도 각기병 문제가 해소되는 마당에, 결핍증을 예방하겠다는 소극적인 이유가 아니라, 비타민을 먹으면 뭔가 더 좋은 일이 생긴다고 소비자들을 설득해야 했던 것이다.

비타민 연구가 계속되다보니, 비타민이 지닌 여러가지 효능들이 새롭게 알려지게 되었다. 특히 소화 보조 작용이 많은 주목을 받았다. 비타민 B군에 속하는 화합물들은 모두 보효소(coenzyme) 또는 보효소의 선구체로서 세포의 물질대사에 관여하기 때문에, 영양소의 소화 흡수 효율을 높여준다는 사실이 알려졌다. 그러나 이를 위해 반드시 보충제를 먹어야 하는 것은 아니다. 특히 음식물을 적게 먹는 것보다 과하게 먹는 것이 문제인 현대 선진국의 사람들은 대부분의 비타민을 일상적인 식사를 통해 충분히 얻을 수 있다.

그럼에도 일본과 미국 등 선진국의 제약 회사들은 소화 흡수에 이바지한다는 논리로 비타민 보충제를 맹렬하게 광고하기 시작했다. 특히 육아에 신경을 쓸 수밖에 없는 주부들을 겨냥한 광고가 쏟아져나왔다. 성장기 어린이의 비타민 결핍증을 예방하는 것도 주부의 의무가 되었고, 키 크고 건장한 아이로 키우기 위해서는 식사를 통한 섭취량 이상으로 비타민 보충제를 넉넉히 챙겨주는 것이 현명한 주부의 선택이라고 광고들은 주장했다.

이런 맥락에서 각광받기 시작한 것이 맥주 효모였다. 맥주 효모를 배양하면 효모뿐 아니라 효모의 작용으로 만들어진 매우 많은 종류의 화합물들을 함께 얻게 된다. 그래서 효모를 건강보조식품으로 이용하는 연구가 활발히 이루어졌는데, 비타민 발견 이후 효모를 먹으면 여러가지 비타민도 함께 섭취할 수 있다는 것이 알려졌다.

삼일제약의 에비오제 광고(위)와 서울약품의 원기소 광고(아래).

역시 맥주의 나라 독일이 맥주 효모를 건강식품으로 응용하고
자 처음으로 시도했으며 곧 다른 서구 나라들과 일본도 이를 받아
들였다. 일본에서는 거대 맥주 회사인 아사히맥주가 '에비오스'라

는 이름으로 맥주 효모 건강식품을 출시했고, '와카모토'라는 회사도 회사 이름을 상표로 한 효모 제제를 선보였다. 에비오스와 와카모토는 구 일본 제국 전역에서 상당히 인기를 끌어서, 두 회사 모두 한반도에도 공장을 세우고 제품을 만들어냈다.

광복 후 일본인들이 철수하자 한반도의 공장 설비들은 한국인의 손에 접수되었다. 주인은 바뀌었지만 공장에서 만드는 물건은 크게 달라지지 않았다. 서울약품은 와카모토 공장을 인수하여 '원기소'를, 삼일제약은 에비오스 공장을 인수하여 '에비오제'를 만들기 시작했다. 맥주 효모로 만든 쌉싸래한 알약은 전후복구와 고도성장을 겪은 세대의 한국인들에게 귀한 영양제의 대명사로 여겨졌다. 이제는 비타민제보다 소화보조제로 근근이 명맥을 유지하고 있지만, 이들 추억의 알약에는 이렇게 긴 역사가 스며들어 있다.

7

동아시아 사람들은 '야쿠르트'를 좋아해

'우량아 선발대회'는 지금은 보기 어렵게 된 행사다. 주로 분유 회사가 후원하던 대회였는데, 덩치 큰 유아들을 선발하여 상품을 주었다. 상을 받은 아이들을 분유 광고 모델로 쓰기도 했다. 뒷날 모유의 가치를 재평가하게 되고 아이나 어른이나 덩치가 큰 것보다는 균형 잡힌 몸매를 선호하게 되면서 이 대회도 슬그머니 사라졌다. 하지만 고도성장기에 어린 시절을 보냈거나 아이를 키웠던 이들은 이 대회를 많이들 기억하고 있을 것이다.

한국뿐 아니라 동아시아 여러 나라들에서, 근대로 접어들면서 큰 신체는 매우 중요한 의미를 갖게 되었다. 단순히 키가 큰 사람이 인기가 많다는 차원의 문제가 아니라, 국민 하나하나의 신체가 크고 건강해야 국가가 주권을 지키며 근대화를 달성할 수 있다는 일종의 위기감 같은 것이 이들 나라에 만연했기 때문이다. 덩치 큰 서양인들이 크고 강력한 무기를 들고 나타난 새로운 시대를 맞아, 동아시아 나라들은 정치, 경제, 법률 등 각종 제도를 서양식으로 고치는 한편 국민 개개인의 몸도 서구화 또는 근대화하고자 했다.

서양인의 몸, 서양인의 음식

서양인의 몸을 갖기 위해 가장 먼저 시도해볼 수 있는 것은 당연하게도 서양 음식을 받아들이는 것이었다. 메이지유신을 통해 서구화의 기틀을 닦은 일본은 "양식"을 받아들이는 데에도 가장 열성적이었다. 메이지 천황은 1872년 공식석상에서 고기 요리를 먹음으로써 불교문화에 길들어 있던 일본인들에게 충격을 주었고, 이후 일본인들은 일종의 사명감을 갖고 고기와 우유를 열심히 먹기 시작했다. 스키야키를 비롯하여 크로켓, 카레라이스, 햄버그스테이크, 돈가스 등 일식풍을 가미하여 고기를 먹는 다양한 방법이 개발되었다.

우유도 근대화를 위해 숙제처럼 마셔야 하는 시대가 되었다. 낙농업을 진흥하고 우유 소비를 촉진하는 것은 국민 개인의 건강을 위한 일일 뿐 아니라 20세기 초 일본의 홋카이도나 20세기 중반 한국의 강원도처럼 상대적으로 낙후한 지역의 경제를 발전시키는 일로도 여겨졌다. 일본의 홋카이도청 장관 미야오 슌지는 1921년

"홋카이도를 일본의 덴마크로 만들 것"이라고 주장했고, 그렇게 대량으로 생산된 우유는 일본 전역에 공급되어 학교의 의무급식으로 소비되었다.

그런데 예상치 못한 문제가 불거졌다. 고기와 우유를 권장하면 국민들이 키가 쑥쑥 커져서 서양인과 어깨를 나란히 하리라는 정치 지도자들의 기대와는 달리, 하루아침에 식단을 바꾼 동아시아의 민중들은 소화불량과 배탈 등 여러가지 문제를 호소하기 시작했다. 애써 비싼 돈을 내고 고기와 유제품을 열심히 사 먹었건만 소화가 잘 되지 않다니, 이런 아까운 일이 있는가?

몸이라는 기계의 엔진을 청소하자?

이렇게 속이 더부룩하고 소화가 잘 안 되는 느낌이 들거나 신트림이 자주 나는 따위 증상은, 사실 의학적으로 특정한 질환이라고 규정하기 어려운 경우가 많다. 그럼에도 이런 증상을 호소하는 환자들이 많기 때문에 이를 '기능성 위장장애'라고 통칭하기도 한다. 다시 말해 기능성 위장장애란 의사가 보기에는 위나 장에 특별한 이상이 없지만 환자가 느끼기에 음식물을 소화하는 능력이 떨어진 상태라고 대략 설명할 수 있다.

의사가 보기에는 특별한 질환도 아닌 듯하고 특별히 쓸 약도 없는 듯하지만 환자는 엄연히 불편하다고 느끼는 상황, 이것이야말로 상업적 블루오션이다. 병인 듯 아닌 듯한 회색 지대를 노리고 약인 듯 아닌 듯한 갖가지 제품들이 쏟아져 나온다. 소비자들은 반신반의하면서도 눈앞에 보이는 제품들을 이것저것 시도해본다. 질환의 정체가 모호할수록 그에 대한 약이나 건강보조제의 효과를 판별하는 것도 어려워지고, 소비자들은 그 모호한 효과를 자신의 바람대로 해석하고 특정 제품을 계속 소비하게 된다.

바라던 만큼 고기와 유제품을 소화하기가 어렵다는 것을 알게 된 이들은 이를 설명하고 해결하기 위해 다양한 시도를 했다. 그 결과 20세기 초반 일본과 뒤이어 20세기 중반 한국에서 장(腸) 관련 제품의 시장이 엄청나게 확장되었다.

왜 장인가? 몸을 자동차에 비유하면, 음식물은 가솔린이고, 위와 장은 연료를 태워 에너지를 얻는 엔진이다. 양질의 원료를 넣는 것도 중요하지만 엔진에 기름때와 찌꺼기가 끼어 있으면 질 좋은 휘발유를 넣어도 제 몫을 다하지 못한다. 따라서 자동차 연료에 엔진을 세척해주는 첨가제를 넣듯, 위와 장의 활동을 돕고 노폐물을 제거해주는 보조제를 먹으면 애써 먹은 고기와 우유의 효율을 높일 수 있으리라는 것이 동아시아 사람들이 근대의학과 생리학을 받아들인 뒤 하게 된 생각이다.

이런 생각의 연장선상에서 출현한 것이 소화제 또는 위장약이라는 범주의 약품이다. 물론 소화를 돕는 약품이 다른 나라에 없는 것은 아니다. 하지만 동아시아 바깥에서는 이들 약품을 대체로 제산제나 가스제거제처럼 구체적인 작용에 따라 분류하고 있는 데 비해, 동아시아에서는 위와 장에 여러가지 다른 작용을 하는 약품을 효과에 따라 뭉뚱그려 소화제라고 부르는 것은 흥미로운 차이점이다. 오늘날 일본과 한국 등 동아시아의 약국에는 다른 지역 사람들이 보면 놀랄 만큼 많은 종류의 소화제가 진열되어 있고, 소비량도 높은 편이다.

이 맥락에서 소화제 못지않게 중요한 범주의 약품이 정장제(整腸劑)일 것이다. 장을 깨끗이 해야 하는 이유는 앞서 설명한 대로다. 정장제는 소극적으로는 설사를 막는 것에서부터, 적극적으로는 장 속의 노폐물을 비우고 새로운 영양분을 흡수하기 좋은 상태로 만드는 것까지 여러 역할을 한다고 알려져 있다. 이 또한 구체적인 작용보다는 결과적인 효과에 따른 분류이므로, 정장제도 식이섬유나 효모 등등 여러가지로 나눌 수 있다.

약은 아니지만 정장제로 동아시아에 소개된 것 중 가장 성공한 제품은 유산균이라고 할 수 있다. 동아시아 인구의 대다수가 생우유를 제대로 소화하지 못한다는 사실이 알려지자, 발효유가 대안으로 떠올랐다. 러시아의 생리학자 일리야 메치니코프(1845~1916)는 유산균이 인간의 노화를 늦추는 효과가 있다고 주장했고, 이에 주목한 일본인 과학자들은 중앙아시아의 유목민족을 찾아가 발효유의 제조 기술을 배우고 특징을 연구했다. 그 결과 미야이리 지카지(1896~1963)가 일본인의 몸속에서 추출한 유산균주(株)를 분리하는 데 성공했고, 그것을 1933년 '미야리산'이라는 이름의 유산균 보충식품으로 시판하기에 이르렀다. 그리고 시로타 미노루(1899~1982)는 탈지분유와 당과 유산균 등을 혼합하여 마시기 편한 새콤달콤한 음료를 만들고, 1935년 '야쿠르트'라는 이름으로 시장에 내놓았다. 미야리산과 야쿠르트는 일본뿐 아니라 아시아 전역에서 오늘날까지도 큰 인기를 끌고 있다.

성장을 향한 욕구는 식생활의 변화를 추동했고, 그것은 다시 소화제, 정장제, 유산균 음료 등 20세기 전까지는 동아시아 사람들이 전혀 알지 못했던 제품들이 생산되고 소비되는 거대한 시장을 낳았다. 사실 우리는 무슨 물질이 우리 몸 안에서 무슨 작용을 하는지는 큰 관심이 없을지도 모른다. 우리를 이끌어가는 것은 성장을 향한 욕망이고, 우리는 반신반의하면서도 손해 볼 것 없다는 마음으로 그 욕망에 기꺼이 돈을 투자할 뿐이다. 그것이 20세기 이후 형성된 동아시아 사람의 몸과, 그 몸을 형성하지만 동시에 그 몸에 의해 움직이는 마음이다.

8

원자 궤도 모형은 어떻게
과학의 상징이 되었나

국가나 기관의 휘장에 담긴 그림들은 실제의 대상을 그대로 묘사한 것이라기보다는 대개 특정한 가치나 주장을 상징하는 것이다. 특히 산업혁명 이후에 새로 만든 휘장들은 산업과 기술의 상징을 그려넣은 경우가 많다. 이것은 단순히 그것이 가져올 물질적 풍요의 상징을 넘어서, 과학기술을 근대 진보의 핵심 사상으로서 중시한다는 의미를 담고 있다. 때로는 추상적인 사상 그 자체가 휘장에 등장하기도 한다. 1889년 공화국 수립과 함께 제정한 브라질 국기에는 'ORDEM E PROGRESSO'(질서와 진보)라는 모토가 적혀 있는데, 이는 과학기술을 통한 인류의 진보를 낙관했던 계몽사상가 오귀스트 콩트의 모토인 '사랑을 원리로, 질서를 기반으로, 진보를 목표로'를 차용한 것이다.

과학기술 또는 산업기술의 구체적 상징으로 휘장에 가장 많이 등장하는 것은 톱니바퀴일 것이다. 톱니바퀴는 산업혁명 이후 새롭게 등장한 기계문명을 상징한다. 물론 이 기계문명을 떠받치는 것은 인간의 노동이므로 노동계급을 상징하기도 한다. 이 때문에 톱니바퀴는 주로 사회주의 국가나 사회주의의 영향이 강한 나라들의 국장에 등장하곤 한다.

20세기 과학을 상징하는 원자 궤도 모형

하지만 21세기 사람들의 눈에는 19세기 산업혁명의 상징인 톱니바퀴가 미래의 진보를 상징한다기보다는 오래된 굴뚝산업의 상징처럼 보일 수도 있다. 그렇다면 20세기의 과학기술 문명을 상징하는 이미지는 어떤 것이 있을까?

20세기 과학기술은 18~19세기 산업혁명의 유산을 이어받아 출발했지만, 19세기에는 상상하기도 어려웠던 새로운 영역들을 개척했다. 인간의 일상 감각을 훌쩍 뛰어넘는 아주 큰 세계(우주)와 아주 작은 세계(원자)가 인간 이성의 탐구의 대상이 되었다. 그런 맥락에서, 20세기 과학기술을 상징하는 도상을 꼽는다면 빠지지 않고 들어갈 한가지는 원자 모형일 것이다. 원자와 그 내부를 이해하는 데서부터 오늘날의 전자공학과 전자산업이 태동했기 때문이다.

원자 궤도 모형은 20세기에 설립된 과학기술 관련 기관의 휘장에 단골로 등장하는 상징이 되었다. 다만 원자력을 과학기술이나 의료 등 평화적 목적으로 이용하는 것을 상징할 때만 쓰였다. 원자력 무기의 이미지로는 버섯구름이 사람들의 뇌리에 너무나 강렬하게 각인되어 있었기 때문에, 원자 궤도 모형과 버섯구름이 함께 등장하는 그림은 좀처럼 찾아보기 어렵다. 원자 궤도 모형은 버섯구름이 상징하는 죽음과 파괴의 공포를 대신하여 원자력의 긍정적인 면을 대변하는 이미지로 선택되고 육성되었다고도 할 수 있다.

히로시마와 나가사키의 참상을 통해 원자폭탄의 위력이 온 세계에 알려졌다. 그리고 1949년 소련이 원자폭탄 개발에 성공하면서 미국의 원자력 무기 독점이 깨졌고, 핵전쟁의 공포가 세계를 사로잡았다. 미국은 전략을 바꾸어 '평화를 위한 원자력'(Atoms for Peace)이라는 구호를 들고 나왔다. 이를 통해 한편으로는 소련이 무기 개발에 골몰할 때 미국은 평화를 위해 활용한다는 대립 구도를 만들고자 했으며, 다른 한편으로는 제2차 세계대전이 끝나고 독립한 개발도상국들에게 원자력 응용 기술을 원조하여 자기 진영으로 끌어들이고자 했다.

아이젠하워 대통령이 1953년 연설에서 '평화를 위한 원자력' 사업을 제창했고, 그 연장선상에서 1957년 국제원자력기구(IAEA)가 발족했다. '평화를 위한 원자력' 사업의 휘장 한가운데에는 원자 궤도 모형이 있고, 그 주변을 현미경(기초과학), 아스클레피오스의 지팡이(의학), 톱니바퀴(산업), 밀단(농업)이 둘러싸고 있다. 국제원자력기구의 휘장은 원자 궤도 모형을 평화를 상징하는 올리브 가

'평화를 위한 원자력' 사업 로고.　　　　　　IAEA 로고.

지가 둘러싼 모습이다. 원자 궤도 모형은 온 세계의 과학 교과서에 실려 있던 가치중립적인 이미지였지만, 이런 휘장들이 반복적으로 대중매체에 소개되면서 차츰 원자력의 긍정적 활용을 상징하는 이미지로 자리잡게 되었다.

한국에도 '평화를 위한 원자력' 사업의 일환으로 실험용 원자로 트리가 마크 투(TRIGA-Mk II)가 건설되었고, 그것을 관리하며 연구에 활용하기 위한 기관으로 1959년 원자력원이 설립되었다. 337면에 실린 원자로 기공식장의 사진에는 초창기 원자력원의 휘장이 보이는데, 첨성대 위에 원자 궤도 모형이 별처럼 떠 있는 모양이 눈길을 끈다. 미국의 원조로 짓는 원자로지만 우리에게도 과학의 전통이 있었음을 애써 강조하고 싶은 마음이 드러나는 듯하다.

이후 한국에서 원자 궤도 모형은 원자력을 넘어서 첨단 과학기술 전체를 대표하는 상징이 되었다. 한국을 대표하는 과학 특구라 할 수 있는 대전광역시 유성구의 로고에 전통적 명물인 온천과 원자 궤도 모형이 함께 들어가 있는 것도 그런 맥락일 것이다.

이승만 대통령이 원자로 기공식에 참석하여 트리가 마크 투 원자로를 시찰 중이다.

보이지 않는 세계의 이미지와 현실

흥미로운 것은, 원자 궤도 모형이 대중적으로 널리 쓰이게 될 무렵에 과학자들은 이미 더 진전된 다른 원자 모형을 받아들이고 있었다는 사실이다. 양자역학에서 불확정성의 원리가 확립되면서 이동하는 전자의 위치와 운동량을 정확하게 콕 집어낼 수는 없다는 것이 알려졌다. 따라서 우리에게 친숙한 이미지처럼 전자의 궤도를 정확히 그려내는 것이 불가능하다. 전자가 특정한 위치에 존재할 확률만 계산할 수 있을 뿐이다. 오늘날의 물리학에서는 전자를 더이상 궤도에 그리지 않고, 핵을 둘러싼 뿌연 구름 같은 모습으로 표시한다.

그럼에도 불구하고 원자 궤도 모형은 일종의 대중문화 이미지로 굳건히 살아남아 있다. 애매모호한 전자구름보다는 명쾌한 선을 그리는 궤도가 미래지향적이고 진취적인 느낌을 더 잘 전해주기 때문일 것이다. 이처럼 과학의 세계에서는 자연을 이해하기 위한 징검다리로 만들어낸 이미지가 실제 모습보다 더 강한 호소력을 갖는 경우가 드물지 않다. 원자의 세계처럼 인간의 감각으로 닿을 수 없는 영역에서는 무엇이 이미지이고 무엇이 현실인지 단언하기 어려운 부분이 있다. 그러나 인간은 항상 자신이 닿을 수 없는 곳을 향해 손을 뻗었고, 그 결과가 오늘날 우리가 누리는 과학기술 문명이다. 비록 오늘날의 과학 교과서에서는 주인공의 자리를 내주었지만, 원자 궤도 모형은 보이지 않는 영역을 통해 한발씩 내디뎠던 탐구의 여정을 보여주는 상징으로서의 의미가 있다.

9

우리는 우주를 어떤 색깔로 보고 있는가

2019년 4월 10일, 세계 100여개 기관이 협력하여 2006년부터 추진한 '사건의 지평선 망원경'(EHT) 프로젝트가 사진 한장을 공개했다. 마치 초점이 맞지 않은 도넛 사진처럼 보이기도 하지만, 이 사진에 수십억의 사람들이 열광했다. 인류가 블랙홀의 존재를 처음으로 시각적으로 확인한 사진이었기 때문이다.

편의상 다들 '블랙홀 사진'이라고 부르기는 하지만, 이 사진에 보이는 것은 엄밀히 말하면 블랙홀은 아니다. 그림자를 보고 빛의 존재를 추론하듯이, 빛조차 가두어버리는 절대 어둠의 존재는 주변의 빛을 보고 확인할 수밖에 없다. 사진에 불그스름한 도넛처럼 보이는 고리는 블랙홀로 빨려 들어가지 않은 채 주위를 도는 기체와 빛이고, 그 안의 시커먼 공간이 이른바 '사건의 지평선'의 안쪽이

EHT 프로젝트에서 2019년 공개한 블랙홀의 존재를 입증하는 사진.

다. 고리 안쪽의 검은 공간은 태양계 전체가 들어가고도 남을 정도로 광대한 영역인데, 그 안의 사정은 알 수 없으나(그래서 저 경계를 '사건의 지평선'이라고 부르게 된 것이기도 하다) 그 가장자리의 사진을 찍는 데 성공한 것이다.

　M87 은하의 중심부에 있는 이 블랙홀은 지구로부터 약 5500만 광년(1광년은 약 9.5조킬로미터)이나 떨어져 있다. 다시 말해 이번에 공개한 사진은 5300만년 전에 사건의 지평선에서 탈출한 빛을 담았다는 뜻이기도 하다. 인간의 감각으로는 가늠하기 어려운 아득한 시간과 공간을 가로질러온 빛이니 흐릿해지는 것도 어쩔 수 없다. 이번에 공개한 사진은 EHT 프로젝트가 여덟대의 전파망원경으로 5페타바이트(약 520만 기가바이트)의 데이터를 합쳐 얻은 것이다. 데이터를 합치다니, 그러면 저 사진은 블랙홀을 그대로 찍

은 것이 아니란 말인가? 사실은 그렇기도 하고, 아니기도 하다.

'거짓 색상 사진'이라고 부르지만 진짜 사진

블랙홀 사진을 비롯하여 대부분의 천체 사진, 나아가 세포나 단백질의 사진 등 많은 과학 사진들은 특수한 과정을 거쳐 얻는다. 우리가 셀카를 찍거나 꽃이나 반려동물의 사진을 찍을 때는 가시광선으로 전달된 정보를 기록한다. 하지만 현대과학에서 다루는 아주 작거나 아주 큰 세계에 대한 정보를 충분히 얻으려면 가시광선만으로는 부족하다. 가시광선의 파장은 짧게는 약 380나노미터에서 길게는 770나노미터 정도인데, 간단한 분자나 낱개 원자의 크기는 1나노미터도 되지 않으므로 아무리 성능 좋은 현미경을 사용해도 광학적으로는 관찰할 수가 없다. 이렇게 작은 대상을 관찰하려면 그보다도 파장이 짧은 전자의 운동을 이용해야 한다. 한편 천체로부터 오는 신호에는 매우 긴 파장부터 매우 짧은 파장까지 여러가지 눈에 보이지 않는 전자기파들이 섞여 있는데, 이 또한 인간의 눈으로는 감지할 수 없으므로 전자 장비로 따로 탐지해야 한다.

이렇게 인간이 볼 수 없는 신호를 모은 뒤 그것을 활용하려면 일종의 번역 과정이 필요하다. 내가 알아듣지 못하는 외국어를 한국어로 번역하듯이, 가시광선이 아닌 신호를 가시광선으로 변환해 보여주는 것이다. 다만 아무렇게나 색을 입히면 정보로서의 가치가 없어지므로 일정한 규칙에 따라 변환한다. 예를 들어 가시광선 영역의 빛은 중간 파장인 초록색으로 변환하고, 적외선은 빨강, 자외선은 파랑 계열의 색으로, 각각 일정한 비율로 변환하여 사진을 다시 그리면 가시광선과 적외선, 자외선으로 전달된 정보까지 한 사진에서 인간이 인지할 수 있는 색으로 볼 수 있다. 이렇게 변환한 사진은 실제 색상을 그대로 전달하는 것은 아니므로 '거짓 색상'(false color) 사진이라고 부른다.

우리가 교과서나 신문 등에서 자주 봐서 친숙하게 여기는 천체나 세포 등의 사진도 사실 대부분 거짓 색상 사진이다. 오리온 대성운이나 말머리성운 등의 사진은 매우 큰 망원경을 통해 매우 오랜 시간에 걸쳐 가시광선과 그 바깥 영역으로 전해진 매우 많은 양의 정보를 받아들인 뒤, 이것을 가시광선 영역의 신호로 변환하여 보여주는 것이다. 만일 우리가 우주선을 타고 말머리성운을 육안으로 볼 수 있는 곳까지 갈 수 있다 해도, 우리 눈에 사진으로 익히 보았던 광경은 보이지 않을 것이다.

가시광선의 파장보다 훨씬 작아 광학현미경으로는 제대로 관찰할 수 없는 세포나 그보다 작은 원자의 사진도, 전자현미경으로 얻은 신호를 가시광선 대역으로 변환한 것이다.

이와 비슷한 것이 기상 사진이나 체온 사진 등에 자주 보이는 '유사 색상'(pseudo color) 사진이다. 유사 색상 사진은 넓은 의미로 보면 거짓 색상 사진에 포함되지만, 특정한 한가지 측정값(온도, 고도, 압력 등)을 색깔로 변환하여 그 강도를 시각적으로 드러낸

말머리성운의 거짓 색상 사진.

다는 점에서 따로 구별하기도 한다. 유사 색상 사진의 대표적인 예
는 열화상 카메라 사진이다. 건강 프로그램 등에서 자주 보던 것
이지만 코로나19의 대유행 이후에는 일상생활에서도 방역에 활용
되어 쉽게 접할 수 있게 되었다. 열화상 카메라는 피사체의 온도를
측정한 뒤 온도에 대응하여 색상을 배당한다. 여름철 기상예보에

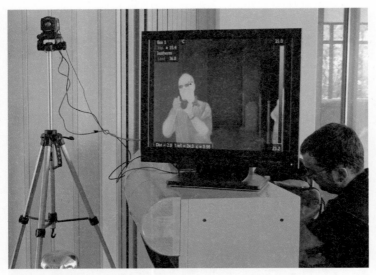
열화상 카메라로 찍은 체온의 유사 색상 사진.

등장하는 태풍이나 장마전선의 위성사진도 기압에 대응하여 색을
입힌 유사 색상 사진이다.

과학이 확장한 인간 감각의 세계

이름이 주는 부정적인 인상에도 불구하고, 이들 사진이 가짜라
고 말할 수는 없다. 일정한 규칙에 따라 우리가 알아볼 수 있는 형
태로 색상을 바꾸었을 뿐, 없는 것을 만들어내거나 있는 것을 무시

한 것은 아니기 때문이다. 자연에 존재하는 정보를 고스란히 담아 냈다는 점에서는, 거짓 색상 사진도 참 색상(true color) 사진 못지 않게 진짜다.

컴퓨터의 도움을 받기 한참 전부터, 인간은 이미 여러가지 방법 으로 원래 시각 정보가 아니었던 것을 시각 정보로 변환하여 받아 들이고 있었다. 우리는 스프링에 축적된 탄성에너지를 보고 무게를 "쟀으며", 모세관 속 수은이나 알코올이 팽창하는 것을 보고 온도 를 "읽었다." 어떤 의미에서는 인간이 자연을 측정하려면 언제나 번 역 또는 변환의 과정을 거쳐야 한다.

그렇다면 우리가 세계를 인식할 때 기계의 도움을 받는 것도 문 제 삼을 만한 일은 아니다. 인간이 만든 과학의 힘으로 인간의 생 물학적 한계를 뛰어넘어 감각의 범위를 확장해나간다면, 그것은 오 늘날의 인간이 자연 그대로의 인간보다 그만큼 성장했다는 이야기 이니, 뿌듯하지 않은가?

10

인간은 이미 우주에 흔적을 남기고 있다

2003년 발사되어 2004년 화성에 도착한 두대의 로버(rover, 탐사차), 스피릿과 오퍼튜니티는 애초에 약 90일 정도 활동할 수 있을 것이라는 가정 아래 설계되었다. 그러나 스피릿은 6년 동안, 오퍼튜니티는 무려 15년 동안 지구와 통신을 유지하며 20여만장의 사진 등 화성에 대한 여러가지 정보를 보내주었다.

모래폭풍 등 화성의 열악한 환경을 버티며 분투한 끝에 스피릿은 2010년 3월에 지구와 교신이 끊겼고, 오퍼튜니티도 2019년 2월 13일 더이상 정보를 주고받을 수 없는 상태가 되었다. 나사(NASA)는 오퍼튜니티 탐사 계획의 종료를 선언했고, 퇴역한 로버는 화성에서 '인내의 계곡'(Perseverance Valley)이라 불리는 지점 어딘가에 잠들게 되었다.

인간의 감정을 자극하는 기념일 중 하나인 밸런타인데이에 기계가 멈추었다는 이야기란 그다지 어울리지 않는 소식이었을 것도 같다. 하지만 이 뉴스를 들은 전세계의 많은 사람들은 SNS 등에 애도의 글을 남겼다. 오퍼튜니티가 교신이 끊기기 전 보낸 마지막 센서 정보를 인간의 언어로 번안하여, "배터리가 떨어지고, 주위는 어두워집니다"라고 그가 유언이라도 남긴 것처럼 의인화한 글과 그림이 특히 큰 호응을 얻었다. 광막한 화성의 모래바람 속을 15년 동안 혼자 누비며 인류를 위해 헌신하다가 외롭게 마지막 어둠을 응시하는 모습을 상상할 수 있기 때문이리라.

우주 개발의 역사 뒤에 흩어진 잔해들

그런데 언젠가 인간이 다시 찾아내줄 것을 기다리며 잠들어 있는 것은 오퍼튜니티만이 아니다. 화성보다 먼저 인류가 접촉한 천체인 달에도 여러가지 물건들이 망각 속에 남아 있다. 구소련은 무인탐사선 루나 2호를 1959년 달 표면에 충돌시켜 인류 최초로 달 표면을 건드렸으며, 이후 모두 여덟 차례 월면에 무인탐사선을 보냈다. 미국은 1969년 아폴로 11호를 필두로 여섯 차례 유인 달 착륙에 성공했다. 이들이 보낸 무인탐사선과 유인착륙선의 하단부, 그리고 인도와 중국 등 다른 나라가 보낸 무인탐사선과 로버 등은 모두 월면에 남아 있다. 달은 대기와 물이 없으므로 풍화가 일어나지 않기에 이 잔해들은 다른 인간이 찾아와 치우거나 옮기지 않는 한 우두커니 그 자리를 지키고 있을 것이다.

땅에 발을 딛지 않은 채 공간을 떠다니는 잔해들도 있다. 구소련이 1957년 최초의 인공위성 스푸트니크 1호를 지구 궤도에 올린 이래, 2018년까지 세계 각국이 쏘아올린 위성은 약 4900기에 이른다. 그 가운데 현재 작동하고 있는 것은 약 1900기이고, 나머지 약 3000기는 수명을 다 한 뒤 돌멩이와 마찬가지로 지구 궤도를 돌고 있다. 여기에 더해 위성을 궤도에 올리고 할 일을 다 한 로켓 아랫단의 잔해, 우주비행체의 발사 과정에서 생겨난 파편과 먼지 등 여러 종류의 우주 쓰레기, 일명 '스페이스 데브리'(space debris)가 대기권 밖 어딘가에서 지구 중력에 붙들려 머물고 있다. 최근에는 매년 300~400기의 새로운 위성이 발사되고 있으니 우리가 올려다보는 밤하늘은 사실 꽤나 붐비는 공간이다.

한자리에 머무르지 않고 돌아오지 않는 길을 떠난 물건들도 있다. 미국이 1977년 발사한 탐사선 보이저 1호와 2호는 '여행자'(voyager)라는 이름이 뜻하듯 갈 수 있는 우주의 가장 먼 데까지 가보는 것을 목표로 삼았다. 보이저 1호는 2013년, 보이저 2호는 지구를 떠난 뒤 40여년이 흐른 뒤인 지난 2018년 12월 태양계를 벗어나 광막한 우주 공간으로 들어섰다. 언젠가 장비가 하나둘 고장나고 교신이 끊기면, 이들도 광대무변한 우주를 가로지르는 스페이스 데브리가 될 것이다. 이 여정에 끝이 있다면, 언젠가 무거운 천체를 만나 천체의 중력에 이끌려 부딪치는 날일 것이다. 천문학자들은 태양의 영향권을 벗어난 보이저 1호가 또다른 항성을 만나는 것은 아마 4만년 뒤쯤이리라 예측하고 있다. 4만년 뒤 보이저 1호가 보내는 신호를 수신할 누군가가 지구에 남아 있을까 싶지만 말이다.

우주에 인간이 남긴 스페이스 데브리 중에는 한때 살아 숨 쉬었던 생명체의 사체도 있다. 우주개발 경쟁 초기, 인간을 무작정 우주로 보낼 수는 없는 일이므로, 구소련과 미국은 우주선에 동물을 먼저 태워 보내 우주비행이 건강에 미치는 영향을 조사했다. 유명한 구소련의 비행견 라이카를 비롯하여 초파리, 거북, 고양이, 개, 침팬지 등 다양한 동물들이 인간에 앞서 우주를 탐험했고, 대부분은 안타깝게도 살아서 지구로 돌아오지 못했다. 돌아오지 못한 동물들은 그들이 탄 우주선과 함께 우주의 일부가 되어 있다.

1978년 나사의 과학자 도널드 케슬러는 스페이스 데브리가 이렇게 점점 늘어나다보면 그 수가 임계점을 넘어설 테고, 데브리끼리 충돌하면 그 파편이 다른 데브리와 충돌하는 연쇄반응이 일어날 수 있다고 경고했다. 이 비관적인 전망은 뒷날 '케슬러 신드롬'(Kessler syndrome)이라고 불리며 과학소설 등의 소재가 되기도 했다. 아직까지는 스페이스 데브리의 수가 위험한 선을 넘지는 않은 듯하지만, 미래에 최악의 상황이 벌어질 가능성은 여전히 도사리고 있다.

미래의 기술은 어떤 얼굴을 할 것인가

　유키무라 마코토의 만화 『플라네테스』(1999~2004)는 이런 문제를 다루고 있는 걸작이다. 우주비행이 활발해진 2070년대의 미래 세계에서 우주 쓰레기가 안전한 우주비행의 장애물이 되고, 그에 따라 데브리 청소부가 새로운 직업이 된다는 설정에서 출발한다. 우주에서 활동하지만 사회의 관심이나 존경은 제대로 받지 못한 채 음지에서 일하는 주인공을 보노라면, 거대 기술사회에서 노동의 소외 문제가 미래에도 사라지지 않을 수 있겠다는 어두운 상상이 고개를 든다.

　하지만 차갑고 딱딱한 잔해와 사체들을 남기는 것만이 과학기술의 전모는 아니다. 현대문명에서 파생되는 비정함을 줄여줄 수 있는 것 또한 과학기술이다. 영국 서리 대학의 연구진은 인공위성에서 그물을 던지거나 작살을 쏘아 우주 쓰레기를 거둬들이는 기술을 개발하고 있다. 이 기술의 미래를 예단할 수는 없지만, 인간이 만들어낸 문제를 인간이 인지하고 그것을 해결하기 위한 노력을 기울이기 시작했다는 것은 의미가 있다. 그런 면에서는 과학기술이 반드시 냉정한 얼굴을 하고 진보한다고 생각할 필요는 없을 것이다.

11

수소경제는 에너지 문제를 해결할 만능열쇠일까

최근 사람들의 입에 자주 오르내렸던 낱말을 꼽자면 '수소차' 또는 '수소경제' 등을 빼놓을 수 없을 것이다. 한창 달아오르고 있는 전기차 기술 경쟁을 뛰어넘어 다음 세대, 또는 다음다음 세대의 기술이 될 수소 기반 기술에 집중 투자하겠다는 청사진을 정부가 발표했기 때문이다. 삽시간에 '수소차 대장주' 등의 키워드가 검색 상위권을 차지했고, 수소차의 기술적 가능성에 대해 인터넷 여기 저기서 논쟁이 벌어지기도 했다.

그런데 '수소차'란 정확히 무엇인가? 수소는 우리가 모두 알고 있다시피 가볍고 불이 잘 붙는 기체다. 그런데 이 수소로 뭘 어떻게 한다는 것인가?

간단한 이름은 착각을 낳기도

현재 화제가 되고 있는 수소차란 엄밀히 말하면 '수소연료전지
자동차'를 말한다. 연료전지가 무엇인지 등은 뒤에 다시 설명하겠
지만, 일단 그 긴 이름에 비해 수소차라는 간단한 이름이 귀에 잘
들어오는 것은 어쩔 수 없다. '수소경제' 같은 식으로 파생어를 만
들기도 당연히 더 쉽다.

하지만 간단하고 외우기 쉬운 이름은 오해와 착각을 낳기도 쉽
다. 주식시장 정보지의 '수소 테마주' 같은 말은 귀에 솔깃하게 들
리지만, 구체적으로 무엇이 어떻게 수소경제와 연결된다는 것인지
는 알기 쉽지 않다. 이렇게 정확한 뜻을 아는 사람이 별로 없더라
도 너 나 할 것 없이 입에 올리게 되면서 생명력을 얻은 낱말들이
적지 않다. '탄소산업'이니 '4차 산업혁명'이니 하는 말들도 크게
다르지 않을 것이다.

사실 이렇게 말의 틈새를 교묘하게 파고들어 사람들을 현혹하
는 일은 예전에도 종종 있었다. 특히 수소와 관련된 일화가 있다.
한국전쟁이 교착 상태에 빠져 있었던 1951년 6월, 한 일본인 기술자
가 임시수도 부산의 해군본부를 찾았다. 오카다라는 성 정도만 알
려져 있는 그 일본인은 손원일 해군참모총장을 만나, 자신이 수소
폭탄을 만들 수 있으니 연구를 지원해달라고 제안했다. 손제독과
이승만 대통령 등은 이 제안에 반색하여 오카다에게 실험실을 차
려주었으나 그는 2년이 지나도록 별다른 성과를 내놓지 못했다. 의

혹의 눈초리가 거세지자 오카다는 마지못해 진해 항만에서 폭발 시연을 했으나, '수소폭탄'이라는 이름에 비해서는 귀엽다 할 정도 의 작은 폭발만 보여주었을 뿐이다.

손원일 제독이 추궁하자 그는 결국 사실을 털어놓았는데, 그가 만들 수 있었던 것은 수소 기체를 연소하여 폭발시키는 폭탄이라 는 것이었다. 그것도 수소로 만든 폭탄이니 완전한 거짓말이라고 할 수 없는 구석도 있었지만, 수소폭탄이라는 말을 들으면 누구나 핵융합 반응을 이용한 막대한 위력의 폭탄을 기대했으리라는 점 을 생각하면 어처구니없는 사기라고 할 수밖에 없는 일이었다. 그 후 오카다는 '이용대'라는 이름으로 한국에 정착해 본인의 진짜 전공인 축전지 연구로 한국 기술 발전에 나름의 기여를 하기는 했 지만 말이다.

수소폭탄이 수소를 연소시키는 폭탄이 아니듯, 수소차도 수소 를 연소해 구동하는 자동차가 아니다. 사실 수소연료전지 자동차 도 크게 보면 전기자동차의 일종이다. 다만 모터에 전기를 공급하 는 전원이 일반 전기자동차는 축전지인 데 비해, 수소차는 수소연 료전지라는 점이 다를 뿐이다.

이것을 이해하려면 '연료전지'라는 말을 알아야 하는데, 연료전 지는 아주 간단히 말하면 전기분해의 반대 과정을 이용한 것이라 고 할 수 있다. 물에 전기에너지를 공급하면 수소와 산소로 분리되 는데(전기분해), 반대로 적절한 반응 조건과 촉매를 갖추고 수소와 산소를 섞어주면 이 두 원소가 반응하여 물을 만들면서 전기에너지를 내놓는다(수소연료전지).

축전지는 이름 그대로 전기를 비축하는 장비이므로 채워주는 에너지도 전기의 형태여야 한다. 이 때문에 충전 시간이 오래 걸린다는 것이 전기자동차의 가장 큰 단점이기도 하다. 이에 비해 연료전지는 가솔린 자동차가 휘발유를 주유하듯이 액화수소를 채워주면 그것이 대기 중의 산소와 화학반응을 통해 전기를 만들어내므로, 현재의 자동차와 비슷하게 빠른 시간 안에 충전할 수 있다는 장점이 있다. 이뿐만 아니라 전기에너지를 만들고 남는 부산물도 산소와 수소가 결합한 물이므로, 유독물질과 미세먼지 등으로 인한 대기오염을 걱정할 필요도 없다.

에너지 전환이 모든 문제를 해결할까?

이렇게 써놓고 보니 수소차가 왜 하루빨리 실용화되지 않는지 조바심이 날 지경이다. 하지만 흥분을 가라앉히고 한발 물러나 생각해보자. 수소차와 전기차의 에너지 효율 등에 대해서는 이미 여러 곳에서 논쟁이 이어지고 있다. 수소는 지구상의 물에서 얼마든지 얻을 수 있다지만 이것을 분리하기 위해서는 어차피 전기 또는 화석연료 에너지를 써야 하기 때문에, 수소연료전지가 정말로 친환경적이고 지속가능한 기술인지에 대해서도 논란이 있다. 하지만 현재 더 나은 기술이 앞으로도 쭉 더 나을 것이라는 보장이 없고,

기술이란 자원을 투입하면 개선될 수 있는 여지가 크기 때문에, 현재의 장단점에 대한 이야기들은 잠시 접어두어도 좋을 것이다.

오히려 근본적인 문제를 한번 더 생각해볼 필요가 있다. 수소연료전지, 또는 무엇이 될지 모르지만 더 진보한 새로운 동력원을 만들어낸다면, 우리의 에너지 문제는 다 해결될 수 있을까?

우리가 오늘날 사용하는 대부분의 기계들은 처음 그것을 발명했을 때와 비교하면 효율이 놀랄 만큼 높아졌다. 그러나 기계들 하나하나의 효율은 높아졌지만 한 사람이 쓰는 에너지의 양은 크게 늘어났다. 오늘날 거의 모든 한국인들이 매일 자기 전에 마지막으로 치르는 의식은 각종 휴대용 전자제품을 충전기에 꽂는 일일 것이다. 이것은 20년 전까지만 해도 흔치 않은 일이었다. 스마트폰이나 태블릿 하나하나의 효율이 좋아졌다 해도, 한 사람이 쓰는 기계의 수가 늘어난 만큼 사용하는 에너지의 총량도 늘어났다. 더욱이 전세계의 인구가 계속 증가하고 있으며, 후발 산업화 국가의 사람들이 다양한 전기 전자제품을 본격적으로 사용하게 되면서, 세계의 인구가 쓰는 에너지의 총량은 더욱더 늘어나고 있다.

이렇게 에너지의 소비량이 계속 늘어나기만 한다면, 기기 각각의 효율을 높이는 것이 총 에너지의 고갈을 다소 늦춰주기는 하겠지만 인류 문명의 지속가능성을 높여줄 수는 없다. 그런 점에서 '에너지 전환'이라는 것은 내가 어제와 똑같은 생활을 누리면서 오늘 더 싸고 풍부한 에너지를 쓰는 것이어서는 안 된다. 새로운 에너지의 도입과 동시에 개인의 삶이 바뀌어야 하고, 그 변화를 장려하는 방향으로 사회제도의 개편이 이루어져야 한다. 그렇지 않다면 어떤 새로운 기술이 개발되더라도 그 효과는 더 많은 에너지 소비로 금방 상쇄될 것이기 때문이다.

12

사시사철 누리는 신선함의 이면

전래동화 중에 못된 원님이 아전을 골탕 먹이려고 한겨울에 딸기를 구해오라는 영을 내리는 이야기가 있다. 아전이 집에 돌아와 머리를 싸매자 아전의 아들이 원님을 찾아가 "아버지가 딸기를 따다가 뱀에 물려 제가 대신 왔습니다"라고 아뢰고, "겨울에 뱀이 어디 있냐"고 호통을 치는 원님에게 "그러면 겨울에 딸기는 어디 있습니까"라고 대꾸하여 말문을 막았다는 것이다.

'한겨울에 딸기'라고 하면 약 100년 전(전래동화가 문자로 기록된 것은 20세기 초의 일이다)까지만 해도 있을 수 없는 물건이라고 여겼다. 하지만 오늘날에는 한겨울이라도 집 근처 작은 가게만 들어가면 알 굵고 당도 높은 딸기를 쉽게 찾을 수 있다.

딸기만이 아니다. 한국인이 먹는 과일과 채소 대부분이 사시사철 생산되고 있다. 가정의 김장 규모가 줄어든 것은 가족의 규모가 작아졌기 때문이기도 하지만, 언제든 신선한 채소를 구할 수 있게 되면서 겨우내 염장 보관할 필요가 줄어들었기 때문이기도 하다. 게다가 수입 과일과 채소까지 연중 쏟아져 들어오고 있으니, 대형 마트 식료품 매장에서 계절을 전혀 느낄 수 없게 된 것도 이상한 일이 아니다.

녹색혁명의 뒤를 이은 백색혁명

이렇게 계절을 잊고 과일과 채소를 즐길 수 있게 된 것은 백색 혁명 덕분이다. 세계사에서 보통 백색혁명이라고 하면 이란의 무함마드 리자 팔레비 왕이 1960~70년대에 걸쳐 추진한 일련의 서구화 정책을 뜻한다. 하지만 유독 한국에서는 이 말이 다른 뜻으로 쓰인다. 1970년대가 다수확 품종 통일벼를 앞세워 쌀의 자급을 도모했던 녹색혁명의 시대였다면, 1980년대는 전국에 하얗게 빛나는 비닐하우스를 보급하여 과채의 생산을 늘렸던 백색혁명의 시대라는 것이다. 이란의 '원조' 백색혁명과 비교하면 좀 무게가 떨어져 보이기도 하지만, 비닐하우스 온실 기술은 2015년 광복 70년을 맞아 미래창조과학부에서 선정한 '과학기술 대표성과 70선(選)'에 당당히 이름을 올리기도 했다.

조선시대에도 온실을 만들어 작물을 길렀던 기록이 남아 있다.

세종 20년(1438)에는 제주도 특산품인 감귤을 강화도에서 길러 보고자 온돌방 위에 흙을 깔고 감귤나무를 심었다고 한다. 그뒤에 나온 『산가요록(山家要錄)』(1450년경)이라는 책에 온실에 대한 더 자세한 기록이 실려 있는데, 햇빛을 더 잘 들이도록 창호지에 피마자 기름을 바른다거나, 담 밖에 솥을 걸어두고 물을 끓여 증기를 방 안에 들인다는 등 구체적인 기술들까지 꼼꼼히 전하고 있다(이는 온실 짓는 법을 글로 남긴 세계에서 가장 오래된 문헌이라고 한다).

근대문명을 받아들이면서 한국에도 서양식 온실이 들어왔지만, 값비싼 철재와 유리를 다량으로 써야 지을 수 있는 귀한 서양식 건물을 농사에 이용하기는 어려웠다. 농민들이 들판에 온실을 지으려면 먼저 값싼 자재를 손쉽게 구할 수 있어야 한다.

한국에서 이러한 변화는 1970년대에 일어났다. 우선 1970년 울산 석유화학공업단지가 준공되어 수입에 의존하던 각종 화합물을 싸게 생산할 수 있는 길이 열렸다. 그중 폴리에틸렌 필름이 비닐하우스의 지붕과 벽이 되었다. 그리고 1973년 포항제철소가 준공되자 철재 공급이 늘어났고, 비닐하우스의 뼈대는 서서히 대나무에서 철제 파이프로 바뀌어갔다.

공급만 늘린다고 저절로 시설농업이 보급되는 것은 아니다. 빠듯한 농가 살림에 다량의 비닐이나 철재를 사려면 정책적 지원이 있어야 한다. 정부는 1968년 농어민 소득증대 특별사업(농특사업)을 시작하여 농민에게 시설농업을 시도할 수 있도록 자금을 지원했다. 여기에 1970년대 새마을운동의 열기가 전국을 휩쓸면서 전국

방방곡곡에 비닐하우스가 우후죽순처럼 솟아올랐다.

시설농업이 확산된 결과 과채의 공급이 크게 늘어났다. 한국인 1인당 연간 채소 소비량은 1965년 50킬로그램에서 1975년 90킬로그램, 1995년에는 150킬로그램까지 늘어났다. 2013년 현재 전국의 시설재배 면적을 인구로 나누면 국민 1인당 약 10제곱미터가 되는데, 이는 세계에서 가장 높은 수준이다. 공급이 늘어나면서 장기보존을 위한 김치 소비는 줄어든 대신 신선채소를 연중 소비하는 형태로 채소 소비 양상도 바뀌게 되었다.

과일, 채소, 꽃 등의 품종도 시설재배에 적합한 쪽으로 바뀌었다. 시설재배는 추위나 바람의 영향을 적게 받고, 집중적으로 비료를 공급받을 수 있으므로, 작물의 생존력보다 수확량에 집중하여 품종개량을 할 수 있기 때문이다. 그 결과 딸기의 시설재배 비중은 1970년에는 2퍼센트에 지나지 않았지만, 1995년에는 완전히 역전되어 98퍼센트까지 올라갔다. 이제 하우스 없는 딸기는 상상할 수 없게 된 것이다.

백색혁명의 원동력은 '검은 금'

그러나 이렇게 계절을 잊은 농업이 언제까지 계속될 수 있을 것인가? 온실재배 기술은 비닐이나 농약 등 각종 자재의 공급을 화석연료에 절대적으로 의지하고 있기 때문에, 지속가능성이라는 측면에서 큰 취약점을 안고 있다. 시설 내 난방을 하는 경우 역시 화석연료를 소모하게 된다. 고도로 통제된 인공적 환경에서 다량의 자원을 투입하여 더 다량의 생산물을 얻어낸다는 것은 현대 농업의 일반적 특징이지만, 시설재배는 그 극단적 형태를 보여준다. 백색혁명의 원동력은 '검은 금', 즉 석유였던 것이다. 그뿐만 아니라 시설재배에 적합하게 개량된 품종들이 자연 상태에서는 생존 능력을 잃어버렸다는 점도 미래의 위험 요소로 남아 있다.

그렇다고 당장 과일과 채소를 끊고 김장김치만 먹으며 겨울을 나자는 이야기는 아니다. 굶어가며 다이어트를 하면 금방 다시 살이 찌듯, 생활의 다이어트도 무리하면 탈이 난다. 우리 일상을 당장 송두리째 바꿀 수는 없더라도, 현대인이 안락한 삶을 누리는 데는 대가가 따르며 그 청구서는 우리 후손들 앞으로 발행될 것이라는 점만은 마음에 새기고 살아가는 것이 중요하다. 요즘은 생산자들도 지속가능한 영농에 대한 고민을 많이 하고 다각적인 실험을 벌이고 있다. 이런 생산자들의 노력을 인정하고, 이들에게 정당한 몫을 지불하는 것이 소비자로서 할 수 있는 최소한의 실천이 아닐까?

13

상상의 공간, 달의 저편

달은 지구의 하나뿐인 위성이자 지구에서 가장 가까운 천체다. 달의 지름은 지구의 약 4분의 1인데, 태양계 전체에서 다섯번째로 크지만 중심 행성과 견준 상대적 크기는 가장 큰 위성이기도 하다. 그래서 우리 눈에 보이는 달은 매우 크다. 다른 행성과 항성들은 모두 작은 점 정도로 보이지만, 유독 해와 달은 낮과 밤의 하늘을 지배하는 압도적인 크기를 자랑한다.

이 때문에 인간은 예부터 달을 하늘의 주인공 중 하나로 여겨왔다. 어느 문명이든 달에 대한 신화와 전설이 풍성하다. 오히려 해보다 달에 대한 전설이 많은 듯도 한데, 활동이 적은 밤에 눈을 상하지 않고 오래 쳐다볼 수 있는 것이 달이었던 때문일지도 모르겠다. 여러 문명의 사람들은 달 표면의 푸르스름한 무늬를 보면서 달에 두꺼비가 살고 있다거나, 옥토끼가 절구질을 하고 있다거나, 사람의 얼굴이 보인다는 등 여러가지 이야기를 만들어냈다.

어째서 달은 항상 앞면만 보이는가

그런데 달 표면의 무늬를 오래 지켜본 사람이라면, 그것이 크기나 위치가 바뀌지 않고 늘 같은 모습을 유지한다는 것을 알아차렸을 것이다. 옥토끼가 달 뒤편으로 숨었다가 다시 앞으로 나오는 일 없이 항상 같은 자리를 지키고 있는 것이다. 다시 말해 지구상의 사람들의 눈에 달은 항상 '앞면'만 보인다.

천체들이 자전과 공전을 한다는 것을 생각하면 신기해 보인다. 하지만 이는 그다지 드문 일이 아니라, 오히려 행성과 위성 사이에 흔하게 일어나는 일이라고 한다. 이런 현상을 '조석고정'(潮汐固定, tidal locking)이라고 하는데, 간단히 말하면 가까운 거리에서 공전하는 한쌍의 천체가 서로의 운동에 영향을 미친 결과 오랜 시간이 흐르면 작은 천체의 자전주기와 공전주기가 일정한 비율로 고정된다는 뜻이다.

조석, 즉 밀물과 썰물이 어떻게 달의 자전주기에까지 영향을 미칠 수 있을까? 지구와 달을 예로 들어 설명하면 다음과 같다. 달과 지구는 만유인력에 의해 서로를 끌어당기고, 그 결과 두 천체는 완전한 구형이 아니라 아주 조금이지만 서로를 향해 더 길쭉한 타원

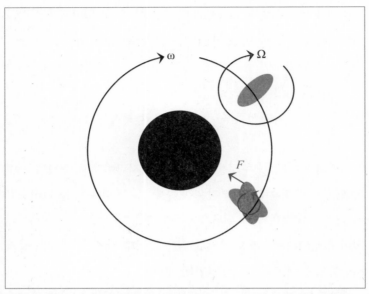

자전주기와 공전주기가 일치하지 않는 위성(빨간색)이 행성의 중력에 의해 조석고정(초록색)
상태에 이르는 과정을 설명하는 그림. 크기와 형태는 매우 많이 과장하여 표현되었다.

체에 가까운 형상이 된다(표면이 액체로 덮여 있는 지구에서는 조
석의 효과가 눈에 띄게 나타난다). 이 타원체의 <u>끄트머리</u>가 지구와
달을 잇는 선 위에서 벗어날 경우 지구의 중력이 그쪽으로 더 강하
게 작용하여 다시 지구 중심 쪽으로 잡아당기게 된다. 이 효과는
하루 이틀 사이에는 느낄 수 없을 만큼 미미하지만, 수십억년에 걸
쳐 누적되면 결국 달은 항상 같은 부분이 지구를 향하게 된다. 즉
달의 공전주기와 자전주기가 일치하게 되는 것이다.

달이 항상 앞면만 보인다는 것은 예로부터 알려져 있었지만, 그 원인을 설명할 수 있게 된 것은 뉴턴역학을 천체운동에 적용할 수 있는 정교한 수학적 장치들이 완비된 뒤의 일이었다. 그리하여 18세기 말 무렵에는 근대과학을 배운 이들이라면 인간이 지상에서는 달의 뒷면을 볼 수 없다는 것을 납득할 수 있게 되었다.

항아와 옥토끼가 찾아간 달의 뒷면

그러나 인간은 약 200년이 지나지 않아 기어이 달의 뒷면을 보고야 말았다. 인간은 우주를 누비겠다는 오랜 꿈을 향해 더디지만 한발짝씩 나아갔고, 1961년 구소련의 우주비행사 유리 가가린이 인류 최초로 지구 대기권을 벗어나 우주를 경험하고 돌아왔다. 지구 대기권의 벽을 돌파한 인류는 지구에서 가장 가까우며 인류가 가장 친근하게 여긴 달을 향해 눈을 돌렸다. 소련은 1959년 9월 무인 탐사선 루나 2호를 달 표면에 충돌시켜 처음으로 달과 물리적 접촉에 성공했으며, 같은 해 10월에는 루나 3호가 처음으로 달의 뒷면 상공을 비행하며 사진을 찍어 지구로 보냈다. 인류가 수천년 동안 볼 수 없었던 달의 뒷모습이 처음으로 드러난 것이다.

미국은 소련을 추월하기 위해 소련이 아직 시도하지 않은 목표, 즉 달을 향한 유인비행에 도전해야 한다고 결정하고, 집중적인 투자를 아끼지 않았다. 그 결과 1968년에 아폴로 8호가 달 궤도를 일

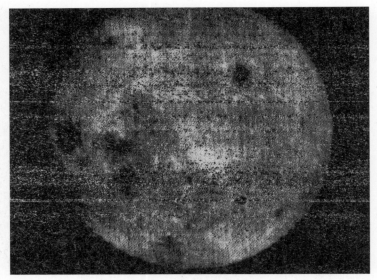

1959년 10월 7일, 구소련의 탐사선 루나 3호가 촬영하여 지구에 전송한 달의 뒷면 사진.

주하는 데 성공했고, 1969년에 아폴로 11호가 달에 착륙하여 닐 암스트롱과 버즈 올드린이 인류 최초로 달에 발을 디뎠다. 1972년 아폴로 17호를 끝으로 유인 달 탐사 계획이 종료될 때까지 스물네명의 미국 우주비행사가 달 궤도에 진입했고 열두명이 달의 땅을 밟았다. 소련은 무인탐사에 집중하여 1976년 루나 24호까지 여덟 차례 무인탐사선 착륙에 성공했다.

치열했던 달 탐사 경쟁이 일단락된 뒤, 미국과 소련은 달에 대한 관심이 다소 시들해졌다. 소련은 금성 탐사와 우주정거장 건설에 열중했고, 미국은 반대로 화성을 거쳐 태양계 밖으로 나가는 프로젝트를 시작했다.

하지만 달은 아직도 사람들의 상상력을 자극한다. 인류에게 가장 친숙한 천체인 달의 상징성은 다른 행성들이 필적하기 어렵기 때문이다. 또한 후발 국가로서는 실패의 부담을 비교적 적게 안으면서 자신들의 기술력을 과시할 수 있는 좋은 대상이기도 하다. 일본은 1990년 이후 여러 차례 달 궤도 비행에 성공했고, 인도는 2008년 무인탐사선을 월면에 경착륙시켰다. 그리고 중국은 2013년 창어 3호가 달에 연착륙했고, 2019년 벽두에는 창어 4호가 세계 최초로 달의 뒷면에 착륙하여 로버 위투 2호를 월면에 무사히 내려놓았다.

우주선의 이름 '창어(嫦娥)'는 중국 전설 속의 여신으로 한국식으로는 '상아' 또는 '항아'라고 읽는다. 그리고 탐사차량 '위투(玉兔)'는 우리에게도 친숙한 옥토끼다. 항아는 남편 후예와 더불어 하늘의 신이었지만 죄를 짓고 인간의 몸이 되어 하늘에서 쫓겨났다. 후예는 슬퍼하는 항아를 위해 불로불사의 영약을 구해왔는데, 항아는 이것을 둘이 나눠 먹으면 함께 불로장생할 수 있지만 혼자 먹으면 신선이 될 수 있다는 이야기를 듣고서 약을 훔쳐 달로 도망쳐 버렸고, 결국 달의 여신이 되었다고 한다(달 표면에 두꺼비처럼 보이는 무늬가 항아가 벌을 받아 변한 모습이라는 다른 결말도 있다).

달 탐사 자체가 새로운 것은 아니지만, 지구와 등지고 있는 달 뒷면에 우주선을 내리려면 달 뒷면까지 통신이 닿지 않는 문제를 해결해야 한다. 중국은 통신을 매개하는 인공위성을 활용함으로

써 이 문제를 해결하고, 자신들의 기술력을 과시하는 데 성공했다. 전설 속의 항아와 옥토끼를 다시 불러낸 것은 중국이 서양의 길을 따라가는 데 머물지 않고 자신들의 방식으로 경쟁하겠다는 자신감의 표현이기도 하다.

14

무한한 자연을 유한한 단위의 순환으로 표현하는 인간

숫자는 인간이 만든 것이다. 동물들도 간단한 수를 헤아릴 수 있지만, 숫자라는 기호와 그것을 토대로 쌓아올린 수학이라는 체계는 인간이 서로 약속하여 만든 것이다. 다시 말하면 숫자와 수학으로 표현되는 자연 현상은 엄연히 실재하지만, 그것을 표현하는 규칙과 과정은 인간의 문명 안에 존재한다.

그래서 숫자를 다루는 규칙은 문명에 따라 나름대로 특색 있게 발전해왔다. 인간의 손가락이 열개여서인지 대부분의 문명이 십진법을 바탕으로 삼기는 했지만, 숫자를 세는 이름 등을 살펴보면 미묘한 차이를 엿볼 수 있다. 동아시아에서는 '십' 다음에 '십일'과 '십이'가 이어지는 식으로 십진법 체계가 일관되게 숫자 이름에도 적용되고 있다.

반면 유럽 쪽의 숫자들은 (영어를 예로 들면) '열'(ten) 다음에 '열하나'(eleven)와 '열둘'(twelve)까지 고유의 이름이 있고, '열셋'(thirteen)에서 '스물'(twenty)까지도 뜻은 유추하여 짐작할 수 있지만 역시 고유한 이름을 쓴다. 십이진법이나 이십진법을 섞어 쓰던 흔적이 남아 있는 것이라고 볼 수 있다. 프랑스어를 익힐 때 아흔아홉을 "네개의 스물과 열아홉"(quatre-vingt-dix-neuf)이라고 표현하는 걸 배우고 화들짝 놀라는 이들도 있는데, 이런 수 세는 법 역시 스물을 단위로 삼던 오래된 문화의 흔적이다.

어떻게 단위를 나눌 것인가

이렇게 몇가지 진법을 섞어 쓰던 관습의 흔적은 화폐 단위나 도량형 등에도 남아 있다. 사람들이 흩어져 살고 교류가 적을 때에는 지역마다 화폐 단위와 도량형이 제멋대로였다. 따라서 중국의 진나라부터 독일의 제1제국까지, 강력한 중앙집권 국가를 세우기 위해서는 각종 단위들을 통일하는 것이 급선무였다.

하지만 영국 화폐의 예에서 보듯 어떤 단위들은 퍽 오랫동안 살아남기도 했다. 오늘날에는 1파운드가 100펜스로 정리되었지만, 1971년까지도 실링(파운드의 20분의 1)과 (구)펜스(실링의 12분의 1) 같은 단위가 남아 있었다. 심지어 기니(21실링)와 같은 기묘한 단위까지 섞어 쓰기도 했다. 미국과 영국은 오늘날까지도 미터법을 받아들이지 않고 피트(약 30센티미터)와 인치(12분의 1피트)를 고수하고 있다.

이런 복잡한 체계에 넌더리를 낸 계몽주의자들이 모든 단위 체계를 십진법 위주로 재편하고자 했던 것도 충분히 이해할 수 있는 일이다. 프랑스 혁명정부에서 온 유럽을 상대로 싸우는 와중에 과학자들을 파견하여 지구 둘레를 측정하고 미터법을 만든 것도 우연한 일이 아니다. 미터법은 지구의 둘레로부터 길이의 단위를 정하고, 그것을 토대로 부피와 질량의 단위까지 모두 하나의 십진법 체계 안에 아우른다는 점에서, 계몽주의 프로젝트의 꽃이라고도 할 수 있는 과업이었기 때문이다.

그런데 완벽한 계획은 항상 허점을 드러내기 마련이다. 미터법으로 깔끔하게 정돈된 세상을 바라보고 만족했던 프랑스 계몽주의자들은 시간을 헤아리는 방식까지도 육십진법(십이진법은 육십진법의 변형으로 볼 수 있다)에서 십진법으로 재편하고자 했다. 하루를 10시간으로, 1시간을 100분으로, 1분을 100초로 새로 정하자는 것이었다.

달력에서 한달의 길이가 30일 또는 31일(심지어 28일도 있고)로 제멋대로인 것에 비하면, 시간은 딱딱 맞아 떨어지고 일상생활에 별 불편도 없어 보인다. 그런데 왜 굳이 그렇게까지 하려 했을까? 십진법 시각(decimal time)의 가장 큰 장점은, 시간을 길이나 질량 같은 다른 물리량과 함께 계산하기 편하다는 것이다. 길이나 질량 등은 미터법을 도입하면서 모두 십진법 체계로 바꾸었는데 시간만 육십진법 기반의 소수로 남겨둔다면, 각종 과학적 계산을 할 때마다 번거롭게 분수로 변환을 되풀이해야 한다. 시간까지 십진법으로 바꾼다면 '1시간 45분 30초'를 1.755시(=175.5분=17550초)로 표현할 수 있으니 계산이 훨씬 편리하다는 것이 계몽주의자들의 믿음이었다.

하지만 미터법과는 달리 십진법 시간 체계는 큰 지지를 얻지 못하고, 몇번의 개편 끝에 결국 취소되었다. 과학자들의 편리를 위해 전국민이 수천년의 관습을 바꾸는 것은 무리였기 때문이다. 다만 수시로 복잡한 계산을 해야 하는 천문학자들에게는 60 같은 거추장스러운 분모에서 벗어날 수 있는 십진법 체계가 매력적이었다. 동아시아 전통 천문학에서도 그런 고민의 흔적을 엿볼 수 있다. 일상생활의 시간은 12시간을 각각 8개의 각(刻)으로 나누어 96각이지만, 천문학 계산을 할 때는 하루 전체를 100각으로 나눈 '백각법(百刻法)'을 사용했던 것이 그 예다.

인간의 규모에서 60이라는 수

왜 시간에서는 60이라는 숫자가 살아남은 것일까? 명확한 답을 내놓기는 어려울 것이다. 다만 인간의 보편적 심성에 비추어 몇가지 이유를 짐작해볼 수는 있다. 우선 십진법만을 고수하면 인간에게 2나 5만큼이나 중요한 숫자인 3이 들어갈 자리가 없다. 10이나

100의 약수에는 3이 없기 때문에, "1시간의 3분의 1"을 깔끔하게 이야기하기가 어렵다. 60은 여러번 더하거나 곱하면 깔끔한 숫자가 나오지 않지만, 반대로 나눌 때에는 2, 3, 4, 5로 모두 나누어지므로 쪼개어 이야기하기 편리하다. 12도 2와 3을 모두 약수로 두고 있어 일상 감각에 맞추기 편리하다.

또한 인간의 감각으로 100은 60에 비해 너무 많거나 큰 숫자일 수 있다. 예를 들어 십진법으로 "5.75시에 만나"라는 말은 "오후 12시 45분에 만나"라는 말과 같은 뜻이지만, 한 시간을 100으로 나누어 "0.03시"나 "0.89시"까지 따지는 것은 너무 자잘하다는 느낌을 주기도 한다.

나이로 이야기하면 60과 100이 주는 느낌의 차이가 더욱 크다. 동북아시아에서 보통 수를 셀 때는 일찍부터 일관된 십진법을 썼지만, 해나 나이는 십간과 십이지를 조합하여 60년 주기로 세는 관습이 뿌리내린 것도 이 감각과 관계가 있을 것이다. 100세는 전설에나 나오는 이야기지만 환갑(還甲)은 현실에서 내가 바랄 수 있는 복이니, 사람 나이를 셀 때에는 100년보다 60년을 한 주기로 삼는 편이 좀더 인간적인 느낌이 들기도 한다.

사실 모든 단위나 주기는 순환을 전제로 한다. 십진법도 열개의 숫자를, 이진법도 두개의 숫자를 순환하며 돌려쓰는 것이다. 인간이 체감할 수 있는 범위에서 너무 크지도 작지도 않은 하나의 순환을 마무리한다는 것은 나름대로 의미를 갖는다. 하나의 순환을 마친다는 것은 새롭게 시작하는 것이기도 하다. 계해(癸亥)는 육십

자기 꼬리를 입으로 물고 원을 만든 뱀 오우로보로스

갑자의 맨 마지막이지만, 관점을 바꾸면 임술(壬戌)의 뒤이자 갑자(甲子)의 앞에 오는 하나의 간지일 뿐이다. 그래서 환갑잔치는 60년을 살아냈음을 축하하는 일이기도 하지만 여기서 끝이 아니라 새로 시작하여 더 오래 갈 것이라는 축원도 겸한다.

이렇게 하나의 순환을 마치고 새롭게 시작하는 일은 여러 문명에서 겨울이 가고 봄이 오는 것, 또는 노인이 회춘하는 것과 곧잘 비교되었다. 뱀이 허물을 벗고 새로운 피부를 얻는 것을 다시 젊어지는 것으로 오인했던 옛사람들은 이 순환의 비유에 뱀을 결부시켰다. 서양 연금술사들이 중요하게 여긴 오우로보로스(ouroboros)라는 상상의 동물은 자기 꼬리를 입으로 물고 원을 만든 뱀(또는 용)의 모습인데, 바로 시작과 끝이 이어져 있는 영원한 순환을 상징한다.

숫자도 인간이 만든 것일진대, 그것의 순환에 지나친 의미를 부여하는 것은 제 논에 물대기일 수도 있겠다. 하지만 하나의 매듭을 지으려면 기왕 인간이 의미를 얹어준 숫자가 다른 숫자보다는 더 나은 계기가 되는 것도 사실이리라. 매듭이 끝이 아니고 새로운 시작으로 이어지듯이.

한없이 가까워지는 끝없는 여정,
그것이 주는 기쁨

오우로보로스의 꼬리가 다시 머리와 만나듯, 제목에 대해 다시 한번 생각해보면서 책을 마무리하고 싶다. 제목에 담긴 '시행착오를 거치며 과학이 발전한다'는 의미가 어쩌면 너무나 뻔하게 들릴 수도 있겠다. 시행착오 없이 단번에 성공하는 일이 세상에 얼마나 있겠는가? 하지만 내가 이 책에서 풀어내고 싶었던 것은 단순히 "첫 술에 배부르랴"식의 이야기가 아니다. 제목에 '정답'이 아닌 '해답'이라는 낱말을 쓴 것은, 실은 완전한 '정답'이란 없을 수도 있다는 생각을 담아내고 싶었기 때문이다.

과학 교과서 속의 과학사는 현재 지배적으로 통용되는 과학 이론들을 마치 최종 완성된 '결론'인 것처럼 보여준다. 잘 정리된 지식을 전달한다는 교과서의 목적을 감안하면 어쩔 수 없는 일이겠으나, 실제로 과학이 걸어온 길은 이와 다르다. 오늘의 오답이 어제의 해답이었을 수 있으며, 오늘의 해답으로 여기는 것이 내일의 오답이 될 수도 있다. 물론 '오답'이라고 표현했다고 해서 완전히 틀렸다는 것도 아니다. 단지 새 이론이 옛 이론보다 어떤 면에선가 한 발 더 나아갔다는 뜻이다. 그런 점에서 과학 탐구의 역사는 어딘가 숨어 있는 절대 진리를 찾아냄으로써 종결되는 것이 아니다. 그보다는 이미 알고 있는 것들을 끊임없이 의심하고 다듬어나가면서, 끝없이 전진하고 끝없이 스스로를 변화시켜나가는 과정에 가깝다. 수학에 비유하자면, 한 점을 통과하는 직선이라기보다는 하나의 직선에 무한히 가까워지지만 거기에 다다르지는 않는 점근선에 가까운 모습이다.

한없이 가까워지지만 영원히 끝나지 않는다니 덧없는 일이 아닌가, 시시포스의 형벌처럼 덧없는 일은 아닌가, 허망하다는 느낌을 받을 수도 있을 것이다. 하지만 자연의 이치를 깨달아나가는 과정은 비록 그 끝이 보이지 않는다 해도 그 자체로 즐겁고 보람찬 일이다. 우리는 백년 전, 천년 전의 선조들과 비교해보면 놀랄 만큼 많은 것을 알게 되었다. 그 앎의 과정을 통해 자연의 이치를 깊이 이해하고, 그것을 이용하여 인류의 생활을 편리하게 해주는 수많은 기술을 개발했다.

현장에서 연구하는 과학자들은 이 사실을 잘 알고 있다. 그래서 그들은 오늘 우리가 지닌 과학 지식의 한계를 알고 자연 앞에 겸손하다. 동시에 그들은 오늘의 과학에서도 한발 더 나아갈 여지가 있다는 것을 알고 있으므로 기쁨과 보람을 느낀다. 교과서에 이름이 나오는 위대한 과학자들만 탐구의 기쁨을 누리는 것도 아니다. 현대과학은 매우 거대하고 복잡한 시스템이 되었다. 이를 유지하고 앞으로 밀고 나가는 것은 한두 사람의 힘으로는 어림도 없는 일이다. 연구 방향을 정하고 필요한 자원을 조달하는 연구책임자, 하나의 커다란 연구 과제를 쪼갠 여러개의 세부 과제를 나누어 맡은 각급 연구원들, 연구에 필요한 각종 장비를 운용하고 실험 과정을 담당하는 랩 테크니션(lab technician)들, 그리고 의학과 생명과학 연구에 필수인 실험동물을 기르고 돌보는 사육사와 엄청난 양의 서류 작업을 도맡아주는 행정 인력 등, 수많은 사람들이 여러가지 역할을 책임져주어야 한다. 이들 중 하나라도 제 역할을 다 하지 못하면 현대과학 연구는 순조롭게 진행될 수 없다. 외부인의 눈에는 이들의 일과가 단조로워 보이고 창의성과는 별 관계가 없는 것 같을 수도 있지만, 이들 각자의 노력이 한데 모여서 비로소 독창적이고 혁신적인 성과가 나올 수 있다. 현대과학이라는 거대한 시스템의 일부를 이루고 있는 수많은 이들은 이 보람을 알기에 오늘도 묵묵히 자신의 자리에서 일견 단조로운 듯한 실험과 측정을 반복하고 있다.

이 책에서는 주로 지나간 시대의 과학을 다루었다. 그래서 고도로 분업화되고 조직화된 현대과학의 복잡한 시스템에 대해서는 이야기할 기회가 별로 없었다. 하지만 책을 시작하며 썼듯, 인간이 자연을 탐구하는 활동의 본질에는 수천년의 세월을 거치면서도 바꿰지 않은 것들이 있다. 수많은 사람들이 역사에 이름이 남든 남지 않든 묵묵히 자신의 몫을 보태어 이룩한 위대한 평범함, 또는 평범한 위대함도 그중 하나다. 전문적 훈련을 받지 않은 일반인들은 무슨 말인지 이해하기조차 어려운 문제를 다루는 현대과학의 최전선에서도, 매일 같이 평범함이 꾸준히 쌓여 위대함이 된다. 독자 여러분이 이 책을 읽으며 고금의 과학자들이 인간으로서 느끼는 여러 감정들, 특히 보람과 기쁨도 간접적으로나마 느낄 수 있었다면 이 책이 잠시나마 과학의 안과 밖을 이어준 것이리라.

과학뿐 아니라 세상 모든 일이 혼자 힘으로 이루어지지 않는다. 이 책이 비로소 세상에 선을 보이는 것도 마찬가지다. 이 책은 『주간경향』에 2017년 2월부터 2019년 8월까지 연재한 원고를 손질하여 엮은 것이다. 매체에 정기적으로 글을 실어 본 일이 없는 내게 귀한 지면을 내어 준 주간경향의 박은하 기자님과, 뒤를 이어 담당 기자로 말 안 듣는 필자를 열심히 챙겨준 이하늬 기자님께 감사드린다. 그리고 연재 원고의 출판을 권하고 두서없던 글뭉치를 단정하게 편집하고 멋진 한권의 책으로 만들어준 창비의 여러분들, 특히 글쓴이보다 더 열심히 글을 챙겨준 김새롬, 이하늘 선생님께 감사드린다. 연재 기간 중 공유한 글을 재미있게 읽고 여러가지 발전적인 조언을 해주었을 뿐 아니라 때로 틀린 곳이 있으면 고쳐주었던, 가상세계와 현실세계의 여러 친구들께도 감사드린다. 마지막으로 가족들에게 고마움을 전한다. 매주 두 도시를 오가며 집에서는 한 사람 몫을 다 하지 못하고 있지만, 이런 고민을 하고 이런 글을 쓰고 있다는 것을 책으로나마 보일 수 있어 다행이라 생각한다. 사랑하는 아내와 딸이 이 책을 읽고 재미있다고 여긴다면 내게는 무엇보다 큰 보람이 될 것이다.

따지고 보면 책 한권이 나오는 과정 역시 수많은 이들의 위대한 평범함이 스며들어 있다. 필사의 시대에서 목판과 활판의 시대를 거쳐 전자조판과 평판인쇄의 시대(그리고 인터넷의 시대)에 이르렀기에, 코로나19 팬데믹의 와중에도 원고를 검토하여 책을 내는 일이 가능했다. 이 또한 과학의 역사, 그리고 사람의 역사로 남을 것이다.

이미지 출처

이미지 출처

오답이라는 해답
과학사는 어떻게 만들어지나

초판 1쇄 발행/2021년 7월 30일
초판 2쇄 발행/2021년 12월 1일

지은이/김태호
펴낸이/강일우
책임편집/김새롬 홍지연
조판/박아경
펴낸곳/(주)창비
등록/1986년 8월 5일 제85호
주소/10881 경기도 파주시 회동길 184
전화/031-955-3333
팩시밀리/영업 031-955-3399 편집 031-955-3400
홈페이지/www.changbi.com
전자우편/human@changbi.com

ⓒ 김태호 2021
ISBN 978-89-364-7877-3 03400